ハードウェアの動きを理解しながら学ぶ

ディジタル回路の設計入門

湯山俊夫 著

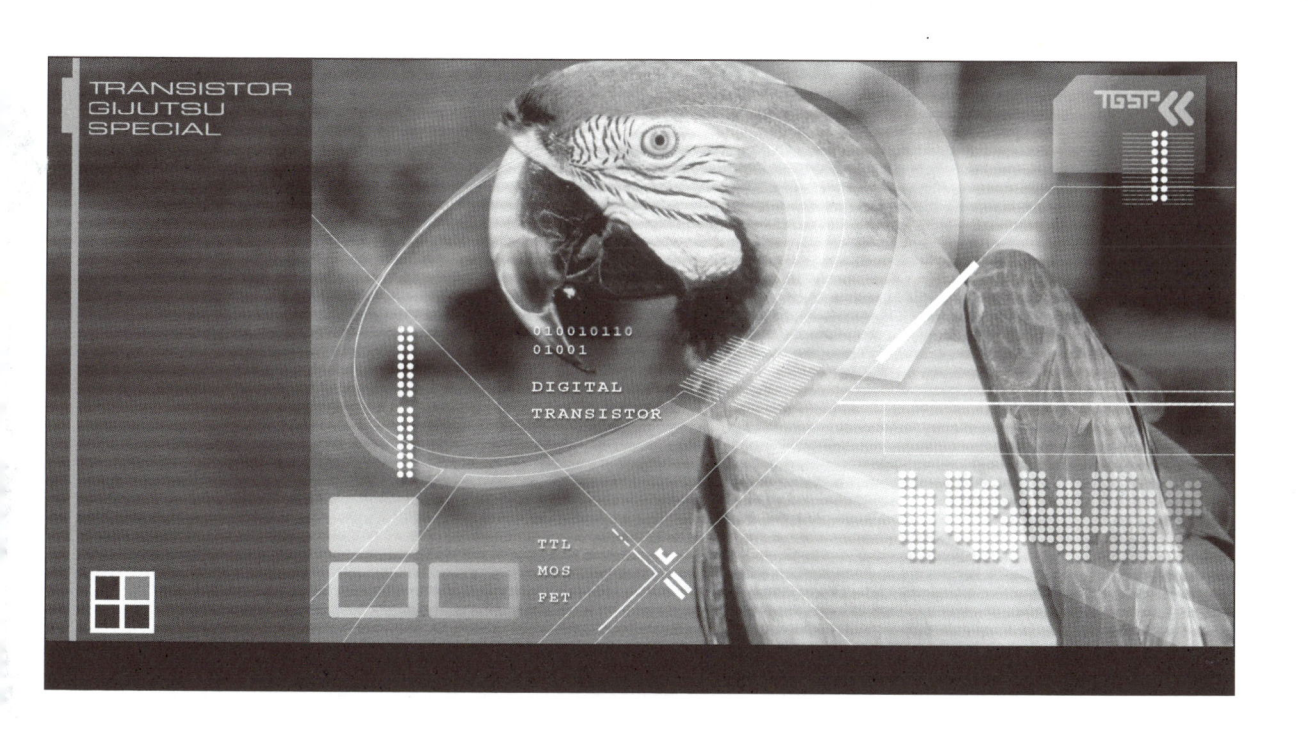

まえがき

　本書の前身となった「ディジタルIC回路の設計」が発行されたのは，1986年1月でした．当時はカスタムLSIとしてゲート・アレイが出始めたころです．したがって，ロジック・システムの主流といえば，個別にディジタルICを組み合わせたものが大半でした．もちろん，用途ごとに専用LSIも販売されていましたが，自分だけのオリジナル回路を1チップのシリコンに集約させることは夢の夢でした．

　その後，ゲート・アレイはゲート数を飛躍的に延ばし続け，現在ではほとんどの機能を一つのLSIで実現できるようになりました．さらに，最近ではFPGAのようなプログラムが可能なディジタルLSIを使用することによって，手軽にオリジナル回路を実現できるようになっています．ロジック・システムの設計方法に関してこのような大きな変化が起こっていても，ロジック・システムを構成するゲートやフリップフロップといった回路の基本的な動作が変わったわけではありません．ディジタル回路の基本原理は，今も昔も同じなのです．そこで，本書では入門者のためにディジタルICの特徴と，最近の設計手法であるHDL設計の紹介を加えて前著を大幅に改訂しました．

　何百万ゲートものディジタル回路が一つのLSIに集積されていても，その中の1個のゲートを取り出せば基本動作は変わりません．つまり，基本動作を理解することは，大きなロジック・システムを設計するにあたっての第一歩と言えるのです．本来なら，数百万ゲートのLSIの中の信号を観測し，その動作を確認できるとよいのですが，非常に難しい作業になります．そこで本書では，個別ロジックICの動作の解説と，大規模ロジック・システムの設計手法の一つであるHDL(Hardware Description Language)による設計事例を解説することにより，ディジタル回路の設計を擬似的に体験できるようにしてあります．HDLの解説書はたくさん出版されていますので，本書ではそれらの解説書を理解する手助けとして，いくつかのロジック・システムの設計事例を紹介することにしました．

　NANDゲートの働きは，どれだけたくさん集積されていても変わることはありません．そして，大規模のロジック・システムを設計するときに注意すべきことも，回路規模には依存しません．それは，ゲート回路には必ず遅れ時間が存在している，ということです．集積度(トランジスタの微細化)が変われば，それらの遅れ時間の絶対値が変わります．もし，遅れ時間を'0'にできれば設計は非常に楽になりますが，この遅れ時間が存在するために誤動作したり目的の性能が出なかったりするわけです．単体のディジタルICの動作波形を十分理解することにより，安定な動作をするロジック・システムを設計できることになります．論理動作の検証と遅れ時間の検証，この二つを理解することが安定なディジタル回路を設計する要となるわけです．

さらに，大規模ロジック・システムにおけるキーワードは同期回路設計です．ゲートの遅れ時間とロジック動作とを分けて考えることにより，大きなシステムの設計が可能になるわけです．最近のロジック・システムの設計は，コンピュータを使ったシミュレーションが主流になっています．HDLを用いた設計では，コンピュータは欠かせません．コンピュータは，論理動作と遅れ時間とを正確に計算してくれます．そして，その結果を確認することで必要な機能を実現できているかどうかを判断することになります．論理＝'1'と'0'との組み合わせ，遅れ時間＝ゲートを何段通過するか，という点に注目して本書を読んでいただくと，ディジタル回路を使ったロジック・システムの設計が理解できるようになると思います．

　本書が，これからロジック・システムの設計を始めようとしている方の一助となることを期待しています．

2005年3月　著者

目　次

まえがき ·· 3

第1章　ディジタル回路とアナログ回路 ·· 9

1.1　世の中の電気信号はアナログ信号か？ ·· 9
1.2　電圧を変化させる ··· 11
1.3　ディジタル回路でアナログ信号を扱うには ··· 12
● ディジタル回路でアナログ信号を増幅する ················· 13
1.4　ディジタル回路の利点 ·· 15
1.5　ディジタル・システムのよさ ··· 16

第2章　ディジタル回路とディジタルIC ·· 20

2.1　ディジタル回路とは ·· 20
● ランプをつけるか，つけないかを表す方法 ··········· 20　　● "H"レベルと"L"レベルを区別する回路 ··········· 22
2.2　実際のICのロジック・レベル ·· 23
● 電源は5Vで動かす ·· 23　　● ICの"H"レベルと"L"レベルの規格 ············· 28
● ディジタルICの"H"レベルと"L"レベルを調べる ··· 26　　● 電源の5Vが変動すると ································· 31
2.3　入力信号と出力信号の時間的関係 ··· 31
● 出力信号は入力信号よりも必ず遅れる ················· 31　　● 実際のICの遅れ時間 ··································· 32
● ICの遅れ時間の表し方 ······································· 32
2.4　ICとICをつなぐときの問題点 ··· 34
● 接続できる負荷の数──ファンアウト ··················· 34　　● CMOSの場合は遅れ時間が増える ················· 37
● TTLの場合は入出力電流値で決まる ···················· 35　　● TTLとCMOSをつなぐときの注意点 ············· 37
● ファミリが異なるときは要注意 ···························· 35
【コラム2.A】TTLとCMOS ·· 24
【コラム2.B】ディジタルICの型名の見方 ·· 26
【コラム2.C】ロジック・ファミリの種類 ·· 28
【コラム2.D】バイパス・コンデンサの効果 ··· 38

第3章　基本素子AND，OR，NOTの動作 ··· 41

3.1　三つの基本素子──AND，OR，NOT ··· 41
● 論理積ANDゲート ·· 42　　● AND，OR，NOTを組み合わせた回路例 ········· 43
● 論理和ORゲート ·· 42　　● ゲート回路のイメージを身につけるには ··········· 44
● 否定NOTゲート ··· 43

3.2　作りたい機能をゲートに置き換えるには ……………………………………………… 46
- NANDゲート，NORゲートの働き …………… 46
- ○印の使い方と論理の置き換え ………………… 47
- 組み合わせ回路の演習 …………………………… 49
- 排他的論理和EXORゲート ……………………… 51

【コラム3.E】論理回路図記号 ………………………………………………………………… 45
【コラム3.F】IEC/JISで決められた論理回路図表記 ………………………………………… 53

第4章　フリップフロップ ……………………………………………………………………… 56

4.1　ディジタル信号を保持する基本技術 ………………………………………………… 56
- 信号に止め金（鍵）をかける──ラッチ ……… 56
- RSラッチ …………………………………………… 58
- 最初の状態を決めるイニシャライズ …………… 59
- 実際のRSラッチ …………………………………… 60
- 専用のRSラッチ …………………………………… 61
- データのラッチ …………………………………… 63
- 実際のDラッチ …………………………………… 65

4.2　クロックに同期した信号の保持方法 ………………………………………………… 66
- 同期式RSフリップフロップ …………………… 67
- エッジ・トリガ・フリップフロップ …………… 68
- 実際の同期式フリップフロップ ………………… 69
- もっともよく使われるJKフリップフロップ … 70

4.3　フリップフロップの本格的利用法 …………………………………………………… 72
- セットアップ時間とホールド時間 ……………… 72
- 実際の設計では …………………………………… 74
- 最高繰り返し周波数 ……………………………… 75
- クロックに同期したエッジの検出 ……………… 77
- 入力信号に同期したエッジの検出 ……………… 78
- 2相信号発生回路 ………………………………… 80

【コラム4.G】タイムチャートについて …………………………………………………… 60

第5章　カウンタ ………………………………………………………………………………… 81

5.1　数のかぞえ方 …………………………………………………………………………… 81
- 2進数と10進数 …………………………………… 81
- BCD表現と16進数 ………………………………… 83

5.2　カウンタの構成と基本動作 …………………………………………………………… 84
- カウンタの基本回路 ……………………………… 84
- アップ・カウンタとダウン・カウンタ ………… 86
- 非同期カウンタ …………………………………… 87
- 同期カウンタ ……………………………………… 88

5.3　カウンタICの利用法 ………………………………………………………………… 91
- 非同期カウンタ7493の使い方 ………………… 92
- 同期カウンタ74161/163の使い方 ……………… 94
- アップ/ダウン・カウンタ74193 ………………… 99

5.4　4000/4500CMOSファミリ特有のカウンタIC ……………………………………… 102
- 多段バイナリ・カウンタ4020/4040/4024 …… 102
- 発振回路内蔵24段カウンタ4521 ……………… 104
- ジョンソン・カウンタ4017/4022 ……………… 107

第6章　タイミングを作る回路 ……………………………………………………………… 111

6.1　タイミングを作る基本技術 …………………………………………………………… 111
- ディジタル信号を遅らせる──ディレイ回路 … 111
- 小さなディレイを作る …………………………… 112
- TTLによるディレイ回路 ………………………… 113
- ディレイの限界 …………………………………… 113
- 波形がなまることの欠点 ………………………… 114
- 波形をきれいにするには ………………………… 117

6.2　ディレイ回路を応用したタイミング回路 …………………………………………… 118
- ダイオードを追加すると ………………………… 118
- 信号の立ち上がり/立ち下がりを検出する回路 … 119

6.3　ワンショット・マルチバイブレータ……………………………………122
- ワンショット・マルチバイブレータ 74LS123 ………123
- 再トリガ機能と強制リセット ………………………125
- 遅延型のパルス発生回路 ……………………………125
- CMOSを使ったワンショット・マルチバイブレータ …126
- CMOSによるワンショットの問題点 ………………128

第7章　クロックを作る回路……………………………………………………129

7.1　CRのディレイを利用した発振回路……………………………………130
- CR発振回路の原理 ……………………………………130
- TTL回路では計算どおりにならない ………………131
- CMOS 2段で構成する発振回路は要注意 …………131
- CMOS 3段で構成する発振回路 ……………………133
- 発振回路を制御する方法 ……………………………134
- LCによる発振回路 ……………………………………135
- シュミット・トリガを利用する発振回路 …………137

7.2　安定度の高い発振回路……………………………………………………138
- TTL水晶発振回路 ……………………………………139
- CMOS水晶発振回路 …………………………………140
- セラミック発振子による発振回路 …………………140

第8章　シフトレジスタ…………………………………………………………143

8.1　シフトレジスタの基本機能………………………………………………143
- フリップフロップの直列接続 ………………………143
- 入力データがシリアルに移動する効果 ……………144

8.2　カウンタ機能の利用法……………………………………………………146
- シリアル入力パラレル出力8ビット・シフトレジスタ74164…146
- ジョンソン・カウンタへの応用 ……………………147
- リング・カウンタへの応用 …………………………148

8.3　シリアル伝送回路への応用………………………………………………149
- シリアル・データのパターン検出回路 ……………149
- パラレル入力をもったユニバーサル・シフトレジスタ74194…152
- パラレル-シリアル変換回路 …………………………154
- シリアル-パラレル変換回路 …………………………155

第9章　高機能な組み合わせ回路………………………………………………156

9.1　デコーダ……………………………………………………………………156
- 組み合わせロジックによるデコーダ ………………156
- BCD-10進デコーダ 7442 ……………………………157
- デコーダの拡張方法 …………………………………159
- シリアル・データのデコード ………………………161
- そのほかのデコーダIC ………………………………163

9.2　エンコーダ…………………………………………………………………164
- 8 to 3 Line プライオリティ・エンコーダ 74148 ……165
- 10進-BCDエンコーダ ………………………………165
- 16入力のエンコーダ …………………………………166

9.3　データ・セレクタ/マルチプレクサ……………………………………167
- 8 to 1 Lineデータ・セレクタ/マルチプレクサ 74151…167
- パラレル-シリアル・データ変換回路 ………………168
- 一致検出回路への応用 ………………………………172
- 多チャネル・データ伝送回路 ………………………173
- そのほかのセレクタ/マルチプレクサIC ……………173

第10章　基本インターフェース………………………………………………174

10.1　機械接点とのインターフェース………………………………………174
- 機械接点の宿命――チャタリング …………………175
- CRの遅延を使ったチャタリングの除去 ……………175
- RSラッチを使ったチャタリング除去 ………………176
- シフトレジスタを使ったチャタリング除去回路 …178

10.2 波形を整形する回路 …………………………………………………………………… 180
- 波形がなまると誤動作が増える ……………… 180
- スレッショルド電圧にもヒステリシスをもたせる効果 … 180
- シュミット・トリガICの実験 ………………… 182

10.3 トランジスタの利用とレベル変換 ……………………………………………………… 183
- 基本はトランジスタ・スイッチ ……………… 183
- スイッチング速度を速くする工夫 …………… 185
- さらに高速化するには飽和を浅く …………… 186
- ロジック・レベルを変換する回路 …………… 186

10.4 大きな負荷をドライブする ……………………………………………………………… 188
- トランジスタ・オープン・コレクタ ………… 189
- 電流増幅率をかせぐにはダーリントン接続にする … 189
- ダーリントン・ドライバ ……………………… 190
- リレーをドライブする例 ……………………… 192

第11章　絶縁インターフェース ……………………………………………………………… 194

11.1 フォト・カプラを使う …………………………………………………………………… 194
- インターフェースを絶縁する理由 …………… 194
- フォト・カプラをドライブするには ………… 195
- 応答のスピードアップを図る一つの方法 …… 196
- 高速型フォト・カプラ ………………………… 199
- 低消費電力型のフォト・カプラ ……………… 200

第12章　HDLによるディジタル回路設計 ………………………………………………… 203

12.1 回路図を書かない設計方法 ……………………………………………………………… 203
- 回路図による設計とHDLによる設計の違い …… 204
- HDLによる言語設計をする際に忘れてはいけないこと … 205

12.2 HDL(Hardware Description Language)とは ………………………………………… 205

12.3 HDLの記述方法 …………………………………………………………………………… 206
- NANDゲートとNORゲート ………………… 208

12.4 Dフリップフロップ ……………………………………………………………………… 210
- フリップフロップのトグル動作 ……………… 213

12.5 カウンタとシフトレジスタ ……………………………………………………………… 213
- 同期カウンタ …………………………………… 213
- シフトレジスタ(74164) ……………………… 214
- リング・カウンタ ……………………………… 215
- 機能定義を使わない場合 ……………………… 217
- 同期リセットと非同期リセット ……………… 219
- 10進カウンタ …………………………………… 220
- アップ/ダウン・カウンタ(ロジック設計) … 221

12.6 加算器の動作と設計 ……………………………………………………………………… 223
- 半加算器(ハーフ・アダー：half adder) …… 223
- 全加算器(フルアダー：full adder) ………… 225
- 4ビット加算器を設計する ……………………… 225

12.7 乗算器の動作と設計 ……………………………………………………………………… 228
- 4ビット×4ビット乗算器の回路 ……………… 230
- HDLで記述した乗算回路 ……………………… 231
- HDLによる設計は万能か ……………………… 232

参考・引用文献 ……………………………………………………………………………… 233
索　引 ……………………………………………………………………………………… 235

第1章

ディジタル回路とアナログ回路

　多くの人は，ディジタルやアナログというと，ディジタル時計とアナログ時計のことをすぐに思い浮かべるのではないでしょうか．これは直感的にわかりやすい例ですが，それでは具体的にディジタルとアナログはどう違うのかを説明しようとすると意外と難しいと思います．

　そこで本章では，ディジタルとアナログの違い，そして現在のエレクトロニクスではなぜディジタル回路が多く使用されるようになっているのかについて詳しく解説します．

1.1　世の中の電気信号はアナログ信号か？

　私たちは日頃，いろいろな電子機器を利用しています．電子機器なくして今の生活は成り立たない，といっても過言ではありません．たとえば，オーディオやビデオ，ゲームなどのエンターテイメント機器，冷蔵庫や洗濯機といった日常の生活をサポートする家電製品，自動車や電車といった輸送関連機器など，気をつけて見ればいたるところで電子回路が主役になっています．

　すなわち，決められたことをきちんと実行させるためには電子回路は最適です．それでは，それらの電子機器と人間とのインターフェースはどのような形で行われるのでしょうか．

　身近な例として，電話を考えてみましょう．まず，話した音声がマイクを通して電子回路に入っていきます．電子回路や電線を通過して相手に電気信号が届くと，スピーカの振動版を震わせ音となって耳に聞こえてきます．人と人とが直接会話する場合は音が空気を伝わって直接聞こえますが，遠くにいる人には電話などを使わないと会話ができません（**図1.1**）．

　すなわち，音は何らかの電気信号に変えられて電子機器に入力されるのです．音は大きな音，高い音，低い音など，また人によっても，声の出し方などによっても変化します（**図1.2**）．1Vや2Vといった段階的な変化ではありません．このような連続的に値が変化をする物理量をアナログといいます．

第1章

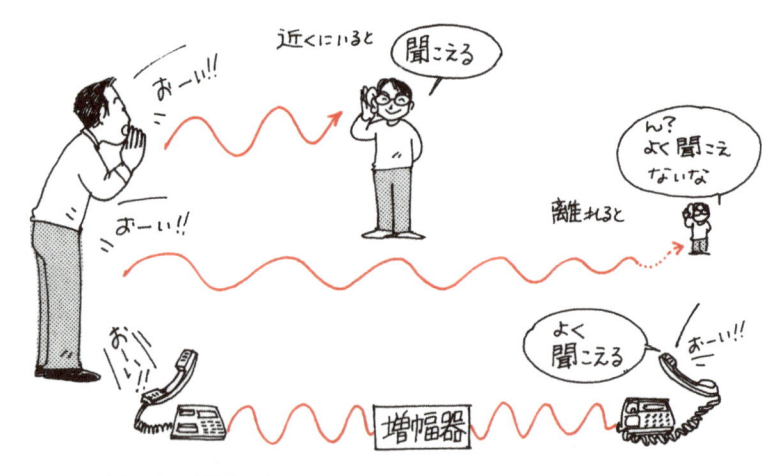

図1.1　近くの音は直接聞こえるが…

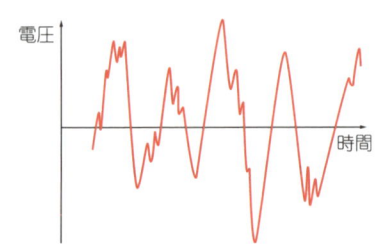

図1.2　音楽や音声などは電圧/周期ともランダムに波形となっている

　連続的に値が変化するのですから，それを取り扱う電気回路も連続的に動作しなければなりません．たとえば，遠くへ音声を送る場合，電線が長いと途中で電圧が下がってしまいます．電圧の減衰を防止するためには途中で電圧を元の大きさに戻せばよいのですが，このような増幅器には連続的な動作をする電子回路が使われていました．これを**アナログ回路**と呼びます．連続的な動作ですから電子回路は休みなく入力信号を見張り，入ってきた電圧をすぐさま必要な電圧に変換して出力とします．そして，遠方まで届けば遠くの人に音となって聞こえるわけです．

　違う例を考えてみましょう．たとえば温度，これも連続です．20℃，25℃と段階的に表示しますが，途中の温度がないわけではありません．光の強さ，これも連続です．車のスピード，これも連続的に変化します．もちろん，スイッチを押すといったオン/オフ的な変化は連続ではありません．しかしながら，その動作をよく見ると指先の強さは連続に変化しています．スイッチが押される強さがある値より大きいか小さいかで二つの状態に分かれますが，指の強さは連続的に変化します．

　このように，いろいろな物理現象を確認してみると，連続的な変化が多数を占めていることがわかります．すなわち，世の中はアナログの世界である，ともいえます(**図1.3**)．アナログの世界にはアナログの電子回路が似合う，と誰かがいったわけではありませんが，昔の電子回路はほとんどがアナログ回路でした．しかし，最近の電子回路はほとんどがディジタルに変わってきています．それはなぜでしょうか？

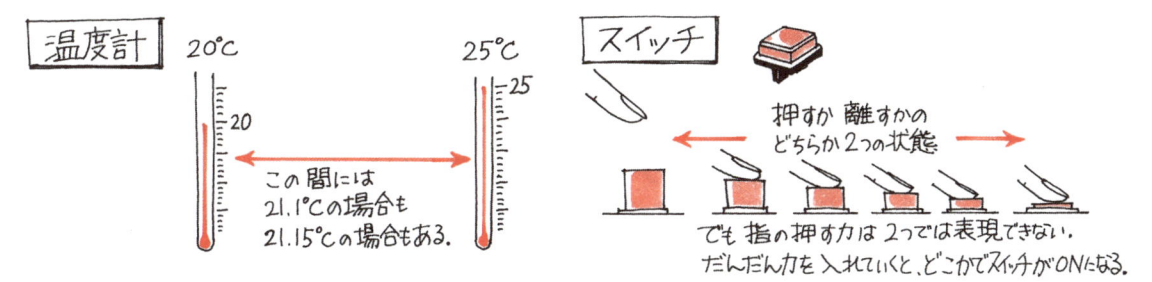

図1.3 世の中はアナログ（？）
アナログ信号が多いのに，なぜディジタル回路が使われるのか．

　連続的に変化するはずの音声などが，なぜ不連続な値しか扱えないディジタル回路で扱えるのでしょうか，疑問に思いませんか？この疑問を解決しないと，これからディジタル回路を勉強しようとしても先へ進めそうもありません．まず，その疑問から解決することにしましょう．

1.2　電圧を変化させる

　大きな音を出すには「大きな電圧にする」，高い音（ピーとかいう音）にするには「電圧の変化を速くする」など，目的が決まればどのように実現するかが課題になります．電子回路に使用するトランジスタは，入力された電圧や電流に対して出力に流れる電流が変化します．この特性をそのまま利用したのがアナログ回路です（**図1.4**）．つまり，入力された信号に対する出力の変化が素子1個で得られることになります．連続的な入力の変化に対して出力の変化も連続です．すなわち，極端な見方をすれば，素子1個が特性を決めることになります．

　1個で特性が決まるといっても，半導体素子は大量に作ってもまったく同じものを作るのは大変難しいことです．そこで，アナログ回路ではそれぞれの素子のバラツキができるだけ小さくなるように回路的な工夫をして使われています．

　これに対して，ディジタル回路では入力される信号が'1'か'0'かによって出力が一義的に決まるためバラツキがありません．しかしながら，入力された電圧を'1'と判定するか'0'と判定するかだけでも多くの回路素子を必要とするため，回路が大規模になります．しかし，今では半導体の集

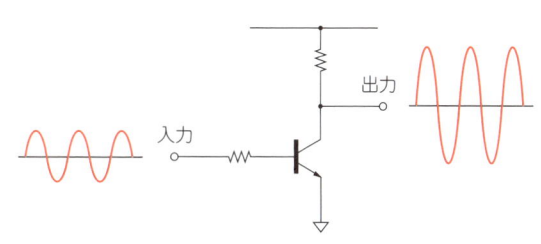

図1.4　電圧増幅器（アナログ回路）——これでもりっぱな増幅器

第1章

積度が向上し,多くの回路素子が一つのシリコンチップに入ってしまうようになったためディジタル回路の応用範囲が広がった,といえます.

1.3 ディジタル回路でアナログ信号を扱うには

世の中のいろいろな事象はアナログが多いらしい,ということはわかりました.それでは,ディジタル回路を使ってやりたいことを実現するにはどうすればよいのでしょうか.アナログとディジタルとは相性は悪そうです.しかし,心配することはありません.

連続の物理量を不連続で扱うとどのような問題が起きるのでしょうか.音は,音圧が連続で変化している信号です.この信号のある一瞬を切り取ってみましょう.その一瞬は,一つの電圧を表しています.この値を元にしてロジック回路を使って信号を変えてみることにしましょう.

図1.5に,サイン波形を示します.連続的に変化している音圧を一定時間間隔ごとにサンプリング(切り取って)してそれをつないでみると,図(b)の波形のようにぎざぎざになっています.このようにアナログ信号を切り取ることで,ディジタル回路でもアナログ信号が扱えるようになるのです.

厳密に言えば,元の波形をそのまま再現することはできません.しかし,人間が持っている感覚には限界があるので,その限界を考慮した上で電圧を細切れにするとディジタル回路でもアナログ信号を扱うことが可能になります.

この詳細について知りたい人は,A-D変換に関する専門書を参照してください.サンプリング定理などの用語を調べると理解できると思います.簡単に理解するには,「扱う周波数の2倍の間隔で電圧を細切れにしても元の周波数は再現できる」,というサンプリング定理に基づいているということを覚えておいてください.

人間の耳に聞こえる周波数は,ほぼ20 kHzが限界といわれています.したがって,CDなどの音楽用には,40 kHz以上の周波数でサンプリング(電圧を細切れにする)することでディジタル・データとして音楽を扱ってもほぼ元の音に近い音が再現できます.

繰り返しになりますが,アナログ信号をそのままアナログ回路で増幅するには専用の回路を使います(図1.6).OPアンプと呼ばれるICを使うと,簡単に電圧増幅回路を実現できます.アナログ信号は

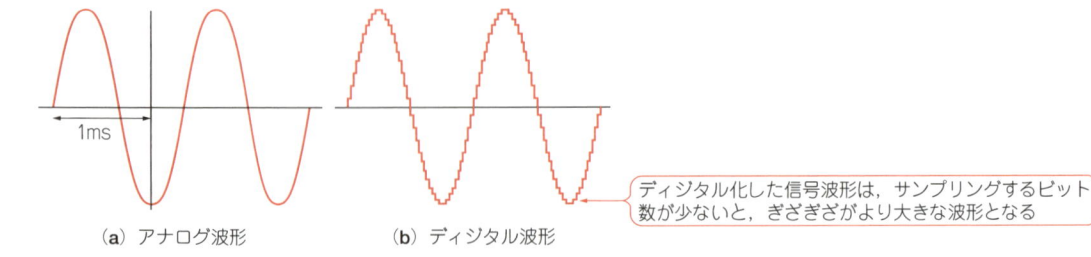

(a) アナログ波形   (b) ディジタル波形

> ディジタル化した信号波形は,サンプリングするビット数が少ないと,ぎざぎざがより大きな波形となる

図1.5 音の再生
音は音圧の変化が連続しているアナログ信号.音圧を電圧に変換できれば,アナログ回路で増幅できる.
電圧の変化する信号を増幅してスピーカを振動させると,音として聞こえる.
たとえば,1kHzの音(ピーと聞こえる)は1秒間に1,000回電圧が変化する信号.

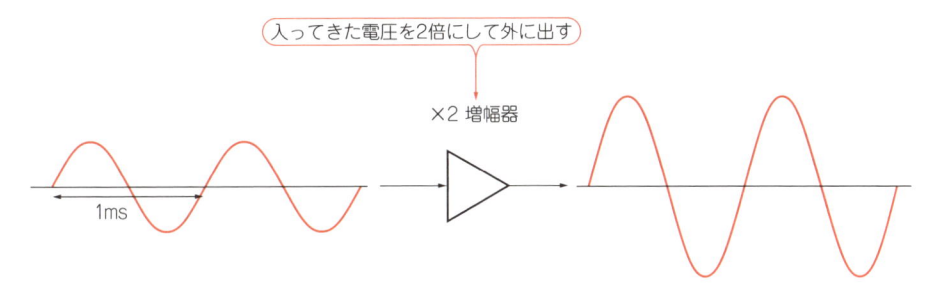

図1.6 電圧（振幅）を2倍にするには
アナログ・アンプ：
- 電圧をそのまま設定された倍率の電圧値に変換する
- 電圧値を保持することはしない

アナログ回路を使うと実現したいことを効率よく実現できますが，それなりのノウハウが必要になるので「アナログ回路を設計するのは大変」という認識が一般的になっています．

● **ディジタル回路でアナログ信号を増幅する**

それでは，ディジタル回路を使ってアナログ信号を増幅してみましょう．扱う周波数とサンプリング（細切れ）する周期とは関係があることを認識した上で，ディジタル回路で扱うための基本を説明します．

ディジタル回路は論理回路です．つまり，'1' と '0' の世界なのです．電圧という概念はありません．'1' と '0' をどのように電圧と結びつけるかがポイントです．この部分は，ディジタル回路の設計をする上でもっとも大切なことです．ディジタル回路で扱う '1' や '0' のデータは，どのような意味を持っているのでしょうか．逆の見方をすると，それぞれの '1' や '0' にどんな重み付けを持たせるかを決めることでディジタル回路の動作が決まるわけです．

図1.7に，ディジタル回路でアナログ信号を扱う基本を示します．基本といっても難しいことではなく，アナログ信号をA-D変換（アナログ-ディジタル変換）してディジタル回路に入力する，ということです．A-D変換の詳細については，その専門書を参照してください．ここで必要なことは，ある周期で電圧をディジタル値に変換する必要があるということを理解してほしい，ということです．

一度ディジタル値に変換してしまうと，その後はディジタル回路の出番です．'1' と '0' のデータの組み合わせを加工することで，どのような演算も可能になります．

図1.8では，例として10ビットの重み付けを持ったディジタル・データに変換する場合の例です．A-D変換の最低値（GND，0V）は，0,000,000,000という10個の '0' のデータで表されます．同様に，最高値（この場合は5V，使用するシステムで変わる）の電圧は，1,111,111,111という10個の '1' で表します．2.5Vは，0,111,111,111になります．つまり，10個ある '1' や '0' のうち，初めの '1' と最後の '1' では重みが異なっているということです．

このようにして，電圧（アナログ・データ）を '1'，'0' の組み合わせに変換できれば，後はディジタル回路の出番です．

(a) アナログの場合

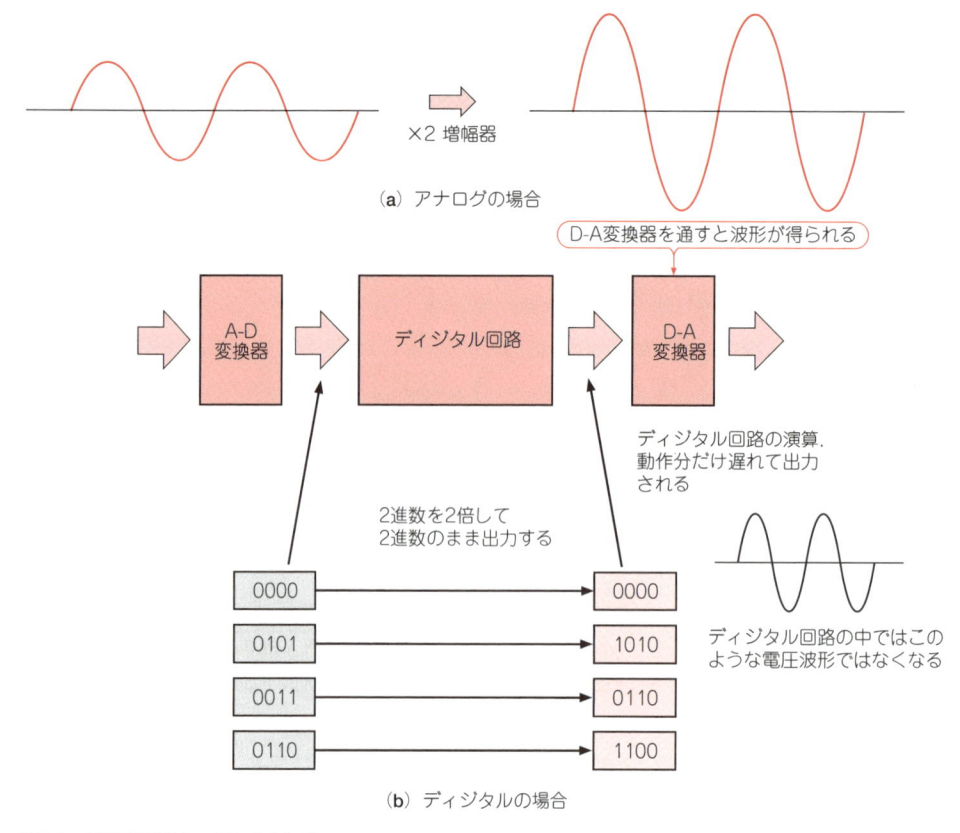

図1.7 電圧（振幅）を2倍にするには

ディジタル回路は論理なので，どのようなデータの演算も可能です．たとえば，**図1.9**のように「2倍の電圧にする」には，ディジタルのデータを1ビット・シフトするだけで実現できます．演算できる精度は限られますが，'1'と'0'の組み合わせでいろいろなことが実現できます．基本は，アナログ電圧をディジタル・データに変換し，次にディジタル・データをディジタル回路で演算し，最後はその変換結果をアナログ・データに変換する，というステップを組み合わせることによりさまざまなこ

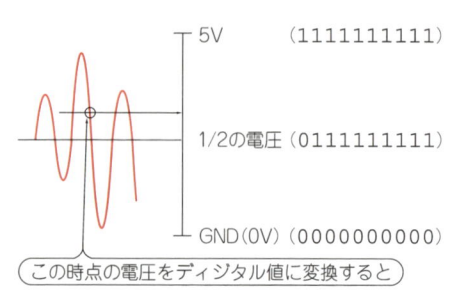

図1.8 電圧をディジタルに変換すると

- 1Vを2Vに変換するには2倍のアンプを通せばよい
- ディジタル回路で同じことを実現するには、5Vフルスケールで10ビット（1024分割）の回路を使うとして、1Vは0011001101で表現される．これを0110011010にすれば2倍になる．

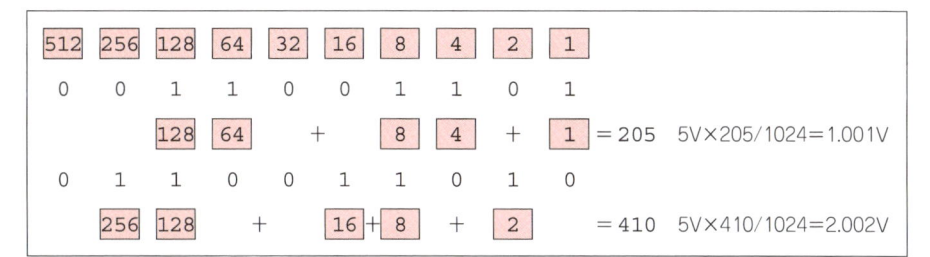

```
512 256 128 64 32 16 8 4 2 1
 0   0   1  1  0  0 1 1 0 1
         128 64     + 8 4  +  1  = 205   5V×205/1024＝1.001V

 0   1   1  0  0  1 1 0 1 0
         256 128    + 16+8 + 2   = 410   5V×410/1024＝2.002V
```

- 10ビットのディジタル・データで電圧を表す場合、フルスケール（すべて '1' のデータを何Vに設定するかでデータの持つ重みが異なってくる．5Vとした場合、0Vから5Vを00000000000から11111111111の範囲のディジタル・データとして表現することが可能となる．
  ただし、分解能は約5mV（4.8828mV）となるため、5mV以下の細かな電圧は表現できない

```
1111111111 ── 5V
1111111110
   ⋮
0110011010 ── 2V
   ⋮
0011001101 ── 1V
   ⋮
0000000010
0000000001
0000000000 ── 0V
```

図1.9 ディジタル回路で電圧を2倍にするには

とが実現できるのです．

　実際の回路は、いろいろと考えられます．倍率が2倍に固定されていれば、シフトレジスタでデータをシフトするだけで簡単に実現することができます．倍率を自由に変更する場合は、ディジタル・データのかけ算回路が必要になります．

1.4 ディジタル回路の利点

　ディジタル回路が実際の電子機器にどのように応用されているか、音楽データを例に調べてみましょう．アナログ・データの記録媒体としてレコードがあります．最近はほとんど見られなくなってしまいましたが、音声データをその音の大きさ（電圧）によりプラスチックの回転盤に刻んだものです．この溝の大きさは、そのまま音の大きさになります．また、溝の細かさが音の高さ（振動数）になります．

　図1.10に、レコードを再生する場合の針のようすを示します．ステレオとして左右2チャンネル分が同時に再生されます．「振動がそのまま音になる」という非常にわかりやすい仕組みになっています．では、CD（Compact Disc）の場合は、どのような仕組みで音が出るのでしょうか．

　CDは、ディジタル・データを使って記録されています．'1'、'0' のデータは、非常に細かな穴と

第1章

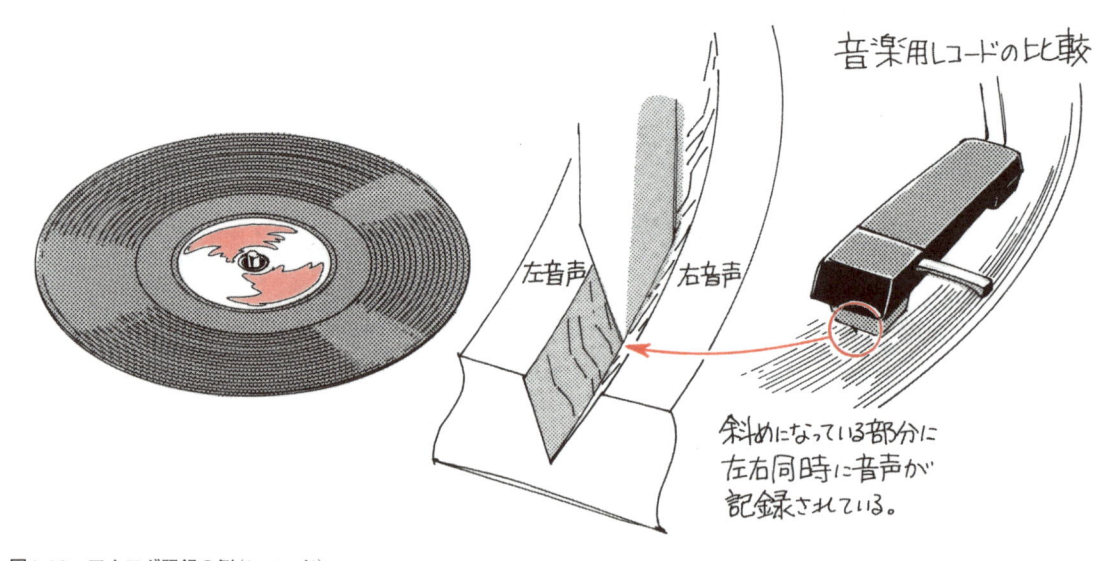

図1.10 アナログ記録の例（レコード）
溝に刻まれた凹凸の大小を針の先で通して電気に変換する．溝が大きい場合は大きな音になる．傷があるとそのまま音になってしまい，補正が難しい．

して記録されています．この穴の長さを元に，光レーザ・ピックアップでディジタル・データとして読み取ります．

　ディジタル・データは，レコードと同じようにシリアル・データとして順番に読み取られます．しかし，CDの場合は左チャンネルと右チャンネルの音を同時には読み取れません．普通，音楽はステレオで左右2チャンネル分の音が同時に再生されます．1つのシリアル・データを2つに分けて，同時に音として再生する必要があるのです．簡単な原理を，**図1.11**に示します．データは，**図1.12**に示すように，左右それぞれ16ビットで構成されています．実際の音楽データ以外のデータも格納されているため実際のフォーマットはもう少し複雑ですが，左右の16ビットが交互に記録されています（**図1.13**）．そして，そのデータをレーザ・ピックアップで読み取ります（**図1.14**）．

　左右が順番に記録されていると同時に音楽を再生できないように思われますが，そこがディジタル回路のよいところで，データを記憶することができる仕組みを活用します．つまり，左側のデータを読み取った後，右のデータを読み取るまで，そのデータを記憶しておくのです．そして，同時にデータを出力して左右の音を同時に再生します．

1.5　ディジタル・システムのよさ

　音や映像など，いろいろな信号がディジタル化されていますが，それはなぜでしょうか．それには理由があります．データの蓄積や転送などが，これまでのアナログ・データに比較すると非常に扱いやすいという利点があるからです．'1'と'0'の組み合わせを記憶するだけですから，音のデータと映像のデータを同時に扱うこともできます（**図1.15**）．このように混在したデータとして扱えるという

1.5 ディジタル・システムのよさ

音楽の信号波形　　ディジタル化された信号波形

右音声

左音声

一つにつながった
ディジタル・データ

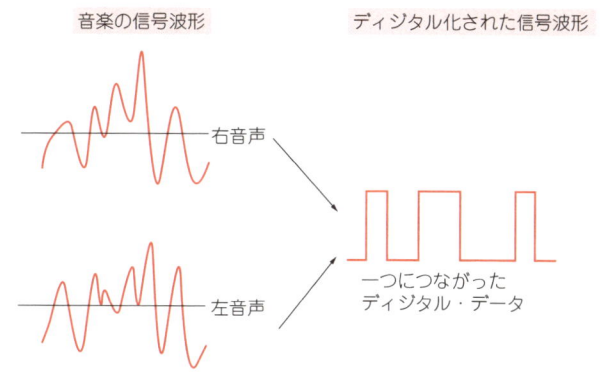

図1.11　音楽CDのデータが左右に分けられる
アナログは連続データをそのままL/R同時に出力する．
ディジタルは連続でデータを読み出すが，L-ch，R-chと交互にデータを読み出してL/R同時に出力する．

… | L-ch（16ビット） | R-ch（16ビット） | L-ch（16ビット） | R-ch（16ビット） | …

図1.12　CDのディジタル信号の並び

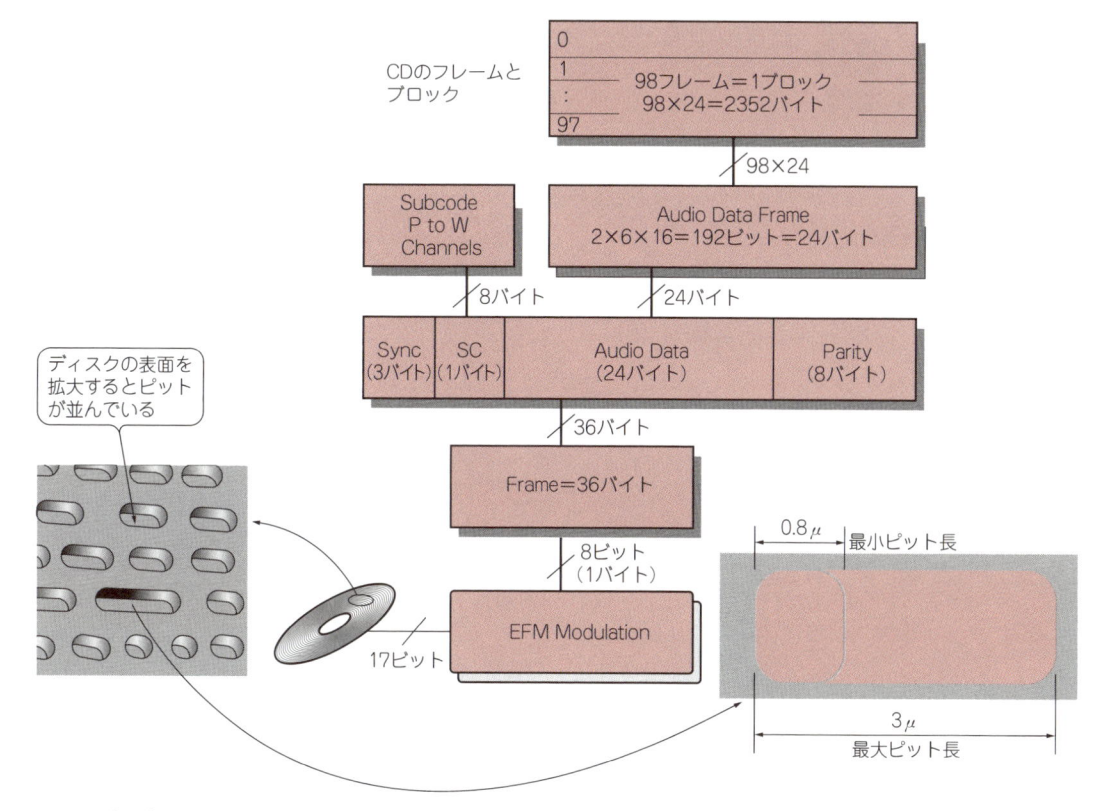

CDのフレームとブロック

0
1
:
97

98フレーム＝1ブロック
98×24＝2352バイト

98×24

Subcode
P to W
Channels

Audio Data Frame
2×6×16＝192ビット＝24バイト

8バイト　　24バイト

Sync（3バイト） | SC（1バイト） | Audio Data（24バイト） | Parity（8バイト）

36バイト

Frame＝36バイト

8ビット（1バイト）

EFM Modulation

17ビット

ディスクの表面を拡大するとピットが並んでいる

0.8μ　最小ピット長

3μ　最大ピット長

図1.13　ディジタル記録の例（音楽CDフォーマット）

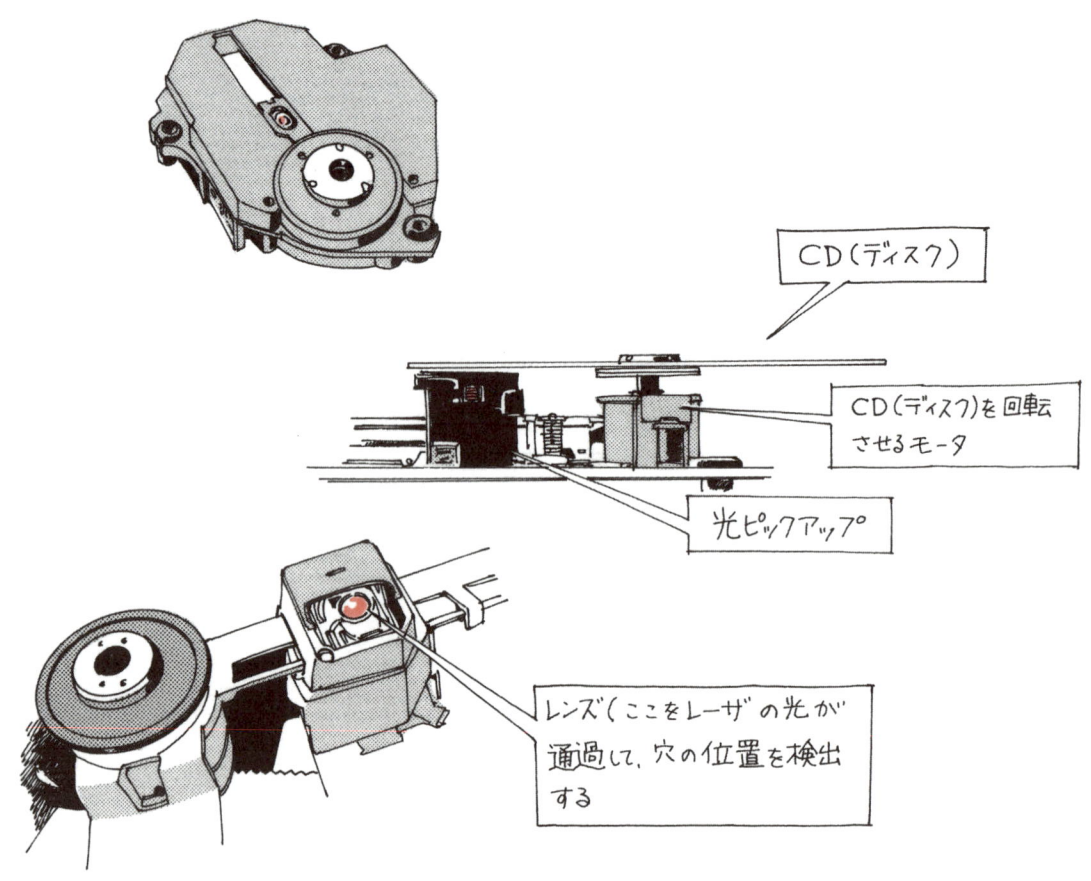

図1.14 ディジタル記録の例（光ピックアップ）
光の反射を検出してディジタル信号に変換する．非接触なので傷に強い（信号記録面は内部にあるため）．
光のビームは1本なので，左右同時に記録はできない．したがって，交互にデータを読み出して再生することになる．

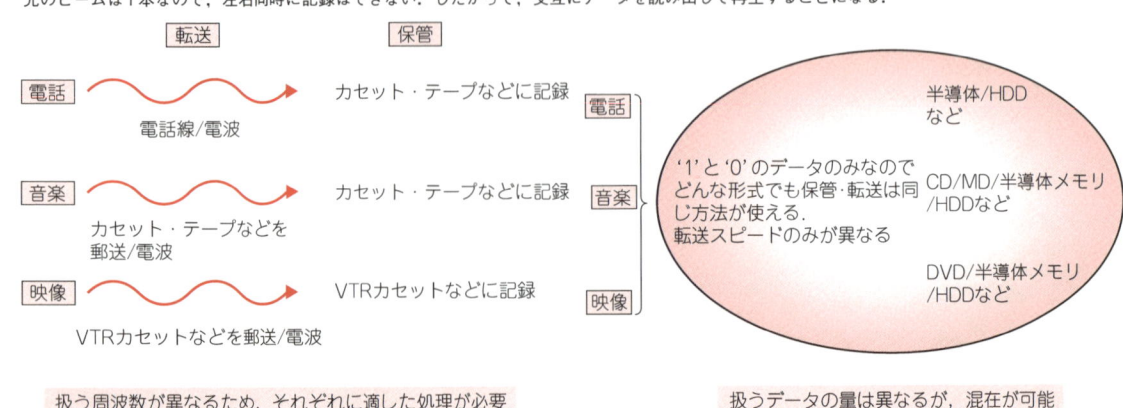

(a) アナログの場合

扱う周波数が異なるため，それぞれに適した処理が必要

- 電話 → 電話線/電波 → カセット・テープなどに記録
- 音楽 → カセット・テープなどを郵送/電波 → カセット・テープなどに記録
- 映像 → VTRカセットなどを郵送/電波 → VTRカセットなどに記録

(b) ディジタルの場合

扱うデータの量は異なるが，混在が可能

'1' と '0' のデータのみなのでどんな形式でも保管・転送は同じ方法が使える．転送スピードのみが異なる

- 電話 — 半導体/HDD など
- 音楽 — CD/MD/半導体メモリ/HDDなど
- 映像 — DVD/半導体メモリ/HDDなど

図1.15 ディジタル・データのよいところ
ディジタルのデータはデータの保管や転送が簡単にできる．

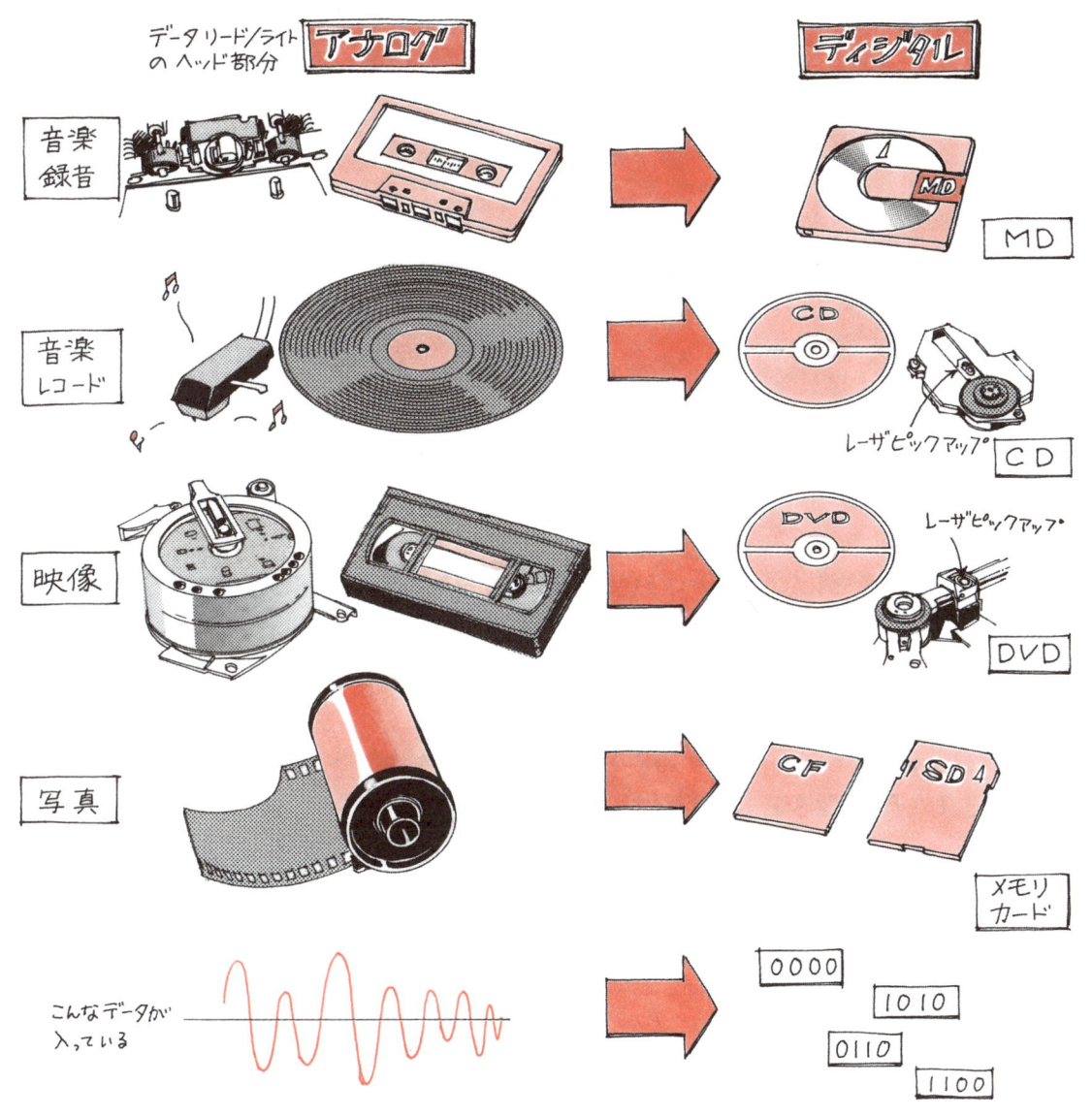

図1.16 記録媒体の変化

点は，画期的なことです．

　今後，ますますディジタル化が進むと思います．複雑なシステムが小さなシリコン・チップに収められるようになり，多くの夢がかなえられるようになります（**図1.16**）．そして，その基本はディジタルICにあります．

　次章以降では，基本ディジタルICと組み合わせ回路の動作について説明します．また，最近のディジタル回路の設計は，HDL（ハードウェア記述言語）による言語設計が主流になっているので，第12章ではHDLの基礎についても紹介します．

第2章 ディジタル回路とディジタルIC

第1章の説明で，ディジタル技術がいろいろな分野に応用できるという可能性が見えてきたと思います．本章では，これからいろいろなディジタル回路を実験していくのに際して，ぜひとも知っておいてもらいたい項目について，説明しておきましょう．

2.1 ディジタル回路とは

● ランプをつけるか，つけないかを表す方法

図2.1は，よく見かける信号機のしくみを簡単に示したものです．この信号機は，一つのランプに注目すると「つくか，つかないか」という二つの状態しかありません．

さらに，これを全部のランプに注目してみると，
▶ ランプは常にどれか1個しか点灯しない
▶ どのランプがつくかは時間的に制御されている
ということができます．

ディジタル回路というのは，実はこのように「どのランプをつけるか，どの順序でつけるか」という

信号	青	黄	赤
T_1	○		
T_2		○	
T_3			○

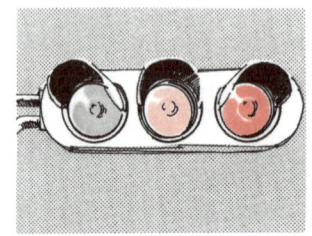

図2.1 信号機のしくみ

ようなことを制御する機能をもっているのです．また，このように規則的に動作させる回路のことを**論理（ロジック）回路**とも呼んでいます．

図2.2(a)に，実際の信号機をつける場合の簡単な回路例を示します．ここで使用しているトランジスタは，ベースに電流（$I_1 \sim I_3$）を供給してやると導通（コレクタ-エミッタ間に電流が流れる）し，そうでないときは非導通になっています．そこで，図2.2(a)の例では，ランプを点灯しようとするそれぞれのタイミング $T_1 \sim T_3$ に，トランジスタ $Tr_1 \sim Tr_3$ をそれぞれ導通させるような信号を供給してやれば，簡易型の信号機が実現できるわけです．

この動作を示したものが，図2.2(b)です．このような図はこれからたくさん出てきますが，一般に信号の流れを時間軸に置き換えて表しているので，**タイムチャート**と呼ばれています．また，この表し方には一定のルールがあります．

図2.2(b)の場合には，タイムチャートの右側にONとかOFFと書いてありますが，これはそれぞれのトランジスタがONしたりOFFしたりするレベルを示しています．

タイムチャートの横軸は時間軸ですが，縦の軸は一般には電圧レベルを示します．すなわち，図2.2(b)では，トランジスタをONさせるときがハイ・レベル（以下，"H"レベル），OFFさせるときがロー・レベル（以下，"L"レベル）を示しているわけです．

したがって，このようなタイムチャートを見れば，回路の動き（トランジスタの動き）として，どのようなときにトランジスタが動作（導通）するかということを一目で予測できるのです．また，時間経過は左から右へ進むように表します．

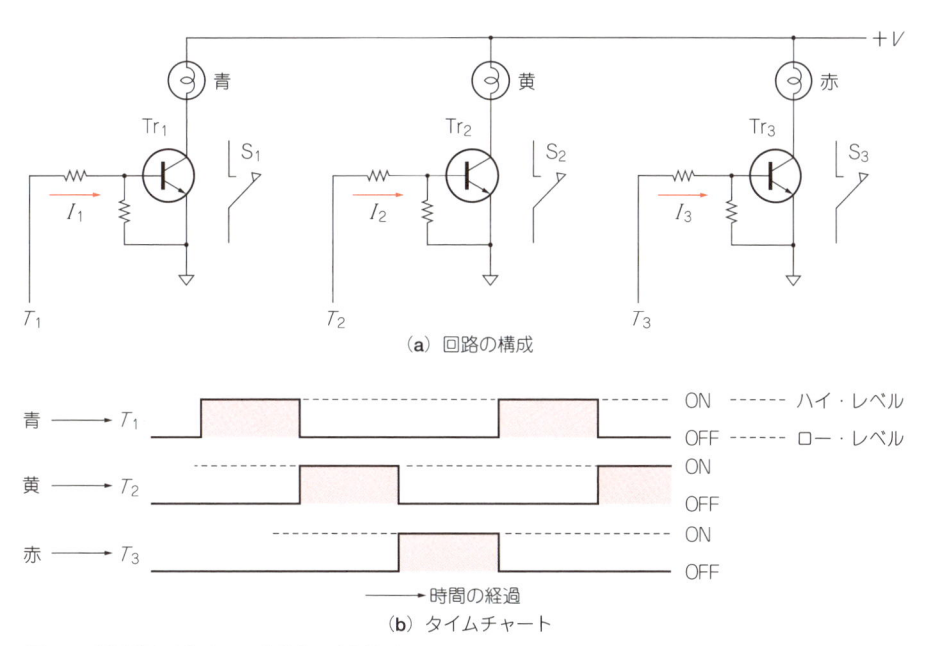

(a) 回路の構成

(b) タイムチャート

図2.2 信号機を点灯させる簡単な回路例とそのタイムチャート

● "H"レベルと"L"レベルを区別する回路

　ランプをつけるかつけないかを，電圧の"H"レベルか"L"レベルで表すということは，具体的にはどういうことなのでしょうか．

　図2.3に，**図2.2**の動作をさらに詳しく示したランプの点灯回路を示します．いま，このランプ点灯回路に，0Vから少しずつ上昇する電圧V_{IN}を加えてみましょう．そして，トランジスタのコレクタ電圧V_Oを観測しながら，ランプが点灯するようすを見てみます．

　すると，V_{IN}＝約0.6Vくらいからトランジスタのコレクタ電圧V_Oは下がり出し，同時にランプが少しずつ明るくなるはずです．そして，V_{IN}が0.7Vを越えると，V_Oの電圧は0.5V以下となり，ランプは点灯します．

　つまり，この回路の動作を先の**図2.2(b)**のタイムチャートに置き換えてみると，$V_{IN} \leqq 0.6$Vが"L"レベル，$V_{IN} \geqq 0.7$Vが"H"レベルということができるわけです．したがって，**図2.3**のような簡単な回路であっても，"H"レベルと"L"レベルを判別することができるわけで，この回路はディジタル回路の一つとして考えることができます．

　なお，**図2.3**のトランジスタ回路で，"H"レベルと"L"レベルが約0.6Vくらいを境にして判断できる理由は，一般のトランジスタ（とくに断らない限りシリコン・トランジスタ）が順バイアスされて導通するのに，ベースとエミッタ間に0.6Vより大きい電圧を必要とするからです．つまり，ベースに直列に入れた抵抗を介してV_{IN}＝0.6V以上の電圧を加えると，トランジスタにはベース電流が流れて導通するのです．0.6Vでは，トランジスタは完全にONしないこともあります．

　ディジタル回路では，この"H"レベルと"L"レベルとを区別する「しきい値電圧」のことを，一般にスレッショルド電圧と呼んでいます．また，信号の状態を"H"レベルと"L"レベルという二つの電圧を使って回路を表すことから，ディジタル回路のことを2値回路と呼んだりすることもあります．

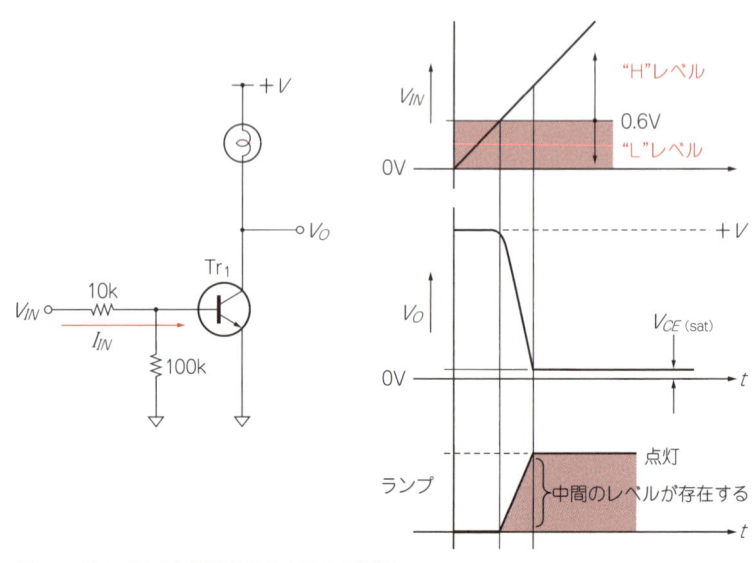

図2.3　ランプの点灯回路の入力と出力の関係

2.2 実際のICのロジック・レベル

前述したような動作，あるいはもっと複雑な動作をコンパクトに実現できるのがディジタルICと呼ばれるものです．

ディジタルICは，基本的には図2.4に示すように内部はトランジスタ回路で構成されています．したがって，"H"レベルや"L"レベルという考え方は，図2.3とまったく同じです．違う点としては，"H"レベルか"L"レベルかの判断を行うスレッショルド電圧の値が，ICのファミリによって異なることです．

● 電源は5Vで動かす

では，実際のディジタルICを使ってディジタル回路を動かすことを考えてみましょう．ディジタルICには，多くの仲間(機能は異なっているが，統一した電気的特性で作られたシリーズのこと．ファミリともいう)や種類(IC自体の製造方法の違いによる分類)がありますが，もっとも有名なのはTTL ICファミリとCMOS ICファミリと呼ばれるものです．これらのICは，基本的には図2.5のような外形をしており，DC5.0Vを電源として動作(CMOS ICの場合はもう少し電源電圧に幅がある)するようになっています．

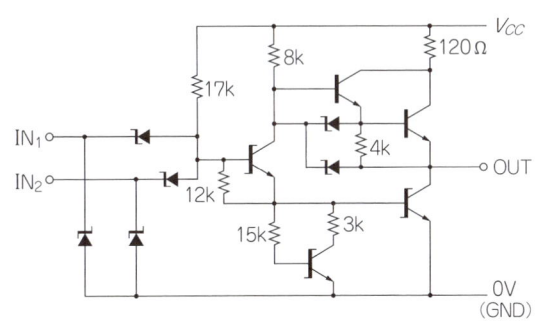

図2.4 ディジタルICの回路の一部
2入力NANDと呼ばれるIC(74LS00)の内部回路の一部．

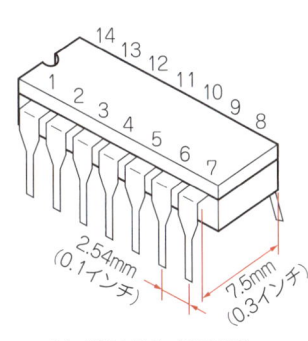

(a) DIP14ピンICの外形　　(b) 6回路インバータIC 7404のブロック図　　(c) ICの内部構造

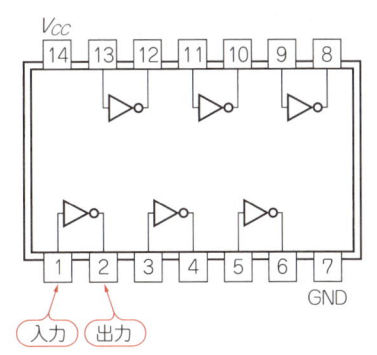

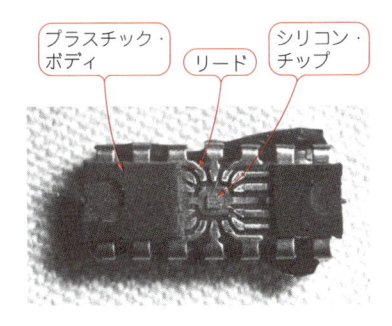

図2.5 代表的なディジタルICの外形，ブロック図，内部構造

第2章

(a) 74HC00
2入力NANDゲート
4回路入り

(b) 74HC04
インバータ・ゲート
6回路入り

(c) 74HC32
2入力ORゲート
4回路入り

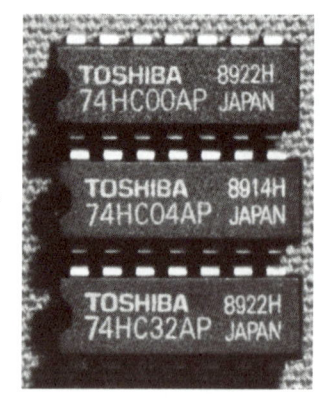

(d) 74HC42
BCD→10進デコーダ

(e) 74HC85
4ビット・ディジタル
コンパレータ

(f) 74HC123
ワンショット・マルチ
バイブレータ
2回路入り

(g) 74HC163
4ビット同期カウンタ

写真2.1　CMOSディジタルICのいろいろ
外形は同じであるが，機能はまったく異なっている．

●●● TTLとCMOS ●●●　　　コラム2.A

　ディジタルICと呼ばれているものは，大きく次の二つに分けられます．
(1) 汎用（ディジタル）ロジックIC
(2) 専用LSI

　(1)はその名のとおり何にでも使えるICで，TTLやCMOSという呼び名で，それぞれにいくつかのICファミリ（電気的特性を同じようにした一連の仲間）をもっています．TTLは，Transistor Transistor Logicを略したものです．簡単に説明すると，ディジタルICの入力部の回路構成は，ディジタルICが開発された初期の頃，抵抗-トランジスタ，ダイオード-トランジスタ，トランジスタ-トランジスタと進化する形で異なった電気的特性を持つデバイスが作られていました．そして，性能の優れたトランジスタ-トランジスタ形式のデバイスが最終的に選択され現在にいたっています．

　また，CMOSは，Complementary Metal Oxide Semiconductorを略したものです．TTLがバイポーラ・トランジスタと同じ構造で作られているのに対し，CMOSはMOS FETと同じ構造で作られています．CMOSは，入力部の回路構成がPチャネルとNチャネルのMOSFETを上下対称に接続して補完しあうような形で作られているため，コンプリメンタリMOSと呼ばれています．

　(2)の専用LSIは，汎用ではなく特定の目的のためだけに作られたICのことで，比較的規模が大きいICです．規模が大きいとはいっても，専用LSIのほとんどはロジック回路のかたまりであり，汎用ロジック回路の使い方をマスタできれば怖くはありません．

　汎用ロジックICの種類はそれこそ何百とありますが，基本になっているICの20〜30品種の使い方をマスタできれば十分です．

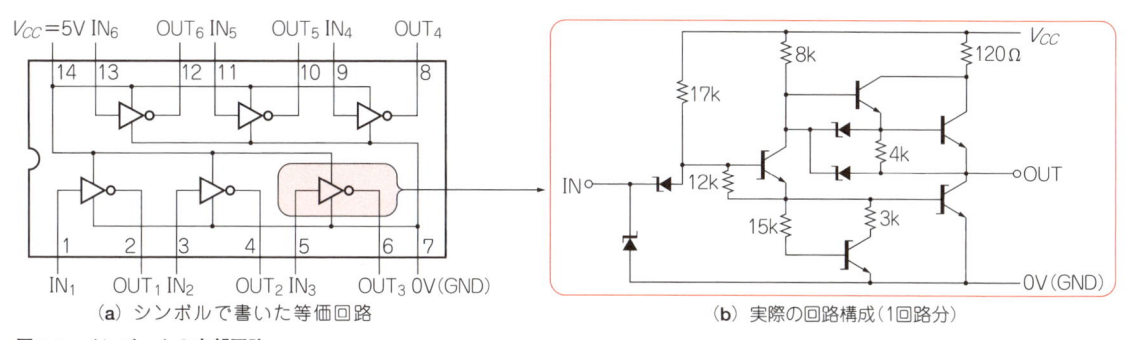

2.2 実際のICのロジック・レベル

(a) シンボルで書いた等価回路

(b) 実際の回路構成（1回路分）

図2.6 インバータの内部回路

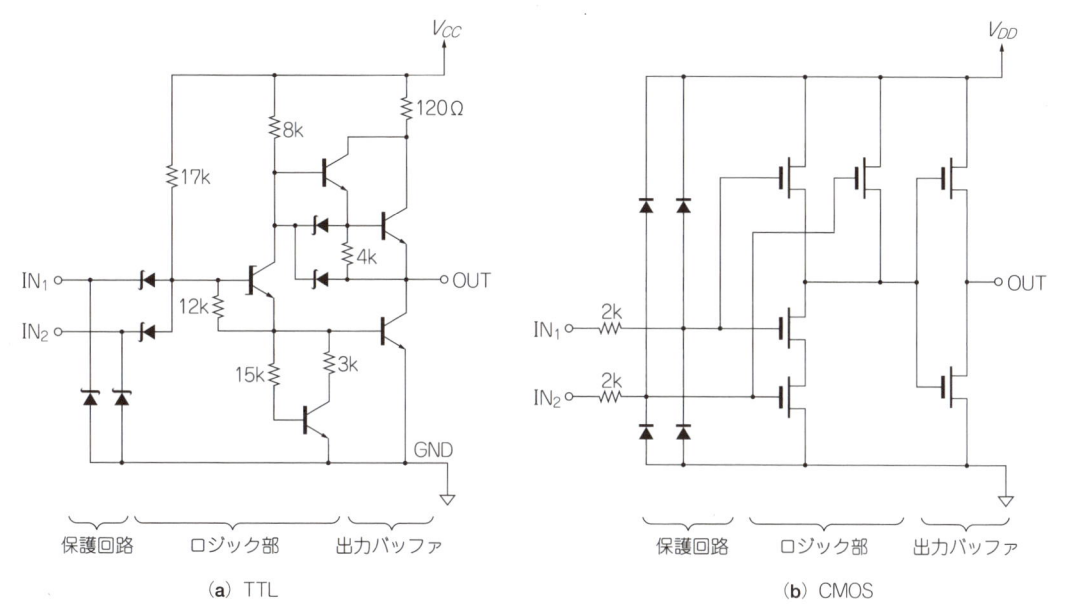

(a) TTL

(b) CMOS

図2.7 2入力NANDの内部回路
図中の抵抗値はメーカによって異なっている場合がある．

　ICの記号を見るには，一定のルールがあります．たとえば，図2.5の場合，7404という型番のICは，インバータと呼ばれる「ロジック信号を反転する回路」が6回路入っていることがわかります．しかし，電源はどのようになっているのかは，この図だけでははっきりしません．

　図2.5をもう少し詳しく示すと，図2.6(a)のようになります．図2.6(b)は，ICの内部回路（1ゲート分）を詳細に示したものです．しかし，図2.6(a)や図2.6(b)のように，1個の反転回路ごとに電源の配線を示したり，内部の等価回路を示したりしていたのでは，回路図が複雑になってしまいます．そこで，一般には電源の配線はとくに示さず，さらに回路自体もシンボル（記号）を使って表すようにしています．なお，7404のインバータや図2.7に示すNANDなどの回路はゲートICと呼んでいます．

　TTLやCMOSの一連のディジタルICファミリの場合は，基本的な電気的特性が統一して作られているので，電源の配線を示さなくても，また等価回路を示さなくても，どんなICのファミリ（シリーズ）

25

を使っているかがわかれば，電源がどのように供給されているかがわかります．

本書でも，とくに断わって示さない限り，5Vの安定化電源を使ってディジタル回路の実験をすることにします．また，ICのV_{CC}とGNDピンの間には，ノイズをさけるために，**図2.8**のように1μFのタンタル・コンデンサを接続しておきます．この1μFのコンデンサの効果については，**コラム2.D**を参照してください．

● ディジタルICの"H"レベルと"L"レベルを調べる

図2.3の説明で，ディジタル回路として機能させるには"H"レベルと"L"レベルという2つの信号レベルが必要だということを述べました．この関係を実際のICで調べてみましょう．

図2.9に，実験するための構成を示します．信号波形を観測するには一般にオシロスコープを使用しますが，ここではとくに2つの入力信号をX軸とY軸で表示できるオシロスコープを使います．これは，縦軸，横軸ともに電圧軸として波形を見るためです（通常の波形観測は横軸が時間軸になる）．

ICに入力する波形は，**図2.9**に示したように0～5Vの三角波です．周期は100μsくらいがよいでしょう．基本的にはどんな周期でもよいのですが，あまり速い周期や極端に遅い周期にすると波形が見づらくなります．

ディジタル信号は"H"レベルや"L"レベルという電圧を扱うわけですが，"H"レベルから"L"レベルあるいはその逆の変化は，**図2.3**に示したように連続になっているのです．したがって，0Vか

●●● ディジタルICの型名の見方 ●●●　　コラム2.B

ファミリ化されたICのよいところは，そのICに印刷されている型名を見ればメーカ名とそのICの機能がわかるという点です．たとえば，74シリーズのローパワー・ショットキ74LSの場合，

　　英文字　　数字
　　□□74LS×××

とあれば，□□の英文字がメーカ名を表し，LSがローパワー・ショットキ・ファミリであることを表し，×××の数字がICの機能を表すわけです．□□の英文字からわかる代表的なメーカ名は，

- SN ……TI（テキサスインスツルメンツ）の汎用バイポーラ・ディジタルIC
- MC1 …フリースケール・セミコンダクタ（旧モトローラ）のCMOS IC
- HD ……ルネサステクノロジのディジタルIC
- TC ……東芝のCMOS IC
- μPD …NECのMOS IC

などです．

一方，ICの型名の×××（2桁または3桁，4桁のこともある）は，機能を示す数字ですから，たとえば ① SN7404，② HD74LS04，③ TC74HC04 というようなICがあるとすると，これらはそれぞれ同一機能であり，①はTIのスタンダードTTL，②はルネサステクノロジのLSタイプTTL，③は東芝のCMOS（HC）タイプということになるわけです．

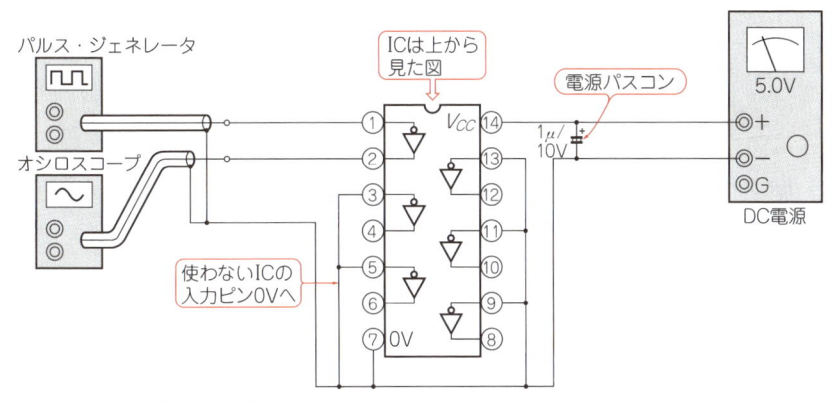

2.2 実際のICのロジック・レベル

図2.8 実際の測定回路の配線

ら5Vの間の電圧を非常にゆっくり変化させてディジタルICに入力すれば，それに対応した出力電圧の変化が得られます．これが三角波を入力する理由です．

そして，入力電圧の変化をオシロスコープのX軸に，出力電圧の変化をY軸に与えることで，**写真2.2**のような波形が得られます．また，"H"レベルと"L"レベルの範囲は**図2.10**に示すようになります．

ディジタルICのスレッショルド電圧，すなわち"L"レベルと"H"レベルが切り替わる電圧は，このようにして測定することができます．

写真2.2は，**図2.9**の実験回路を使用して，TTLの74LS04，74S04，CMOSの4069，74HC04という4

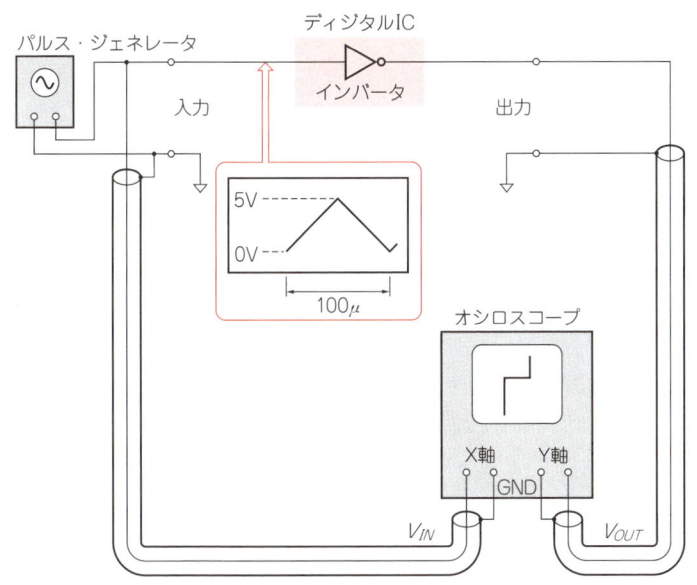

図2.9 ディジタルICの入出力特性の測定回路
ここではインバータの特性を計測している．

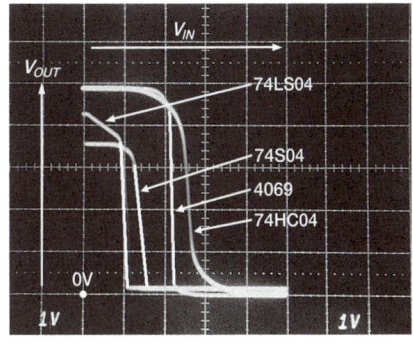

写真2.2 TTLとCMOSの入出力特性

種類のICの入出力特性を調べた結果です．この結果から，それぞれのICのスレッショルド電圧は次のようになっていることがわかります．

```
TTL ─┬─ 74LS04  ：約1.1 V
     └─ 74S04   ：約1.4 V
CMOS ─┬─ 4069   ：約2.2 V
      └─ 74HC04 ：約2.5 V
```

● ICの"H"レベルと"L"レベルの規格

ところで，ディジタル回路ではユーザがいろいろなICを組み合わせて使うことになるので，正しく動作するようにディジタルICの仕様は規格で決められています．

たとえば，**図2.11**に示したのはメーカが公開しているディジタルICの電気的特性の中で，"H"レベ

●●● ロジック・ファミリの種類 ●●●

● TTL 74シリーズ

74シリーズは，ロジックICファミリの元祖というべきもので，開発されているファミリの数はもっとも多いといえます．TTL 74シリーズの中でも，それぞれの回路構成の違いや製造プロセスの違いなどにより，いくつか異なったシリーズがあります．それぞれのシリーズは次のように分類されます．

▶ スタンダード・タイプ

最初に開発された74シリーズです．各種の電気的インターフェースの基準となっている規格をもっているので，それらの値を覚えておくと便利です．たとえば，1TTLドライブ可能というICがあった場合，それは"H"レベル出力電流が0.4 mA以上，"L"レベル出力電流が1.6 mA以上のドライブ能力をもっている，ということを意味しています．

▶ S（ショットキ）タイプ

ショットキ・ダイオードを内部トランジスタが飽和するのを防止するために使用したもので，高速動作が可能です．その代わり，消費電力がかなり増加しますが，どうしても高速で動作させたいときには便利です．フリップフロップのトグル周波数で100 MHz以上のものが作られています．

▶ LS（ローパワー・ショットキ）タイプ

スピードはスタンダード・タイプと同等かそれ以上でありながら，消費電力はスタンダード・タイプより小さいため，CMOSが主流になるまではもっとも多く使われていました．

▶ AS（アドバンスト・ショットキ）タイプ

製造プロセスや回路設計を工夫することによって，動作スピードはSタイプとほぼ同じでありながら，消費電力は約1/3という性能を実現したファミリです．

▶ ALS（アドバンスト・ローパワー・ショットキ）タイプ

TTLの中では，もっとも高いパフォーマンスをもつファミリです．ゲートの遅れ時間はスタンダード・タイプに比べて約1/3，消費電力は約1/8となっています．ASタイプのローパワー版と

ルと"L"レベルのディジタル信号です．

　TTLの場合は，図(a)に示すように0Vから0.8Vまでの電圧が入力されると"L"レベル（V_{IL}），2.0Vから5.0Vまでの電圧が入力されると"H"レベル（V_{IH}）とみなされるようになっています．したがって，あるTTLの出力電圧が，0.2Vであっても0.5Vであっても，それは"L"レベルであるといいます．同様に，出力電圧が3.0Vでも4.5Vでも，それは"H"レベルということになります．

　図2.11(a)では，もう一つ重要なことがあります．入力信号と出力信号とでは，"H"レベルと"L"レベルの電圧がそれぞれ異なっているという点です．たとえば，TTLの場合は，2.0Vから5.0Vまでの範囲の入力であれば"H"レベル（V_{IH}）と判定できる能力をもっているわけですが，一方，"H"レベル出力（V_{OH}）は，「必ず2.4Vから5.0Vの範囲になる」ということを示しています．つまり，入力の"H"レベルの下限である2.0Vと，出力の"H"レベルの下限である2.4Vとの間に0.4Vの余裕をもたせてあるわけです．

コラム 2.C

いえるもので，ロジック・ファミリも多数開発されています．

　以上がTTL 74シリーズの主なものですが，74シリーズという名前で一括して呼ばれるのには理由があります．それは，74××の××に当たる番号が同じものは，すべて同一の機能をもっているからです．たとえば，2入力のNANDゲートは，7400でも74LS00でも74S00でも，電気的特性以外は同じなのです（ただし，ほんの一部の製品ではパッケージの違いによりピン接続の異なっているものがある）．

● **CMOS 4000/4500シリーズ**

　4000/4500シリーズはスタンダードCMOSとも呼ばれており，CMOSの代表的なファミリです．開発初期には電気的特性の規格不統一などの問題がありましたが，現在ではほとんどのメーカで同一規格のものが作られるようになっています．4000シリーズはRCA社（現在は存在しない）が，4500シリーズはモトローラ社がオリジナルを開発しました．

　このファミリの最大の特徴は，電源電圧が3〜18Vと非常に広範囲に使用できることにあります．しかし，スピードが遅いため，応用範囲は限られてしまいます．

● **CMOS 74HCシリーズ**

　74HCシリーズは，ピン接続がTTLと同一で，完全にTTLの置き換えを意識して作られたものです．HCはハイスピードCMOSという意味です．TTLと74HCシリーズとの混在使用も可能です．現在では74LSシリーズに代わって，ディジタルICの主流になっています．

　ここで紹介したもの以外にも，現在では使用されなくなったディジタルICのファミリがたくさんあります．また，本書では触れませんが，最近の高速化，低消費電力化の要求から電源電圧が3.3Vで動作する74LVTファミリ（バイポーラ構造），74LVCファミリ（CMOS構造），2.5Vで動作する74ALVCファミリ（CMOS構造），74AVCファミリ（CMOS構造）などが製品化されています．

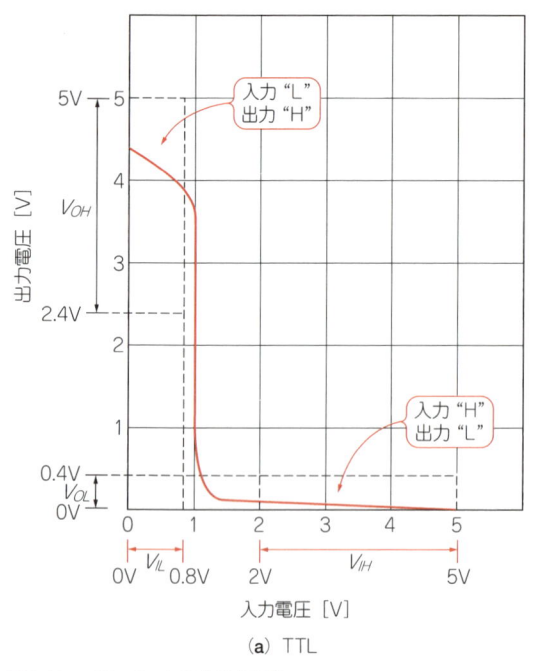

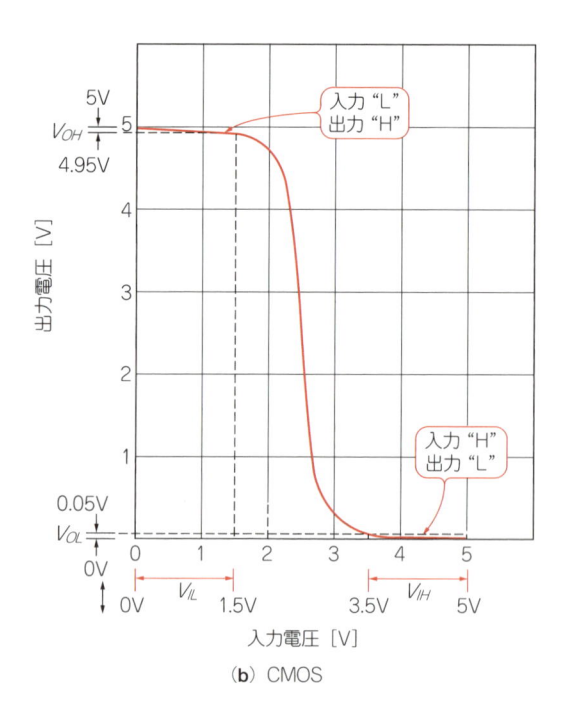

図2.10 インバータの入出力特性

　これは，同じTTLであっても，いろいろな種類のIC，あるいはいろいろなメーカのICを相互に接続する場合に，電気的特性のばらつきがあっても正確にディジタル信号が伝えられるようにするためのもので，一般に**ノイズ・マージン**と呼んでいます．

　図2.11を見るとCMOSのほうがTTLよりもノイズ・マージンが広いので，使いやすそうであると予想できます．

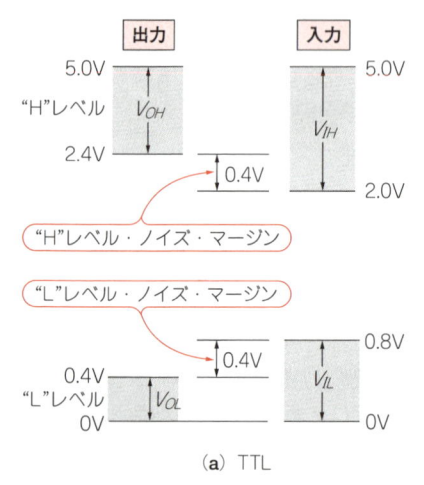

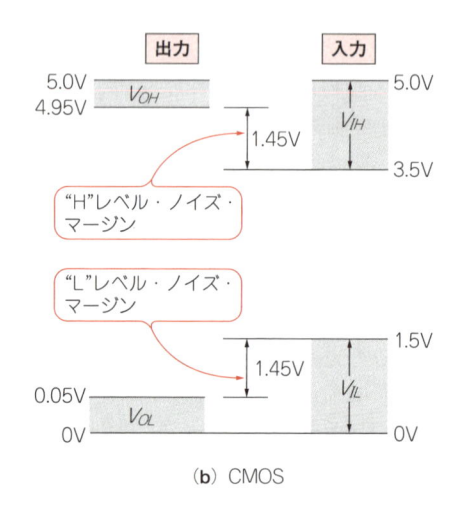

図2.11　TTLとCMOSのディジタル信号レベル

● 電源の5Vが変動すると

　最近では，CPUクロックの高速化やシステム全体の低消費電力が求められているため，3.3 V，2.5 Vなどの低電圧で動作するディジタルICのファミリが増えてきましたが，ディジタルICは5Vの電源で動作させることが一般的でした．しかし，常に電源を5.0 Vに正確に保つことは大変難しいものです．そこで，ICの電源電圧が変動するとどうなるかについて調べてみたいと思います．実験した回路は，図2.9と同じです．

　写真2.3に，電源電圧が変動したときのTTLとCMOSの入出力特性の違いを示します．写真の縦方向の変化点が，ディジタル信号の"H"レベルと"L"レベルの切り替わり電圧（スレッショルド電圧）を示していますが，TTLのほうはスレッショルド電圧（約1.0 V）にほとんど変化がないことがわかります．一方，CMOSは電源電圧の変化にともなってスレッショルド電圧も変化していることがわかります．

　つまり，TTLは電源電圧があまり大きく変動すると，"H"レベル電圧の範囲と"L"レベル電圧の範囲に大きな差が発生して，使いにくくなりそうです．一方，CMOSはスレッショルド電圧が電源電圧のほぼ1/2近辺にあるので，電源電圧が変動しても使いにくくなるということはなさそうです．

　事実，TTLの動作電源電圧範囲は5 V±5％ですが，CMOSの場合は4000/4500シリーズと呼ばれるもので3～18 V，74HCシリーズと呼ばれるもので2～6 Vになっています．

2.3 入力信号と出力信号の時間的関係

● 出力信号は入力信号よりも必ず遅れる

　さて，ディジタルICに信号を伝えるには，ICのファミリによって規格化された"H"レベルと"L"レベルの信号を使わなければならないことがわかったと思います．ところで，その規格化されたレベ

(a) TTL 74LS04　　　(b) CMOS 74HC04

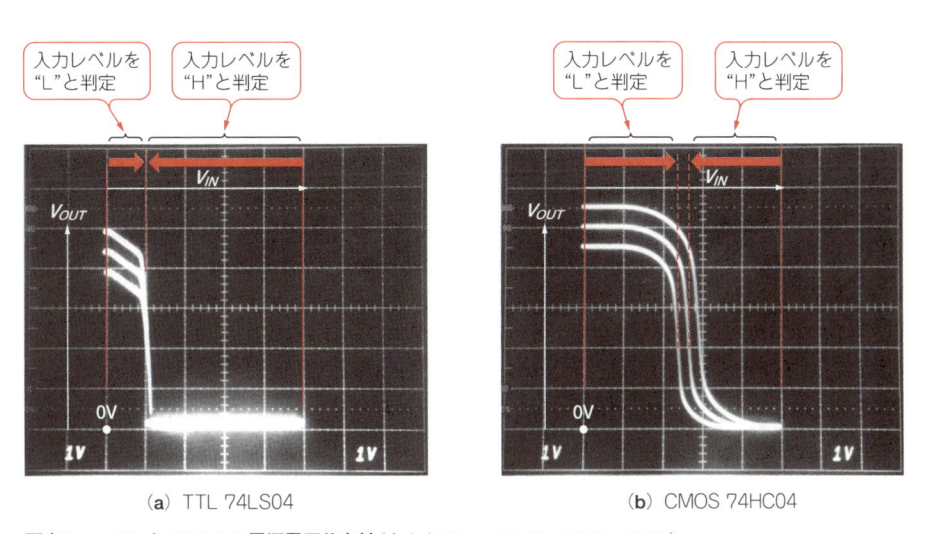

写真2.3　TTLとCMOSの電源電圧依存性（上から V_{CC} = 5.5 V，5.0 V，4.5 V）

ルの信号をICに加えた場合，その信号によって出力信号はすぐに現れるのでしょうか．はじめの信号機の例題(**図2.2**)にもどると，「ランプをつける信号が入ったら，ランプはすぐに点灯するのか」という問題です．

図2.2のタイムチャートを見ると，ランプは入力信号によってすぐに点灯しそうです．しかし，電気のことを少し知っている人なら，ランプはすぐに点灯しないということがわかるはずです．たとえば，**図2.3**に示したトランジスタ1個の回路であっても，トランジスタがスイッチ的な動作をするためには，わずかですが時間がかかってしまいます．

これは当たり前の話で，出力信号は入力信号によって与えられるわけですから，入力信号よりは必ず遅れるのです．そして，この遅れ時間の違いが，ディジタルICの各ファミリやシリーズ間の性能の違いになっているのです．

ただ，遅れ時間があるといっても，そのオーダは数十ns～数ns(nsは10^{-9}秒)という時間ですから，ランプなどの点灯においてはまったく問題になりません．しかし，ディジタル回路の場合，そのような遅れ時間のために誤動作することがあります．したがって，この遅れ時間を理解しておかないと，正しい働きをするディジタル回路を設計することは不可能です．

● ICの遅れ時間の表し方

図2.12に，もっとも簡単なディジタルICであるインバータ(反転回路．入力と出力が反転する)の入力信号と出力信号の関係を示します．

まず，インバータIC_1への入力信号の立ち上がり時間は，このIC_1の前後にあるICのドライブ能力と，IC_1自身の入力容量などで決まります．IC_1は，入力信号がV_{IH}("H"レベルと判断する入力電圧)を越えたときに，はじめて入力信号が"H"になったと判断します．そして，それから出力を"L"レベルにしようとするわけです．さらに，それによってIC_1の出力信号が次段のICのV_{IL}("L"レベルと判断する次段のICの入力電圧)になったときに，その出力は"L"レベルと判断されるわけです．

つまり，ディジタルICへの入力論理レベルが"L"→"H"に変化した時点から，出力の論理レベルが"H"→"L"に変化する時点までの遅れ時間が，"H"→"L"への遅れ時間t_{PHL}として示されています．

同様に，入力の論理レベルが"H"→"L"に変化し，出力が"L"→"H"になる場合も遅れ時間t_{PLH}が発生することになります．

● 実際のICの遅れ時間

では，実際に**図2.13**のようにICを接続して，入出力波形の伝搬遅れ時間を測定してみましょう．

ディジタルICのファミリには多くの種類がありますが，ここではTTLの74LS04，CMOSの4069，74HC04を使用しました．**写真2.4**が測定したインバータの出力波形です．入力波形のパルスに時間を合わせて波形写真を撮っていますので，ICファミリ間の違いがはっきりわかると思います．

立ち上がり波形(t_{PLH})で見ると74HC04が一番速く，立ち下がり波形(t_{PHL})で見ると74LS04が一番速いようです．また，一番遅いのが4069です．**表2.1**に，メーカが発表している伝搬遅れ時間の例を示し

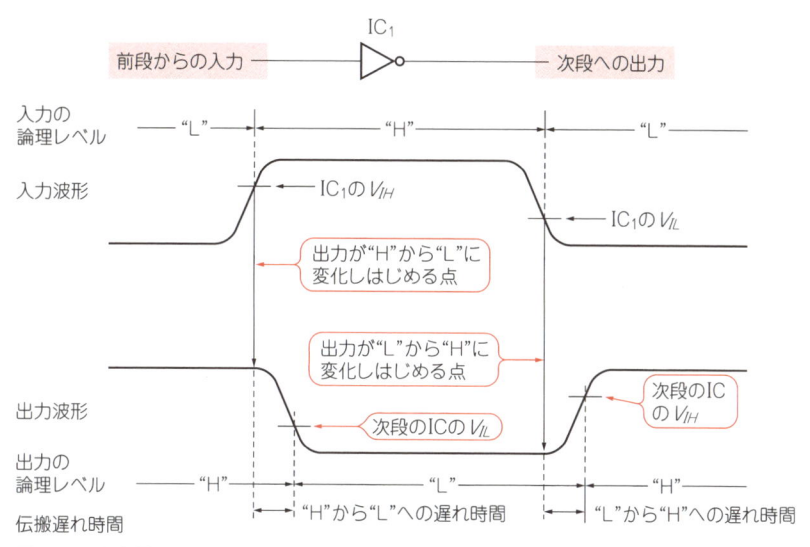

図2.12 出力信号の入力信号に対する遅れ時間

ます．

　この**表2.1**において，typ値は代表的な数値，max値が最大値を示しており，これがメーカの保証値ということになります．ただし，各数値は各メーカによって微妙に違っていることがあるので注意が必要です．

　この実験では5.0 Vの電源を使っていますが，**写真2.4**を見ると，74LS04だけが出力の"H"レベル（V_{OH}）の電圧が低くなっているのがわかります．これは，TTLとCMOSの回路構成の違いによるもので，TTLの"H"レベルの出力電圧がCMOSより低くなるということです．このことは，**図2.11**の出力レベルにも現れています（V_{OH}が2.4 Vから5.0 V）．

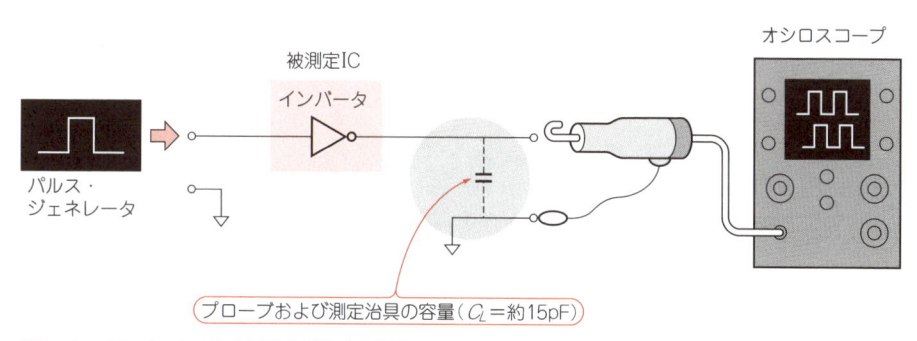

図2.13　インバータの出力波形を測定する回路

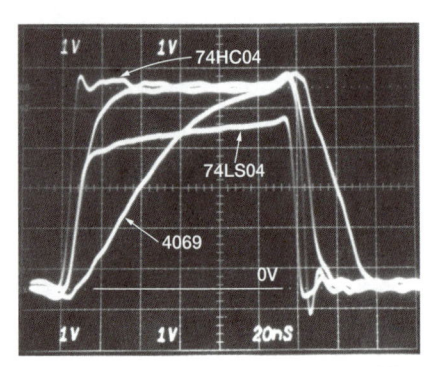

写真2.4　いろいろなディジタルICの遅れ時間
ここで測定したのはインバータ．

表2.1　TTLとCMOSの伝搬遅れ時間の比較
インバータの数値をメーカのカタログ・データから引用．

	TTL		CMOS			
	74LS04		4069		74HC04	
	typ	max	typ	max	typ	max
t_{PLH}	9	15	65	125	7	13
t_{PHL}	10	15	65	125	7	13
条件	$C_L = 15$ pF $R_L = 2$ kΩ		$C_L = 50$ pF		$C_L = 15$ pF 入力 $t_r = 6$ ns	

単位(ns)

2.4　ICとICをつなぐときの問題点

　さて，ディジタル・システムは，たいていの場合ディジタルIC 1個だけでは動作しません．いくつかのICを組み合わせて使うことになります．そこで，ICとICをつなぐ必要があります．具体的には，あるICの出力をあるICの入力へつなぐという作業です．

● 接続できる負荷の数——ファンアウト

　ICの出力に別のICの入力をつなぐとき，どれだけつないでもよくて，特性に影響も出てこないというのが理想的なのですが，実際にはそうはいきません．図2.14に示すように，ICとICを接続すると入出力間に電流が流れるので，接続する負荷の数に制約が出てきます．

　しかし，接続するICによって入出力に流れる電流をいちいち計算していては大変なので，ディジタルICの場合には，図2.15のようにユニット・ロードという考え方を導入して，接続できるICの数をわかりやすくしています．それが，ファンアウトとファンインです．ファンアウトとは負荷として接続できるユニット・ロードの数，ファンインとはそのICが必要とする入力ユニット・ロードの数です．

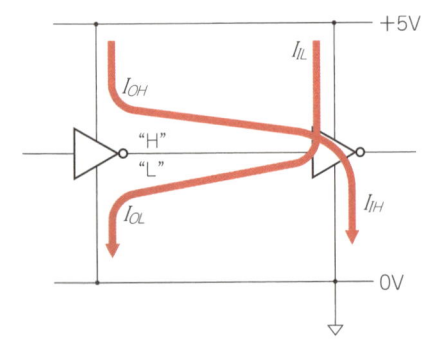

I_{OH}：" H "出力のときに流し出せる電流
I_{IH}：" H "入力のときに吸い込む電流
I_{OL}：" L "出力のときに吸い込める電流
I_{IL}：" L "入力のときに流し出す電流

スタンダードTTLの場合

ICの出力電流	ICの入力電流	ファンアウト
$I_{OH} = 400 \mu A_{max}$	$I_{IH} = 40 \mu A_{min}$	$I_{OH} / I_{IH} = 10$
$I_{OL} = 16 mA_{max}$	$I_{IL} = 1.6 mA_{min}$	$I_{OL} / I_{IL} = 10$

▶インバータの例で示しているが，ICの機能の種類は限定しない

図2.14　TTLとTTLを接続したときの電流の流れ

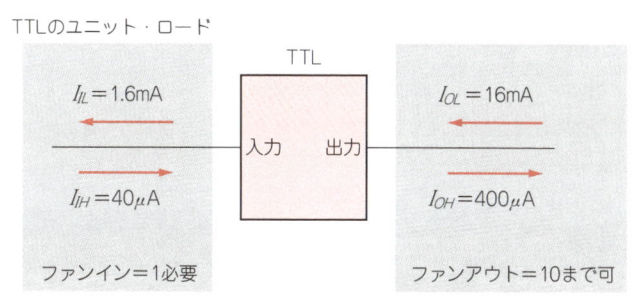

図2.15　TTLのユニット・ロード

● **TTLの場合は入出力電流値で決まる**

　TTLに必要なユニット・ロードは，ICへの入力電流で決まります．これは，ICの内部回路構成から計算することができます．標準TTLで"H"レベルのときは$40\,\mu\mathrm{A}$，"L"レベルのときは$1.6\,\mathrm{mA}$の電流が流れ，これがユニット・ロードの値です．

　一方，出力特性は"H"レベル出力が$400\,\mu\mathrm{A}$まで，"L"レベルが$16\,\mathrm{mA}$まで取り出してもよいことが保証されていますので，10ユニット・ロードをドライブできるわけです．つまり，このTTLのファンアウトは10ということになり，図2.16のように10個のゲート（ICの数ではなく，シンボルで示されるファンインの数）までドライブできるということになります．

● **ファミリが異なるときは要注意**

　LS TTLの場合の1ユニット・ロードは"H"レベルが$10\,\mu\mathrm{A}$，"L"レベルが$0.4\,\mathrm{mA}$です．したがって，"H"レベルが出力$400\,\mu\mathrm{A}$，"L"レベル出力が$16\,\mathrm{mA}$という特性をもったスタンダードTTLでは，40個のLS TTLゲートをドライブできるということになります．1個のICの出力に40個ものゲートが並列的につながるということはめったにないので，これはかなり安心してつなぐことができそうです．しかし，その逆を考えると要注意です．

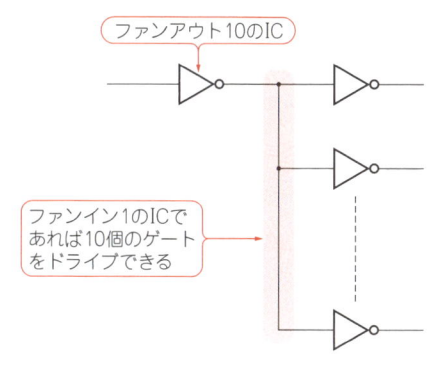

図2.16　ファンインとファンアウト

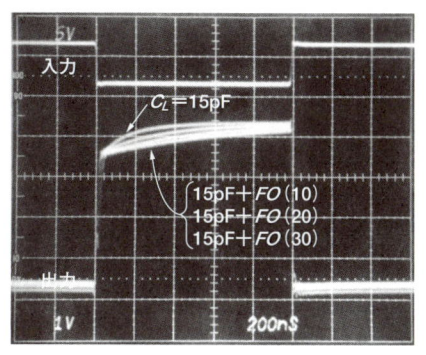

写真2.5　**TTL（インバータ74LS04）の負荷による出力特性の変化**
FOはファンアウト．

表2.2 TTLのファンアウトの数

ファミリ名	ファンアウト
74LS04	20
74S04	10
74ALS04	20

一つの出力に，何個の同種のICの入力を接続できるかを示す

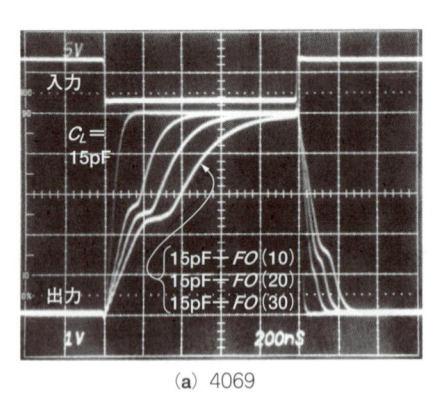

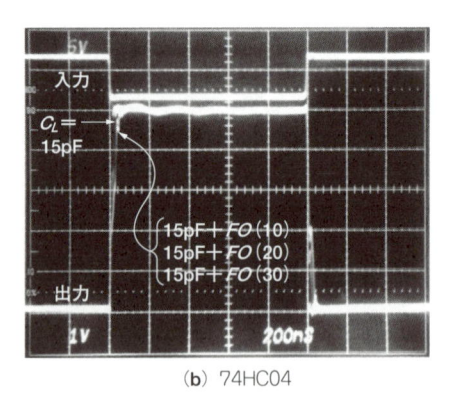

(a) 4069　　(b) 74HC04

写真2.6　いろいろなCMOS（インバータ）の負荷による出力特性の変化

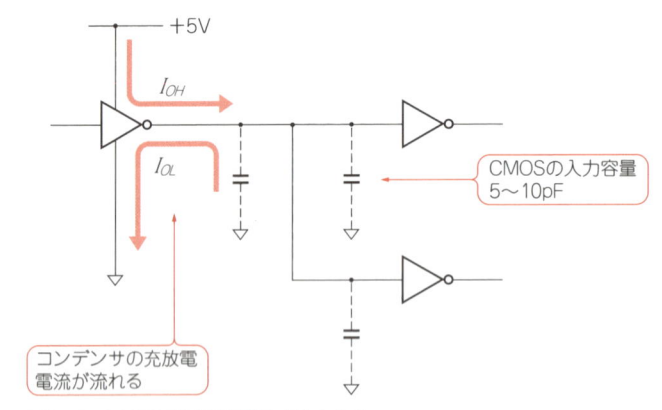

図2.17　CMOSが負荷を駆動するようす

　つまり，LS TTLは，やはりLS TTLに対してファンアウトが10になるように設計されているので，出力電流は"H"レベルが$100\mu A$，"L"レベルが4mAまでです．ということは，LS TTLの出力にスタンダードTTLを接続する場合は，2個のゲートまでしか接続できないということになります．3個接続すると，LS TTLの出力電流が足りなくなって，所定の電圧レベル（"H"と"L"のレベル）を保てなくなり，誤動作の原因となったり，IC自身を過負荷ということで壊してしまうことになります．

　表2.2に，TTLにおけるファンアウトの規格を示します．また，写真2.5に，74LS04というインバータICの出力に，同じく74LS04をたくさんつないでいったときの波形を示します．ファンアウトに準じて，出力レベルが変化していることがわかると思います．

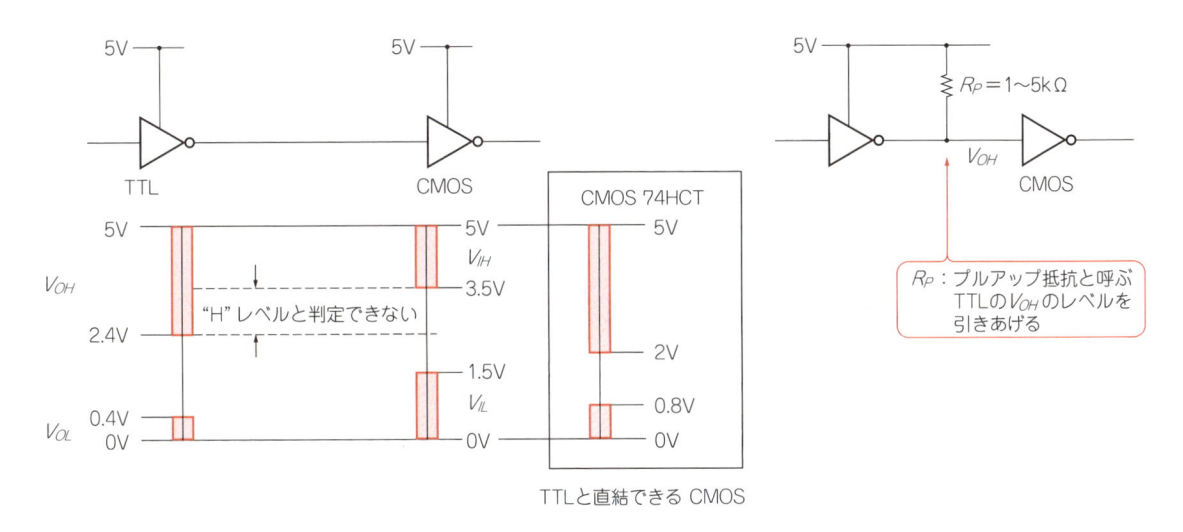

図2.18 TTLの出力にCMOSをつなぐとき

(a) 直結すると誤動作することがある
(b) プルアップ抵抗を入れる

R_P：プルアップ抵抗と呼ぶ TTLのV_{OH}のレベルを引きあげる

● CMOSの場合は遅れ時間が増える

　CMOSだけで回路を構成する場合は，ファンアウトのことはあまり考える必要はありません．というのは，TTLと違ってCMOSは原理的に入力電流がほとんど流れないからです（電気的特性では，入力電流＝0.3μAと規定されてはいる）．

　しかし，ICの入力部には小さなコンデンサ（ICパッケージの内部）がつくため，その容量を充放電する電流が入力電流として流れます．

　そして，その充放電電流のために信号伝達遅延が生じます．入力部分にできる容量は5～10pF程度ですが，それでも負荷の数が10個になると50～100pFのコンデンサがついていることと同じになるわけです．

　写真2.6に，CMOSのインバータICに同じインバータICを負荷（ファンアウト）として接続したときの波形を示します．直流的な電圧レベルにはほとんど変化はありませんが，立ち上がり/立ち下がり時間は，ファンアウトの数に比例して遅くなっていることがわかると思います．

　また，ICの出力にコンデンサがつながるということは，**図2.17**に示すように瞬間的にコンデンサを充放電するため，IC自体にもピーク電流が流れることになるので，その意味でもそう大きなファンアウトをとることは避けなければなりません．

● TTLとCMOSをつなぐときの注意点

　ディジタル回路を設計するとき，TTLもCMOSも両方とも多くの機能をもつファミリが豊富に用意されているので，ICの機能を選択する際に不自由は感じないと思います．したがって，あえてCMOSとTTLを混在させて使う必要はありません．しかし，何かの都合で混在して使わなければならないときは，次の二つの点に注意する必要があります．

第2章

●●●● バイパス・コンデンサの効果 ●●●●

　電子回路を構成するとき，ICの電源端子のところにコンデンサを入れますが，最初はこれに疑問に感じた方も多いと思います．これはバイパス・コンデンサと呼ばれるもので，回路を誤動作から守るために重要な働きをしています．

● 外来ノイズを防ぎ，IC内部で発生するノイズを外に出さない

　パスコンを入れる目的はいくつかあります．その一つは，外からのノイズの侵入を防ぐことです．またそれとは逆に，ICの中で発生したノイズを外に出さないという働きもあります．ディジタルICの内部では，トランジスタがスイッチング動作を行うとき消費電流が大きく変動します．電源ラインがしっかりしていれば問題ないのですが，一般のプリント基板の電源ラインはインピーダンスが高く，消費電流の変動がそのまま電圧変動になってしまいます．ディジタルICに入れるパスコンは，この対策を目的とすることが多いようです．

　ただし，電源ラインがしっかりしていれば消費電流の変動はあまり問題ないので，電源ラインのパターンをできるだけ幅の広いものにするなど，電源ライン側の対策も重要です．

● 電源ラインのバイパス

　もう一つ，パスコンの大きな目的として，電源ラインのバイパスという役目もあります（バイパス・コンデンサと呼ばれるのはそのため）．

　ICの内部から見た場合，電源ラインは大きなループを作っていて，配線のL，Rが分布しています．したがって，とくに高周波領域において，きわめてインピーダンスが高くなっています．

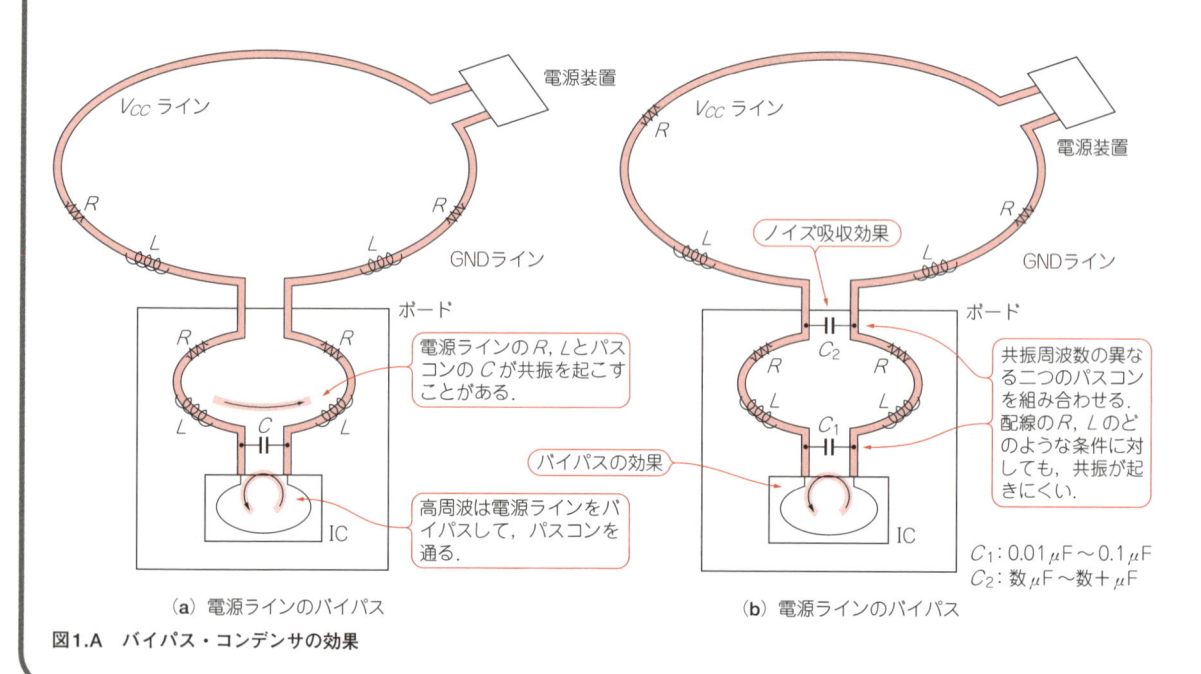

（a）電源ラインのバイパス

（b）電源ラインのバイパス

図1.A　バイパス・コンデンサの効果

C_1：0.01μF～0.1μF
C_2：数μF～数十μF

コラム2.D

　このことは，素子の高速動作を妨げる要因となります．電源ピンをコンデンサでバイパスしてやれば，図1.A(a)のように高周波成分はパスコンを使ってICの中だけでループを作りますから，高域のインピーダンスが低くなります．したがって，素子の動作スピードが上がります．

　ところが，このときコンデンサの容量が不足すると，電源ラインのR，Lと，パスコンのCとで共振を起こすことがあります．そのために，図1.A(b)のように大きめのコンデンサをボードの入口に一つ入れて共振を抑えるとともに，低域のバイパス，外来ノイズの除去なども受け持たせるわけです．

　この目的を主に考えるならば，パスコンは電源ピンにできるだけ近くに入れると効果が高いのです．写真1.Aは，図1.Bの実験回路でパスコンなしのときの波形です．ICのスイッチングに伴い，約2V_{P-P}ものノイズが生じています．

　写真1.Bは，各種のパスコンを入れたときの波形の比較です．いずれも，ノイズを抑える効果は高いのですが，写真(a)では容量不足のため共振を起こしていることがわかります．一般的には，写真(b)のように大容量のアルミ電解コンデンサ(またはタンタル・コンデンサ)を併用するとよいでしょう．

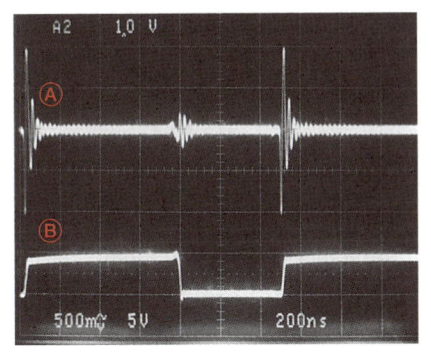

写真1.A　図1.Bでパスコンを入れないときの波形
(200 ns/div，Ⓐ：0.5 V/div，Ⓑ：5 V/div)

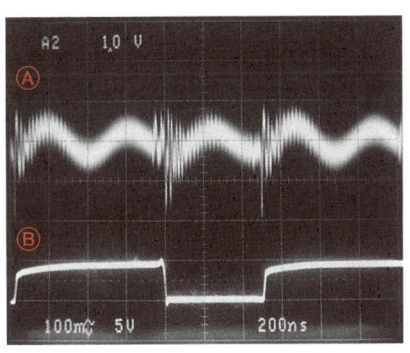

図1.B　実験回路

(a) 0.01 μFセラミック・コンデンサ

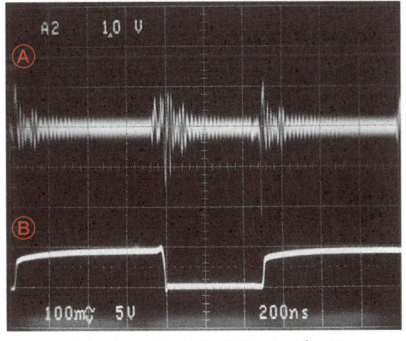

(b) 4.7 μFアルミ電解コンデンサ

写真1.B　図1.Bでパスコンを入れたときの波形(200 ns/div，Ⓐ：0.1 V/div，Ⓑ：5 V/div)

表2.3 CMOSの駆動できるTTLの数

		LS TTL	TTL
4000シリーズ	4011B	1	0
	4049UB	8	1
74HCシリーズ	74HC04	10	2
LS TTL	74LS04	20	4

▶ TTLの出力にCMOSを接続する場合

　TTLの"H"レベル出力電圧 V_{OH} は最低2.4 Vになる可能性があるので，図2.18に示すように，3.5 V以上しか"H"レベルと判定しないCMOSと接続すると誤動作する可能性があります．そこで，TTLとCMOSを接続する場合は，TTLの出力電圧レベルを3.5 V以上に引き上げるために，プルアップ抵抗 R_P というものを取り付けます．図2.18(b)にプルアップ抵抗を取りつけた例を示します．

　なおCMOSにも，あらかじめTTLとインターフェースできるように，入力電圧のスレッショルド電圧を調整してあるものがあります．たとえば，74HCT×××と呼ばれるものがあります．ただし，品種はあまり多くありません．

▶ CMOSの出力にTTLを接続する場合

　この場合は出力レベル自体には問題ありませんが，TTLにはそれなりの入力電流を必要とするので，制約があります．

　4000シリーズのCMOSは，LS TTL1個を直接ドライブできます．ファンアウトを多く取りたいときは，4049UBなどのバッファ・タイプのICを用います．

　HS CMOSはドライブ能力が高く，LS TTLならば10個，S TTLでも2個までなら直接ドライブできます．

　表2.3に，CMOSのドライブ能力をまとめて示します．

第3章 基本素子AND, OR, NOTの動作

ディジタルICを使う醍醐味は，実現したいと思う回路を2値（"H"レベルと"L"レベル）の信号を自由に組み合わせて構成できるところです．この組み合わせ技術のことを，一般には**論理（ロジック）回路設計**と呼んでいます．本章では，この論理回路を構成する技術について考えてみることにしましょう．

3.1 三つの基本素子―――AND, OR, NOT

ディジタル回路の二つの状態は，"1"と"0"または"H"と"L"を用いて表現します．一般には，図3.1に示すように電圧の高い状態（"H"レベル）を"1"に，低い状態（"L"レベル）を"0"に対応させる考え方を**"正論理"**と呼んでいます．

逆に，高い電圧を"0"に，低い電圧を"1"に対応させる考え方もあり，これを**"負論理"**と呼んでいます．ここでは電圧の高い状態（"H"）を"1"に，低い状態（"L"）を"0"に対応させて，話を進めましょう．

ディジタル・システムを構成する基本要素としては，AND（論理積），OR（論理和），NOT（否定）の3

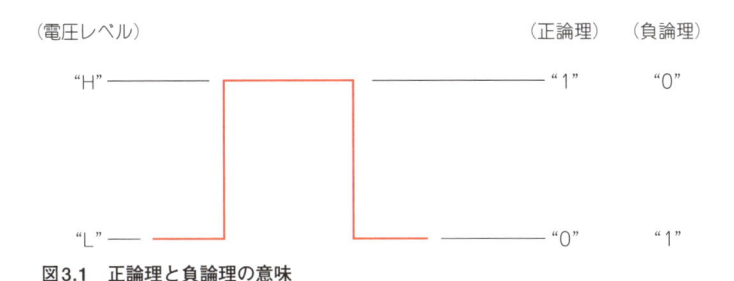

図3.1 正論理と負論理の意味

種類の素子（ゲートと呼ぶ）があります．ゲートという呼び名が付いたのは，ディジタル信号を制御する「門」という意味からだと思います．

● 論理積 ANDゲート

ANDゲートは，二つの入力A，Bの両方が "H" のとき，出力が "H" になる回路です．ANDゲートの機能を二つのスイッチで表現すると，図3.2のようになります．この図において，スイッチが閉じた状態を "H" に対応させると，スイッチAとBが同時に閉じているとき，すなわちAとBが同時に "H" のとき，出力Qには電源電圧（= "H"）が出力されます．また，スイッチAとBの片方または両方が開いているとき，すなわちAまたはBが "L" のときは，Qには抵抗接地された電圧（= "L"）が出力されます．

以上のような動作をするANDゲートは，論理記号では図3.3(a)のように表現されます．また，入力AとBの組み合わせに対し，どのような出力が得られるかを示した表を真理値表と呼び，ANDゲートの真理値表は図3.3(b)のように表現されます．

● 論理和 ORゲート

ORゲートは，二つの入力A，Bのいずれかが "H" のときに，出力が "H" になる回路です．図3.2と同様に，ORゲートの機能をスイッチを用いて表現すると，図3.4のようになります．

図3.4において，スイッチAとBは並列に接続されているので，どちらか一方のスイッチが閉じて（"H"）いれば，Qには電源電圧（"H"）が出力されます．そして，スイッチAとBが両方ともに開（"L"）のときのみ，出力Qは "L" になります．

以上のような動作をするORゲートの論理記号と真理値表は，図3.5のように表現されます．

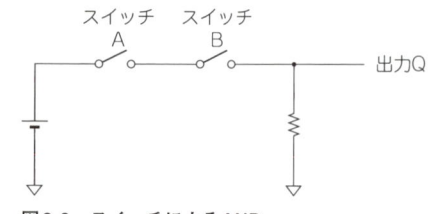

図3.2 スイッチによるAND
スイッチA，BがともにON（"H"）のとき，出力は "H" になる．

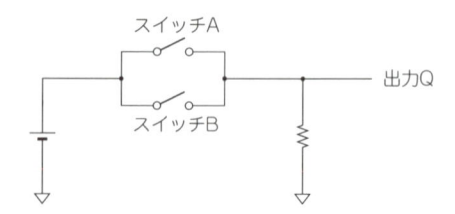

図3.4 スイッチによるOR
スイッチA，BのいずれかがON（"H"）のとき，出力は "H" になる．

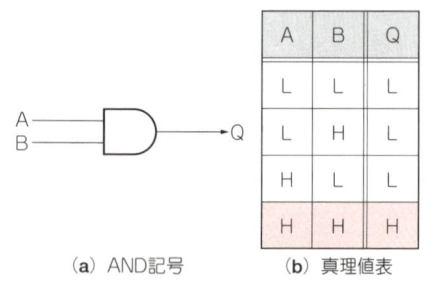

A	B	Q
L	L	L
L	H	L
H	L	L
H	H	H

(a) AND記号　　(b) 真理値表

図3.3 AND素子の記号と真理値表

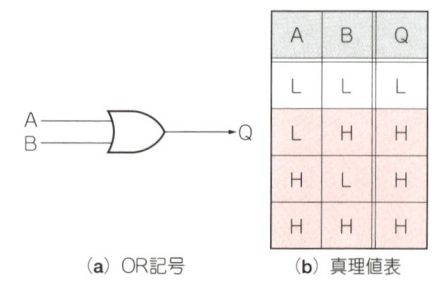

A	B	Q
L	L	L
L	H	H
H	L	H
H	H	H

(a) OR記号　　(b) 真理値表

図3.5 OR素子の記号と真理値表

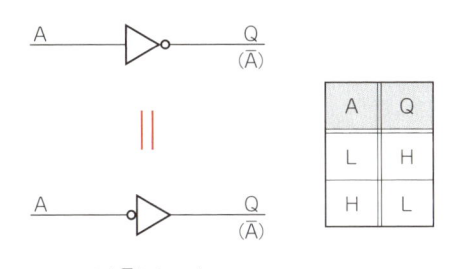

3.1 三つの基本素子────AND, OR, NOT

A	Q
L	H
H	L

○がついていると，負論理の信号であると解釈できる．負論理では，"L"を1とし，"H"を0とする．
上の図は正論理の信号が入力されて負論理で出力され，下の図は負論理の信号が入力されて正論理で出力されると考える．働きは同じ．
負論理の信号は負論理で，正論理の信号は正論理で受けるように回路図を書くと，論理を理解しやすくなる．

QをĀと表示する
図3.6 NOT素子の記号と真理値表

● 否定 NOTゲート

　第2章の解説ですでに登場していますが，NOTゲートは一般にはインバータと呼ばれ，入力信号が"H"のとき"L"を，入力信号が"L"のとき"H"を出力するものです．すなわち，入力信号を反転させて出力するのがNOTゲートの働きです．

　NOTゲートの論理記号と真理値表は，図3.6のように表現されます．そして，Aの反転信号をĀ（Aバーと呼ぶ）のように表現します．

● AND，OR，NOTを組み合わせた回路例

　次に，AND，OR，NOTゲートは，実際の回路の中でどのように使われるかを考えてみましょう．

　まず，図3.7のタイムチャートに示したような動作をする2種類の信号CLKとCNTを，ANDゲートとORゲートに入力すると，同図に示すようなAとBという出力信号が得られます．ANDゲートの出力Aには，CNTが"H"のときにはCLKがそのまま出力されています．一方，CNTが"L"のときは，出力Aは同じく"L"のままです．つまり，ANDゲートは，一方の信号CNTが"H"のときのみ，他方の信号CLKを，そのまま通過させる働きをします．

　同様にしてORゲートの出力Bを見ると，ORゲートは，一方の信号CNTが"L"のときのみ，他方の信号CLKを通過させる働きであることがわかります．

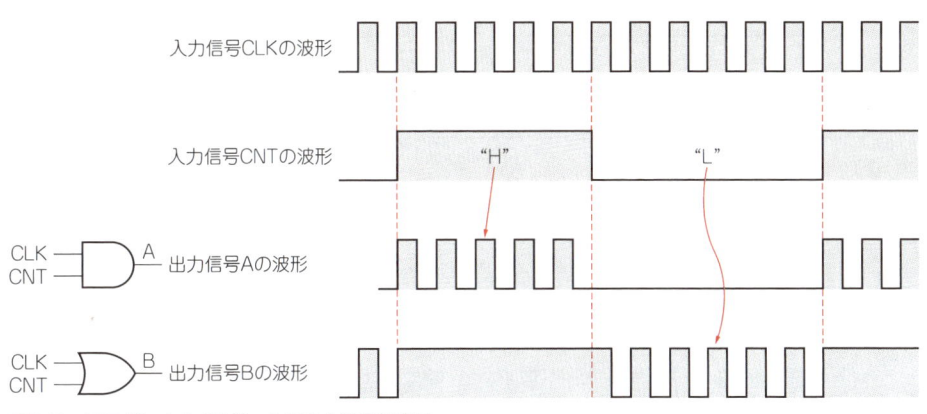

図3.7 ANDゲートとORゲートの出力信号の違い

第3章

　このようなゲートの働きを利用した例に，**図3.8**に示すようなセレクト・ゲートがあります．この回路は，2種類の信号CLK_1とCLK_2とを組み合わせて，信号CLK_3を得るものです．そして，組み合わせの制御を行うのが，CNT信号です．

　図3.9に，**図3.8**のセレクト・ゲートの各部の信号波形を示します．CLK_1とCLK_2は，周波数の異なる2種類の信号です．CNTが"H"のときは，CLK_2の信号がX_2に出力されます．一方，CNTが"L"のときはX_2の出力は常に"L"ですが，インバータによって反転されたCNTは"H"なので，X_1にはCLK_1がそのまま出力されます．

　このようにして得られたX_1とX_2は，ORゲートを通ることにより合成され，CLK_3のような波形になります．

● ゲート回路のイメージを身につけるには

　論理回路の動作が少しはわかってきたでしょうか．何でもそうであるように，あるルールをのみこめるかどうかによって，対象とするものがやさしいか，むずかしいかの差が出てきます．論理回路も

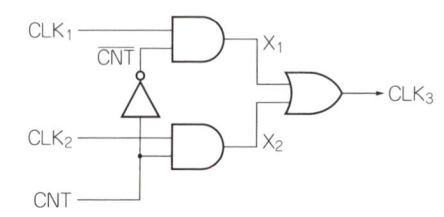

図3.8　通過する信号を選択できるセレクト・ゲート

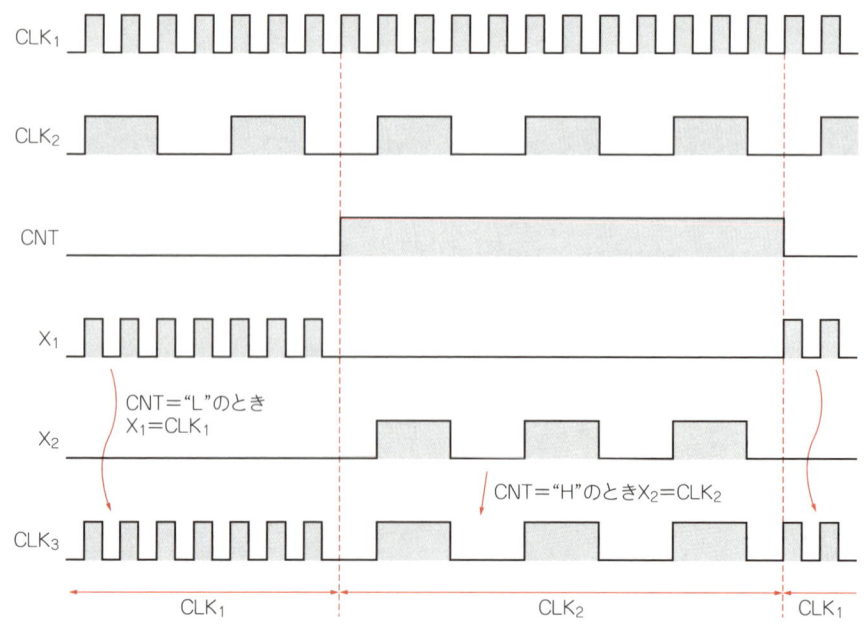

図3.9　セレクト・ゲートのタイムチャート

そうです．

　AND，OR，NOTなどの基本的な動作は理解できても，使いこなせるようになるには慣れるまでが大変です．そこで，論理ゲートのイメージに慣れるために，ANDゲートだけに的を絞って，もう少しシステムの中でのゲートの働きについて考えてみることにしましょう．

　ANDゲートは，入力がすべて"1"になるときだけ，出力が"1"になるという素子です．このことの意味をいろいろな条件で考えてみたものが図3.10です．図(a)と図(b)はまったく同じ回路ですが，入力信号AとBの信号の性格によって，図3.3の真理値表からは想像できないような使い方があることがわかると思います．

　また，図3.10(c)は，図(a)，図(b)とは回路が少し違います．すなわち，B入力に○がついています．これは図に示したようにNOTゲートを書いても同じ働きになりますが，この○が入力Aを禁止(インヒビット)するという役目に使われていることになります．すなわち，信号Aを通過させるかどうかを制御することができます．

　このように，その信号の役割にちなんだ名称(サンプリング・パルス，ストローブ・パルス，インヒビット・パルスなど)をつける習慣にしておくと，回路動作のイメージがわいてきますので，論理回路の動作理解が早まります．つまり，ANDゲートは，

- 信号をサンプリングするとき
- 信号をストローブするとき

コラム3.E 論理回路図記号

　本書で使用しているANDやOR，NOTなどの論理回路図記号はMIL(ミル)記号と呼ばれているものです．MILは米国の軍用規格であり，軍用製品に使用される規格です．おそらくディジタルICが登場した初期の頃は，軍用機器に採用されるのが早かったためにMIL規格が一般化したのだと思われます．

　その後，MIL記号はJIS C 0301で論理回路図記号として正式に採用されましたが，国際電気標準化会議IECにおいてMIL記号を排除した新たな論理回路図記号が世界的な統一規格として制定されました．IECが制定した電気用図記号はIEC60617と呼ばれていますが，これには半導体や受動部品，モータ，その他，電気に関するあらゆる記号が網羅されています．その中で2値論理素子は，Part 12で規定されています．

　JISは，日本独自の工業規格ですが，1995年にISO，IEC規格への整合の推進を図るという閣議決定がなされたのに合わせ，IEC60617もそのまま翻訳されてJIS C 0617として制定されています．

　したがって，本書で使用しているMIL記号は，現在ではJISの正式な回路図記号ではありません．本来なら，JISあるいはIECで決められた回路図記号を使って解説すべきかもしれませんが，ディジタル回路の動作を理解するという点では新しい回路図記号よりもMIL記号の方が優れていると思います．ディジタル回路の動きを理解してしまえば，表記法の違いは簡単に修正できると思いますので，本書ではMIL記号を使って解説します．

(a) サンプリング・ゲート

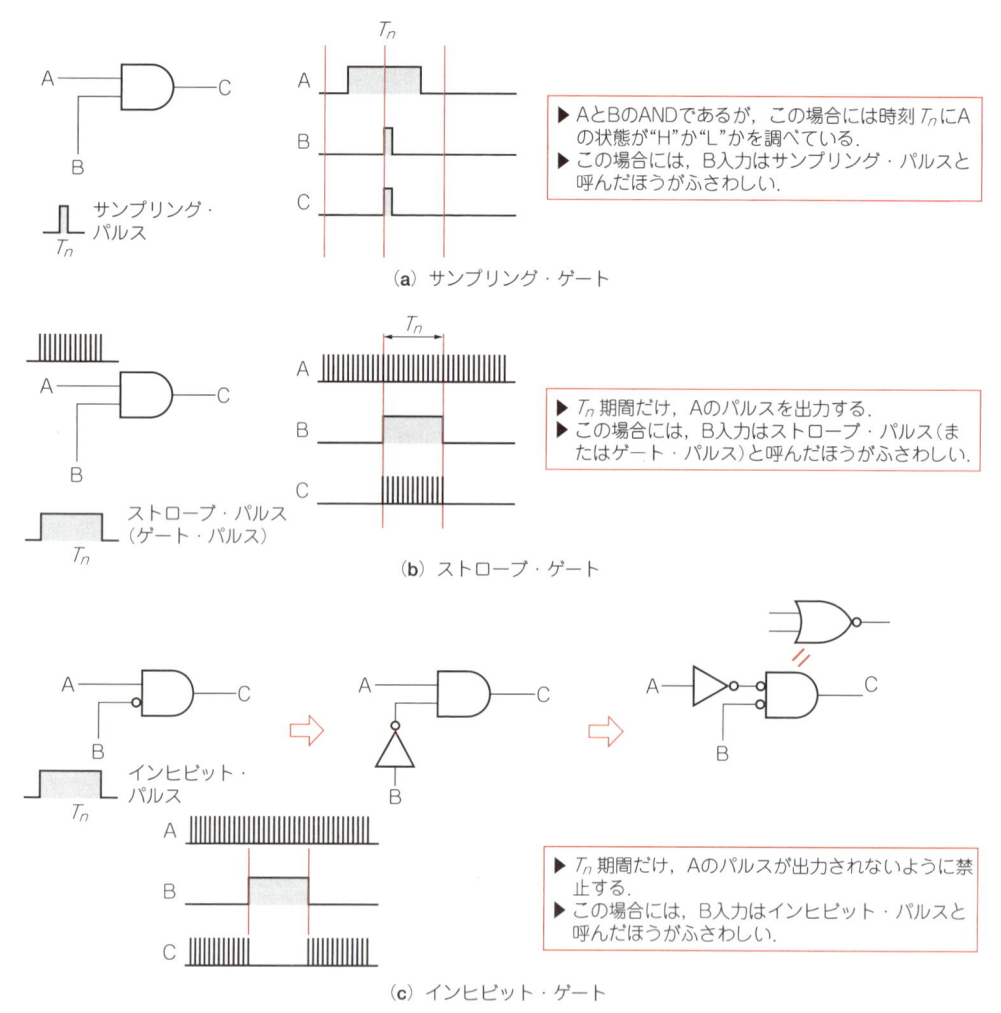

▶ AとBのANDであるが，この場合には時刻T_nにAの状態が"H"か"L"かを調べている．
▶ この場合には，B入力はサンプリング・パルスと呼んだほうがふさわしい．

(b) ストローブ・ゲート

▶ T_n期間だけ，Aのパルスを出力する．
▶ この場合には，B入力はストローブ・パルス（またはゲート・パルス）と呼んだほうがふさわしい．

(c) インヒビット・ゲート

▶ T_n期間だけ，Aのパルスが出力されないように禁止する．
▶ この場合には，B入力はインヒビット・パルスと呼んだほうがふさわしい．

図3.10 ANDゲートの利用法

●信号をインヒビットするとき

に使うということがわかってくるわけです．

さきほどの図3.9のセレクト・ゲートも，この考え方を適用することにより簡単に読めるようになるでしょう．

3.2 作りたい機能をゲートに置き換えるには

● NANDゲート，NORゲートの働き

NANDゲートはANDとインバータとを組み合わせたもので，図3.11(a)のように表現します．また，NORゲートはORとインバータとを組み合わせたもので，図3.12(a)のように表現します．すなわち，

(a) NAND記号

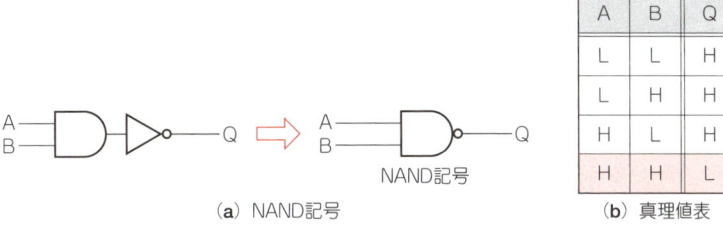

図3.11 NANDゲートの記号と真理値表
(b) 真理値表

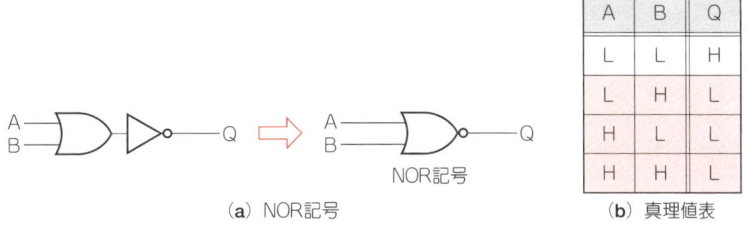

(a) NOR記号

図3.12 NORゲートの記号と真理値表
(b) 真理値表

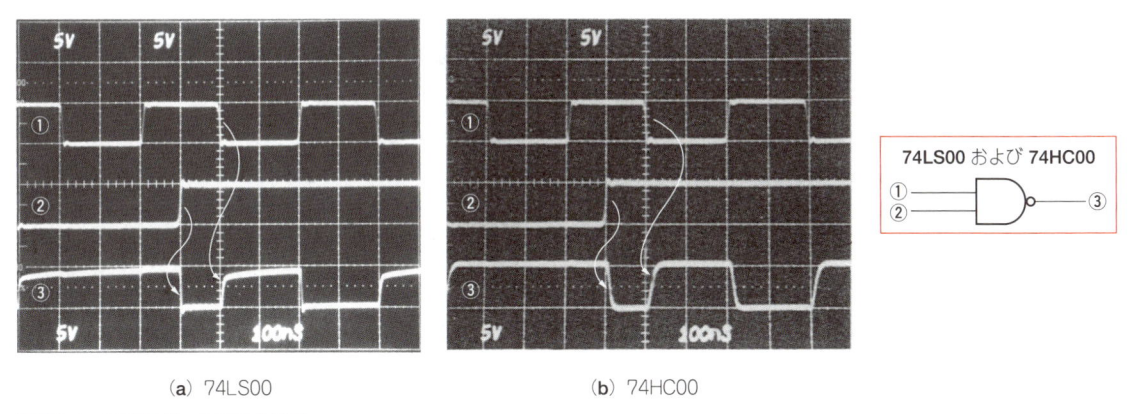

(a) 74LS00　　　(b) 74HC00

写真3.1　NANDゲートの出力波形
74LS00（TTL），74HC00（CMOS）は，2入力のNANDゲートが4回路入ったディジタルIC．

　論理記号に用いる○印は，インバータの働きを示していることがわかります．NANDやNORでは，出力信号に○印が付いているので，これはANDやORの出力信号を反転したものであるというように考えるわけです．

　写真3.1にNANDゲート，写真3.2にNORゲートのそれぞれの動作を示します．図3.11および図3.12の真理値表と照らし合わせてみてください．

● ○印の使い方と論理の置き換え

　NANDゲートはANDの出力を反転したものであり，NORゲートはORの出力を反転したものですが，今度はANDとORの入力信号を反転させることを考えてみましょう．その例を図3.13と図3.14に示します．

(a) 74LS02　　　　　　　　　(b) 74HC02

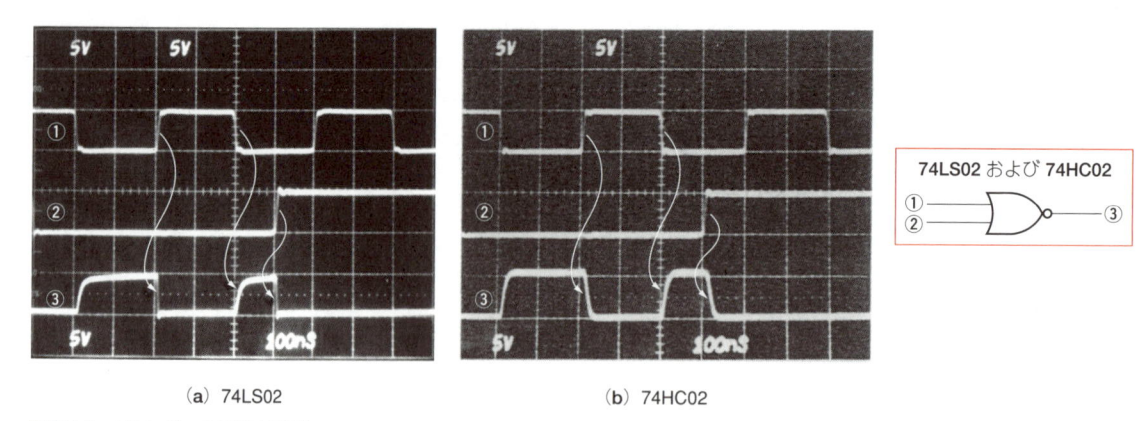

写真3.2　NORゲートの出力波形
74LS02(TTL)，74HC02(CMOS)は，2入力のNORゲートが4回路入ったディジタルIC．

　図3.13は，ANDの入力信号を反転させた回路ですが，その真理値表は図3.12のNORとまったく同じです．また，図3.14は，ORの入力信号を反転させた回路ですが，その真理値表をみると，図3.11のNANDと同じです．

　このように，回路の表現方法は異なっていても，図3.11と図3.14，図3.12と図3.13は，それぞれ同じ働きをすることがわかります．そして，入力や出力に○（すなわちインバータ）を含む回路では，入力の○は出力側に，出力の○は入力側に移動できることがわかります．また，○印を移動した場合には，ANDはORに，ORはANDに置き換わります．

　以上のような論理回路の置き換え（論理記号の変換）を利用すると，同じ働きをする回路を，種々の

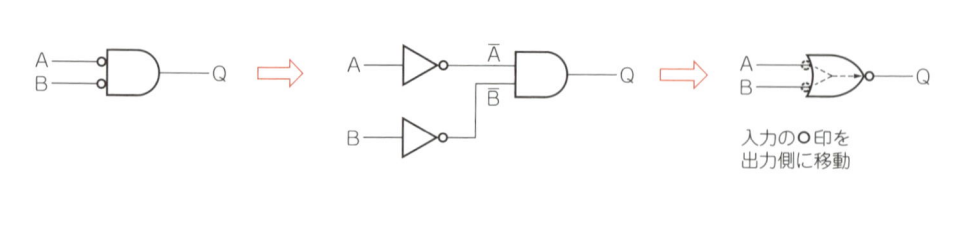

A	B	Q
L	L	H
L	H	L
H	L	L
H	H	L

真理値表

図3.13　ANDの入力に○をつけると

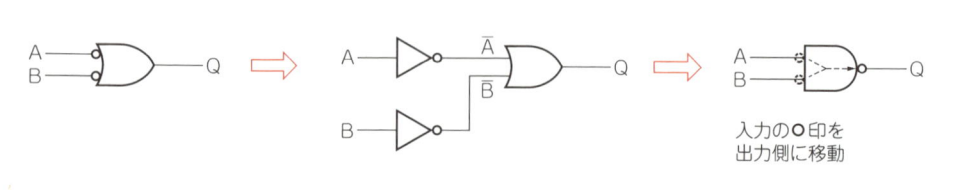

A	B	Q
L	L	H
L	H	H
H	L	H
H	H	L

真理値表

図3.14　ORの入力に○をつけると

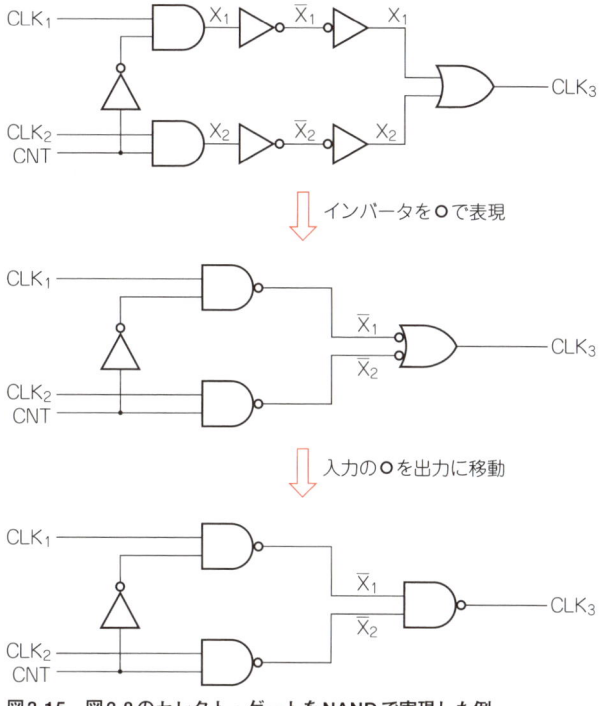

図3.15 図3.8のセレクト・ゲートをNANDで実現した例

方法で実現(表現)することができます．図3.15は，図3.8のセレクト・ゲートをNANDで表現するための変換例です．図3.8において，ANDの出力端子に二つのインバータを挿入しても，信号の"H"と"L"は変化しません．そこで，このインバータを○印で表現し，OR回路の入力側の○を出力に移動すると，三つのNANDと，一つのインバータで構成されたセレクト・ゲートが得られます．

ところで，NANDやNORは出力部にインバータを備えていますから，インバータそのものとして利用することもできます．AND素子の一方の入力信号が"H"のときは，他方の信号がそのまま出力されることは前に述べたとおりです．これを利用すると，NANDの一方の入力信号を"H"に固定すれば，他方の入力信号は常に反転出力されますから，インバータとして使用できます〔図3.16(a)〕．

したがって，図3.15の回路は，インバータをNANDに置き換えれば，四つのNANDゲートによって構成できることになります．

NANDやNORをインバータとして使用する方法には，図3.16に示すような方法もあります．

図3.17に，NANDゲートを使ったいろいろなゲートの構成例を示します．論理変換のプロセスを復習してみてください．

● 組み合わせ回路の演習

ここで演習を兼ねて，各種のゲートを用いて図3.18(a)のような動作をする論理回路を構成してみましょう．図3.18(a)は，「入力Cが"H"」であるときに「入力Aが"H"」または「入力Bが"L"」であれば，出力Qが"L"になる回路のタイムチャートです．このタイムチャートに基づいて作った論理回

図3.16　インバータの実現方法

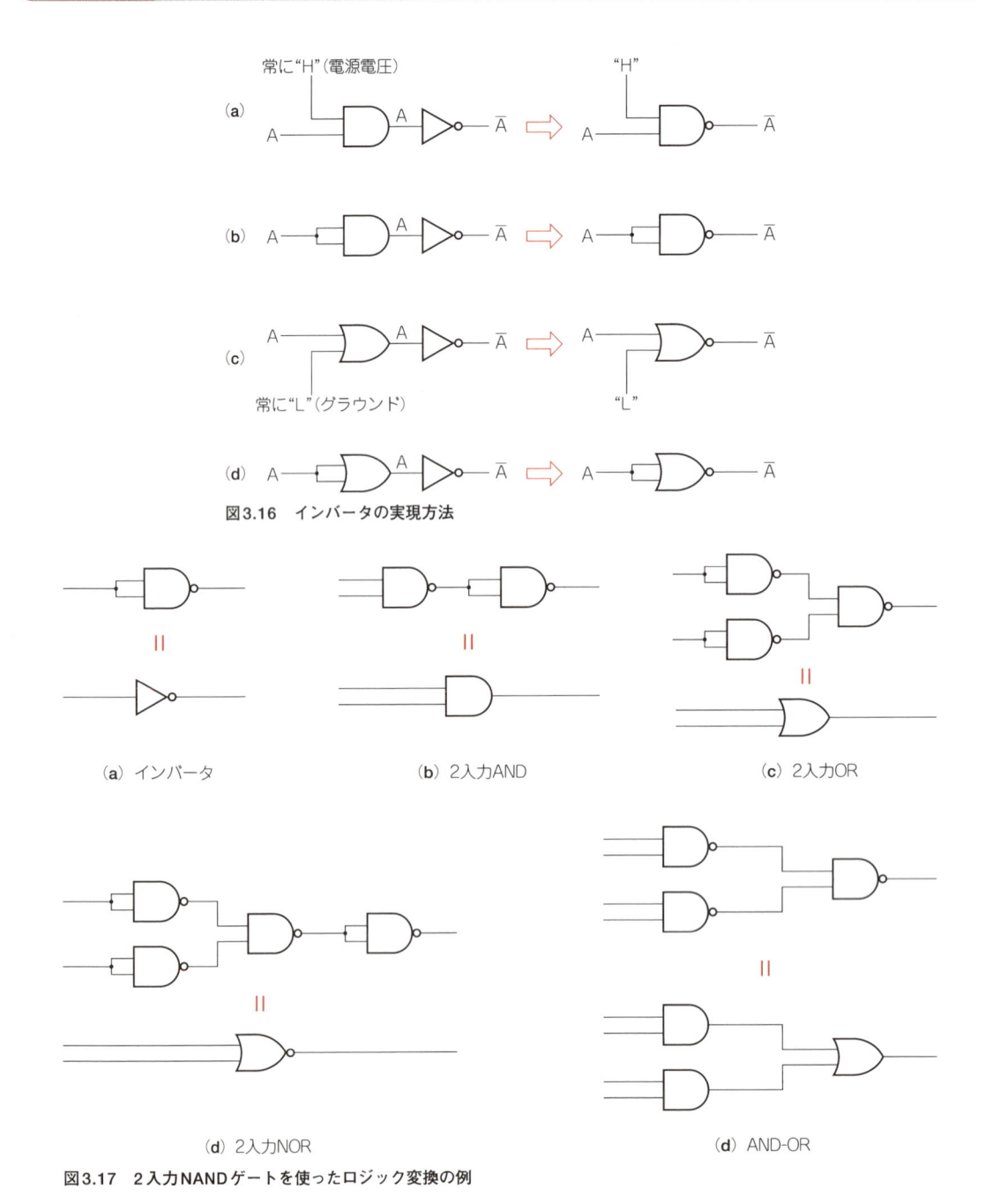

図3.17　2入力NANDゲートを使ったロジック変換の例

(a) インバータ　　(b) 2入力AND　　(c) 2入力OR

(d) 2入力NOR　　(d) AND-OR

路が，**図3.18(b)**です．

　この回路では，信号CがNANDの制御信号になっています．そして，信号Cが"H"のときの出力Qを見ると，信号Aは反転して出力Qに現れ，信号Bはそのまま出力Qに現れています．これは，AからQにいたる道には，NANDゲートの○が一つだけなので，Aがこの○印によって反転されて出力Qに

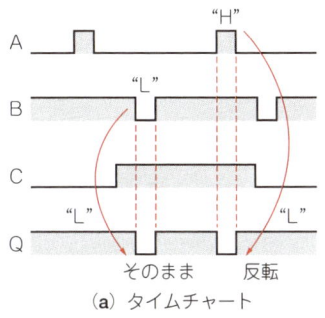

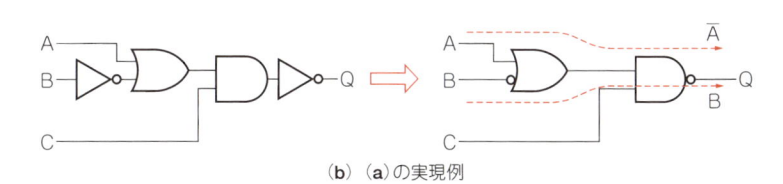

3.2 作りたい機能をゲートに置き換えるには

(a) タイムチャート
(b) (a)の実現例

図3.18 組み合わせ回路の例

現れるためです．

一方，BからQへの道には○が2個ありますから，Bが2回反転されてもとに戻り，そのままQに現れます．

このように，入力した信号が論理回路を通り，最終出力のところで反転しているか否かは，いくつのインバータ（すなわち○）を通ってきたかを調べれば知ることができます．すなわち，偶数のインバータを通過すれば，信号はそのまま出力されます．しかし，奇数のインバータを通過したときは，信号が反転して出力されます．

● 排他的論理和 EXORゲート

次に，図3.19(a)の真理値表に示すような働きをする回路を，各種の素子を用いて構成してみましょう．このような働きをする回路は，EXOR（排他的論理和．エクスクルーシブ・オア）と呼ばれ，図3.19(b)に示すような論理記号で表現します．この回路は，真理値表からわかるように，入力AとBが互いに等しくないときだけ"H"となり，AとBが等しいときは出力が"L"になる回路です．

図3.19(a)の真理値表においてAを制御信号とすると，制御信号Aが"H"のときは，出力Qは信号Bの反転信号となっており，制御信号Aが"L"のときは，出力Qは信号Bそのものです．したがって，この回路は先の図3.8のセレクト・ゲートを変形することにより簡単に実現できます（図3.20）．

EXORを実現するには，図3.20の例のほかにも方法があります．たとえば，図3.19(a)の真理値表に

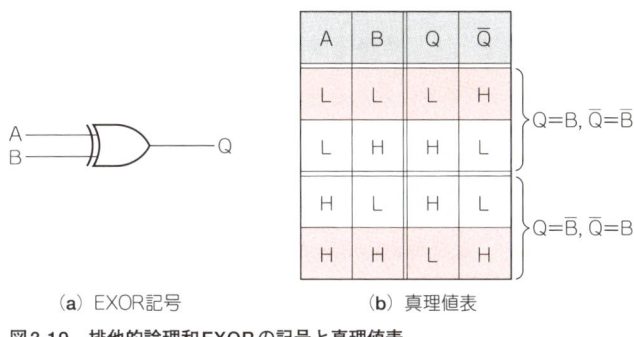

A	B	Q	$\bar{Q}$
L	L	L	H
L	H	H	L
H	L	H	L
H	H	L	H

$Q=B, \bar{Q}=\bar{B}$ （上2行）
$Q=\bar{B}, \bar{Q}=B$ （下2行）

(a) EXOR記号　　(b) 真理値表

図3.19 排他的論理和EXORの記号と真理値表

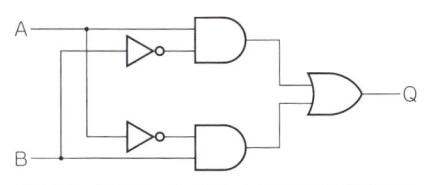

図3.20 基本ゲートを使ってEXORを構成する方法

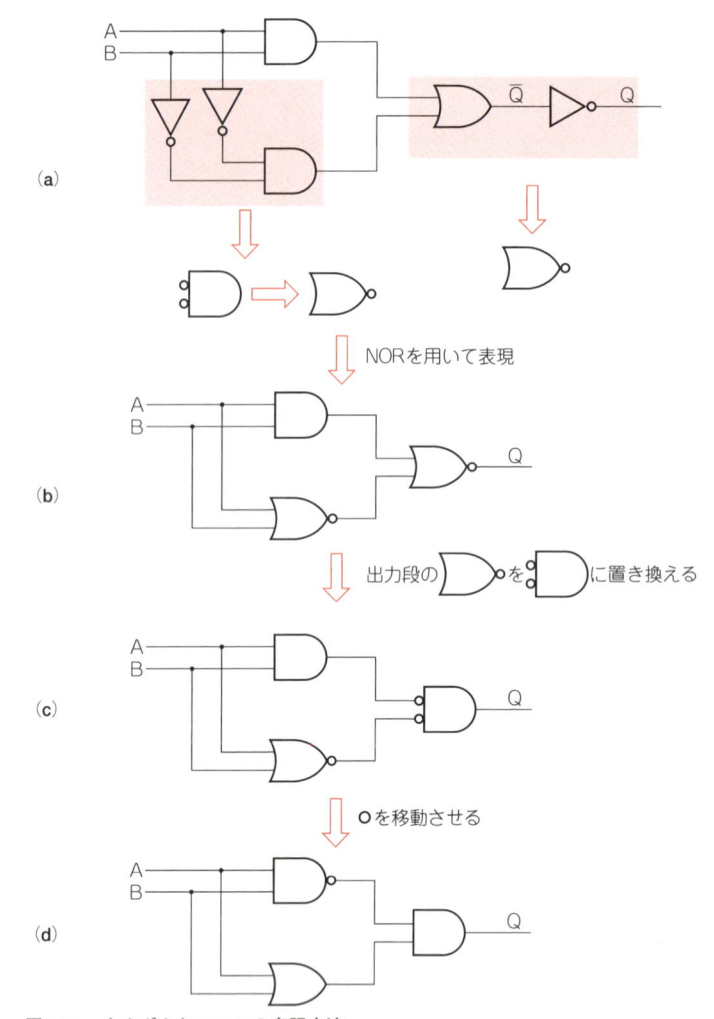

図3.21　さまざまなEXORの表記方法

おいて，Qの反転信号$\overline{Q}$をセレクト・ゲートを用いて求め，$\overline{Q}$の信号を反転してQを求めることもできます．すなわち，$\overline{Q}$に注目すると，制御信号Aが"H"のときは，出力$\overline{Q}$は信号Bそのものです．一方，制御信号Aが"L"のときは，出力Qは信号Bの反転信号と等しくなります．

したがって，求めるEXOR回路は，図3.21（a）のように表現できます．また，この回路は図3.21（b），（c），（d）に示すように変形することも可能です．

このように，同じ働きをする回路でもいろいろな表現方法があります．回路の動作を理解するためには，ときには図3.21のように回路を変形することも必要です．

コラム3.F IEC/JISで決められた論理回路図表記

　現在，2値論理回路の表記法は，国際標準としてIEC60617-12，それに基づいて日本ではJIS C 0617-12が制定されています．この規格が正式に採用されたのが，IECでは1997年，JISでは1999年ですので，まだMIL記号を使って表記されているカタログやデータシートもたくさんありますし，入門用の書籍などではほとんどIEC/JISの表記は使われていません．しかし，今後は新しい表記法の採用が増えていくと思いますので，概要を簡単に紹介します．

　IEC/JISによる論理回路図の基本的な書き方は，**図3.A**に示すように論理機能を示す「記号枠」という四角い箱と入力/出力を示す線という単純な構成になっています．

　そして，論理回路の機能は「内部機能記号」と書かれているところに記述します．内部機能記号には，**表3.A**に示すような記号を使います．また，入力線や出力線と記号枠がつながる部分には**表3.B**に示すような入出力機能記号を書きます．このほか，記号枠内では，**表3.C**に示したような記号を使用して機能を表すことができます．**図3.B**に，簡単な論理回路の表記例を示します．

　ここで示した表記記号はほんの一部にすぎませんので，詳細はIECやJISの規格書で確認してください．

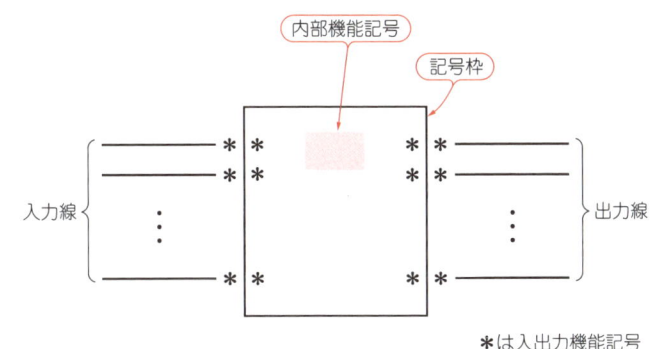

図3.A　IEC/JISの論理回路図表記

表3.A　内部機能記号の一部

記　号	説　明
&	AND素子
≥1	OR素子
=1	EXOR素子
=	論理一致． 入力すべてが同じ内部状態のとき，出力は内部状態1をとる．
2k	偶数パリティ素子． 内部状態1の入力が偶数個(0, 2, 4…)のときだけ，出力は内部状態1をとる．
2k+1	奇数パリティ素子．モジュロ2加算素子． 内部状態1の入力が奇数個(1, 3, 5…)のときだけ，出力は内部状態1をとる．
1	増幅機能なしバッファ． 入力が内部状態1のときだけ，出力は内部状態1となる．
▷または◁	出力を増幅するバッファ． 信号が右向きの場合：▷ 信号が左向きの場合：◁

IEC/JISで決められた論理回路図表記 （つづき）

表3.B 入出力機能記号の一部

記　号	説　明
	入力論理否定を示す．
	出力論理否定を示す．
	極性表示をともなう入力．
	極性表示をともなう出力．
	信号が右から左に向かう場合の極性表示をともなう入力．
	信号が右から左に向かう場合の極性表示をともなう出力．
	信号の流れる方向
	双方向の信号
	ダイナミック入力
	論理否定をともなうダイナミック入力
	極性表示をともなうダイナミック入力
	非論理接続端子．電源などに接続する．
	アナログ信号入力

コラム 3.F

表3.C 記号枠内で使用する機能記号の一部

記 号	説 明
┐└	延期出力．出力信号は，入力信号が以前の外部状態に戻るまで変化しない．たとえば，マスタスレーブ型フリップフロップ
┌┐	シュミット・トリガ入力
◇	オープン・ドレイン出力
◇ (塗)	オープン・ドレイン出力．プルアップ抵抗内蔵．
◇ (白)	オープン・ソース出力
◇ (塗)	オープン・ソース出力．プルダウン抵抗内蔵．
▽	スリーステート出力
▷	バッファ出力．記号の向きによって信号の流れを示す．
EN	イネーブル入力
J, K	JKフリップフロップのJ入力，K入力
R, S	フリップフロップのR(リセット)入力，S(セット)入力
T	トリガ(トグル)フリップフロップのT(クロック)入力
D	DフリップフロップのD入力

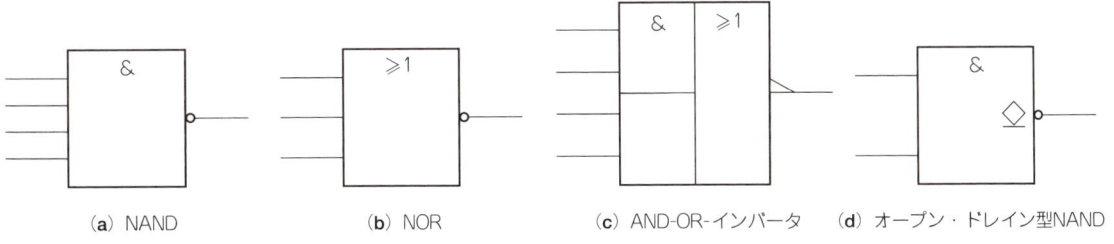

(a) NAND (b) NOR (c) AND-OR-インバータ (d) オープン・ドレイン型NAND

図3.B 組み合わせ論理回路の表記例

第 4 章 フリップフロップ

　ディジタル回路の重要な機能に，信号の保持があります．信号を保持することによってデータを記憶したり，あるいはシステムの中の信号の動きを止めて時間的な調整をしたりすることが可能になります．このようなときに必要となるのが信号を保持する回路で，一般にはフリップフロップと呼ばれています．
　本章ではフリップフロップについて，実験をしながら各種の応用を検討していくことにします．なお，このフリップフロップという言葉は，「パタパタと指ではじく」という意味を持っており，その動作をうまく表現している言葉です．

4.1　ディジタル信号を保持する基本技術

　たとえば，図4.1(a)に示すようなAとBという信号があり，ある期間中に信号A，Bが"H"状態になったかどうかを知りたいとします．まずは，これをどうすればよいか考えてみましょう．

● 信号に止め金(鍵)をかける———ラッチ
　ラッチ(latch)は「止め金(鍵)をかける」という意味ですが，フリップフロップの一種です．信号に止め金をかけることで，その状態を保持しようというものです．図4.2はトランジスタで構成したラッチの一例です．アナログ回路に詳しい人であれば，これはSCR(サイリスタ)と同一であることをおわかりかもしれません．
　この回路において，Tr_1はトランジスタによる反転アンプになっていますが，Tr_2によってフィードバック(正帰還)がかけられている点が特徴で，図中のフローチャートに示すように，V_{IN}が0VになってもTr_2によってTr_1にベース電流が供給され続けるので，Tr_1はON状態を維持します．つまり，

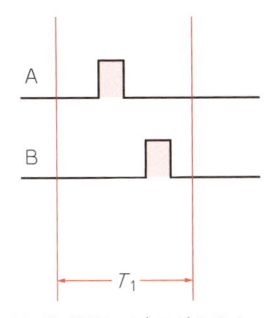

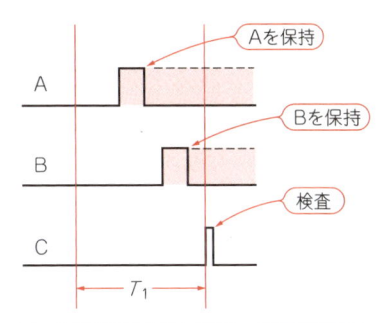

4.1 ディジタル信号を保持する基本技術

(a) T_1期間にAとBが"H"になったかどうかを知りたい

(b) T_1期間のAとBを保持してCで検査する

図4.1 ある期間中に信号A,Bが"H"になったかどうか知りたい

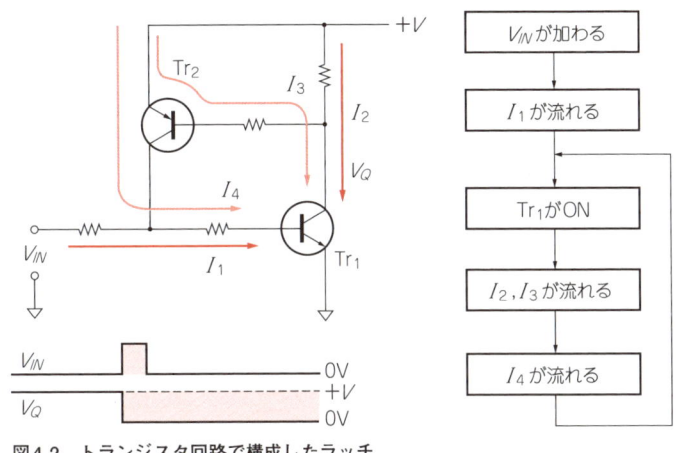

図4.2 トランジスタ回路で構成したラッチ

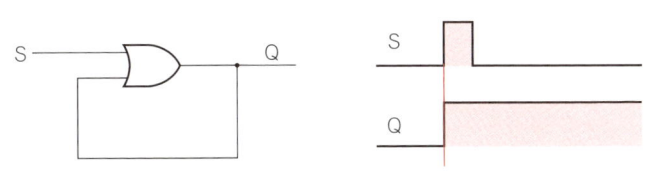

図4.3 ラッチの基本

Tr_2によって入力信号に止め金をかけてしまったわけです.

この考え方はディジタル回路でも同じです.**図4.3**がディジタル回路におけるラッチの例です.ORゲートは,入力のどちらかが"H"になれば出力が"H"になります.したがって,ORゲートの出力を入力にフィードバックしているため,入力がいったん"H"になれば,出力は"H"状態を保持することになります.

しかし,この回路だけでは実用にはなりません.このままでは,出力を"L"にすることができないからです.

第4章

● RSラッチ

そこで，実際にはさらにゲートを追加して，出力を"L"にでも"H"にでも設定できるようにします．これがRSラッチ（またはRSフリップフロップ）と呼ばれるもので，図4.4(a)のような回路構成で実現できます．RSラッチのRはリセット，Sはセットを意味し，リセットとセットができるラッチということになります．ディジタル回路では，一般に出力状態を"H"にすることをセット(S)，またはプリセットと呼び，出力状態を"L"にすることをリセット(R)，またはクリアと呼ぶことが多いようです．

この回路の動作は，図4.4(b)のタイムチャートを見るとわかるように，フィードバック信号Qを，R端子によって制御しているため，二つの安定状態が存在します．すなわち，Rが"L"のとき，Sが"H"になるとQは"H"になり，その状態が保持されます．そして，Sが"L"のときRが"H"になると，出力Qは"L"になり，その状態を保持します．

ところで，実際にRSラッチを実現するには，図4.4(a)のようにいくつもの種類のゲートを組み合わせるのではなく，図4.5(b)に示すような構成にします．図4.5(b)と図4.4(a)の回路が等価であることは，図4.4(a)のORゲートの出力にインバータ（丸印）を追加し，同時にORゲートの出力に接続されているANDゲートの入力側にもインバータ（丸印）を追加してゲートを変形してみるとわかります．

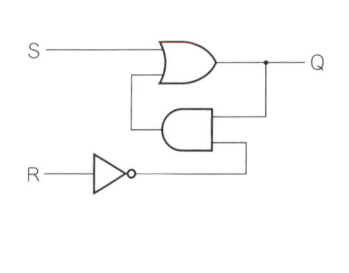

(a) 回路　　　　　　　　　　　(b) タイムチャート

図4.4　RSラッチの基本回路

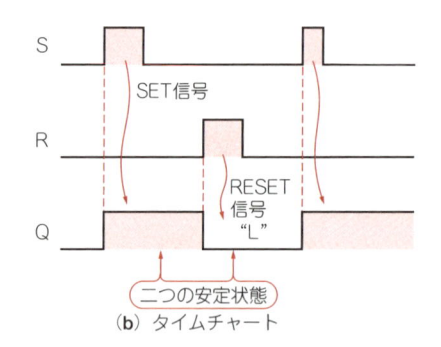

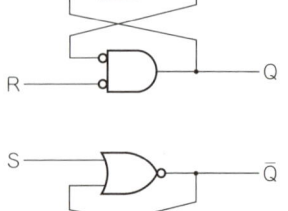

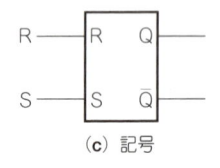

(a) 基本　　　　　(b) 回路　　　　　(c) 記号

R	S	Q
L	L	Q_n
H	L	L
L	H	H
H	H	不定

Q_n；前の状態と変化せず

(d) 真理値表

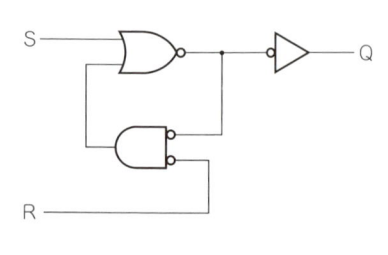

図4.5　RSラッチの表現方法

ところで注意しないといけないのは，このようなRSラッチでは，RとSが"L"のときは，出力状態は変化しないことです．また，RとSがともに"H"のときは，図4.5ではQと$\overline{Q}$ともに"L"になりますが，別の構成のRSラッチではそうならないものもあります．一般に，RSラッチでは，RとSともに"H"のときの出力は不定になります．

● 最初の状態を決めるイニシャライズ

ところで，このRSラッチやこれから紹介するフリップフロップでは，電源を投入した直後，S端子やR端子が"L"レベルであるとすると，出力Qは"H"になるか"L"になるかということがわかりません．真理値表を見ると，S端子やR端子が"L"のときはQ_n(前の状態を保持)となっていますが，電源投入直後には前の状態というものが存在しないからです．

そこで，実際にRSラッチやフリップフロップを使用するときには，電源投入直後にそのICの出力状態を決定する作業が必要になります．これを一般にはイニシャライズ(初期化)と呼んでいます．

このイニシャライズは，電源投入後に何ms(とくに時間の制約はなく，電源電圧が安定するまで)のパルスを発生させ，それをリセット(R)端子に加えて，RSラッチやフリップフロップの出力Qを"L"にします(イニシャル・リセット，パワーオン・リセットとも呼ぶ)．

図4.6に，簡単なイニシャライズ・パルスの発生回路を示します．この回路はCMOSの入力インピーダンスが高いことを利用して，入力回路に大きな時定数の積分回路を設け，電源の立ち上がり時に遅れ時間を作り，それをパルスとして取り出すようにしたものです．ここでは3個のインバータを使用していますが，これは波形をきれいにするためのものであり，後で紹介するシュミット・トリガ(波形整形回路)を利用すれば1個で実現できます．

それでは図4.7に，図4.1の目的を実現する回路の例を示します．INITはイニシャライズ・パルスのことで，これによってまず二つのRSラッチが初期化(出力Q_A，Q_Bがともに"L")されます．そして，AとBが一瞬でも"H"になればQ_AとQ_Bはそれぞれセットされるので，ある期間T_1の後にCによってAとBの入力を検査することが可能になるというわけです．

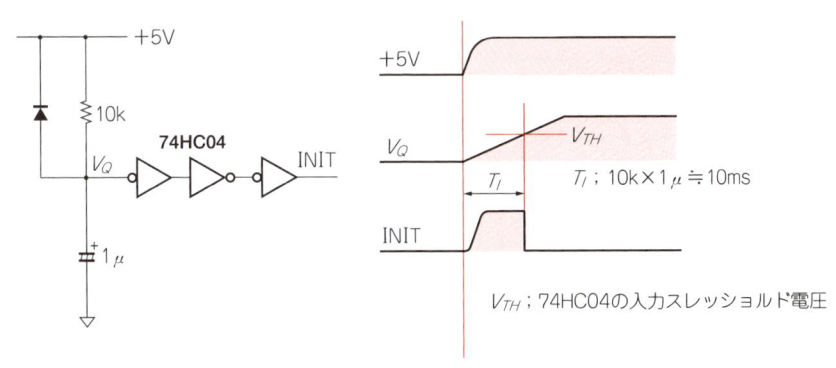

図4.6 イニシャライズ・パルスの発生回路

第4章

● **実際のRSラッチ**

　リセット入力とセット入力を持ったRSラッチは，2入力NANDゲート2個，あるいは2入力NORゲート2個で作ることができます．それぞれの基本動作（データを記憶すること）は同じですが，入力信号の極性が異なります．

　実際のRSラッチの動作を**図4.8**に示します．NANDゲートを使用した場合は，入力は通常"H"にしておき，セットあるいはリセットしたいとき，それぞれ"L"のパルスを加えます．同時に"L"となった場合はセット入力が優先され，出力は"H"となります．一方，NORゲートを使用した場合は，入力は通常"L"にしておきます．そして，セットあるいはリセットしたいとき，それぞれ"H"のパルスを加えます．同時に"H"となった場合は，リセット入力が優先され出力は"L"となります．

　NANDゲートを使ったRSラッチとNORゲートを使ったRSラッチとでは，セット入力とリセット入力のパルスの極性と，両方のパルスが同時に入ったときの出力レベルがどうなるかという二つの点が

●●● タイムチャートについて ●●●

　タイムチャートは，ディジタル回路を設計するときに欠かせないものです．タイムチャートは，ディジタル回路の各ノード（節…接続点）のロジック・レベルの変化を時間軸に沿って表すことによって，ロジック動作の検証を行います．

　「時間軸に沿って」というと誤解があるかもしれませんが，**図4.A**のようにディジタル回路自身が遭遇するすべての論理状態を時間軸に並べてみるものです．一般に，ロジック設計のミスといわれるものの大半は，このすべての論理状態を検証していないことによって発生しているようですから，タイムチャートを書くことは非常に重要です．

　ただし，タイムチャートを書いても，その書き方がまずいとミスを発生することがあります．その代表的なものがひげの発生です．したがって，慣れてくるまでは**図4.B(b)**のような書き方をお薦めします．

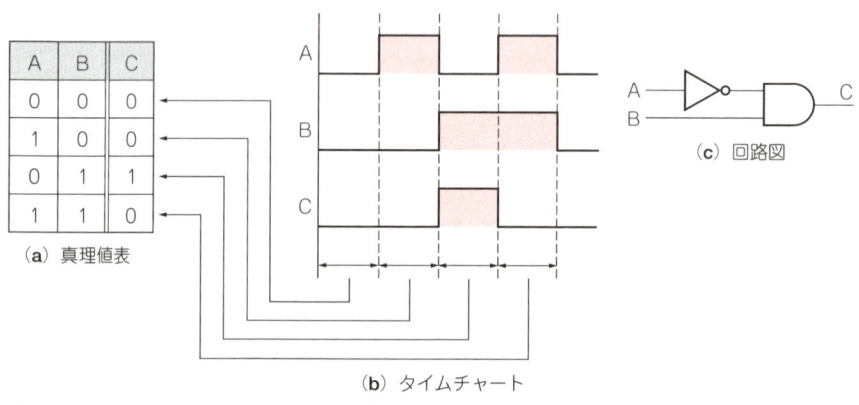

A	B	C
0	0	0
1	0	0
0	1	0
1	1	0

(a) 真理値表

(b) タイムチャート

(c) 回路図

図4.A　タイムチャートは真理値を時間軸に置き換えたもの

異なっています．したがって，実際にRSラッチを使う場合は，システムの中でセット信号あるいはリセット信号が，どちらの極性になっているかによってNANDタイプか，NORタイプかを選択します．

セットとリセットのパルス極性が合っていないときは，図4.9のようにどちらかの入力にインバータを入れ，極性を合わせるようにします．

● 専用のRSラッチ

ディジタルICファミリの中には，RSラッチとしての専用機能をもたせたものが用意されています．図4.10に示す74LS279（TTL）や74HC279（CMOS）などです．CMOSの4000シリーズには，出力が3ステートになった4043や4044などがあります．74LS279/74HC279では，4回路のうち2回路はセット端子が二つになっているので，これを一つのものとして使用する場合には，二つのセット入力をまとめて1本として使うか，片方の入力を"H"に固定して使います．

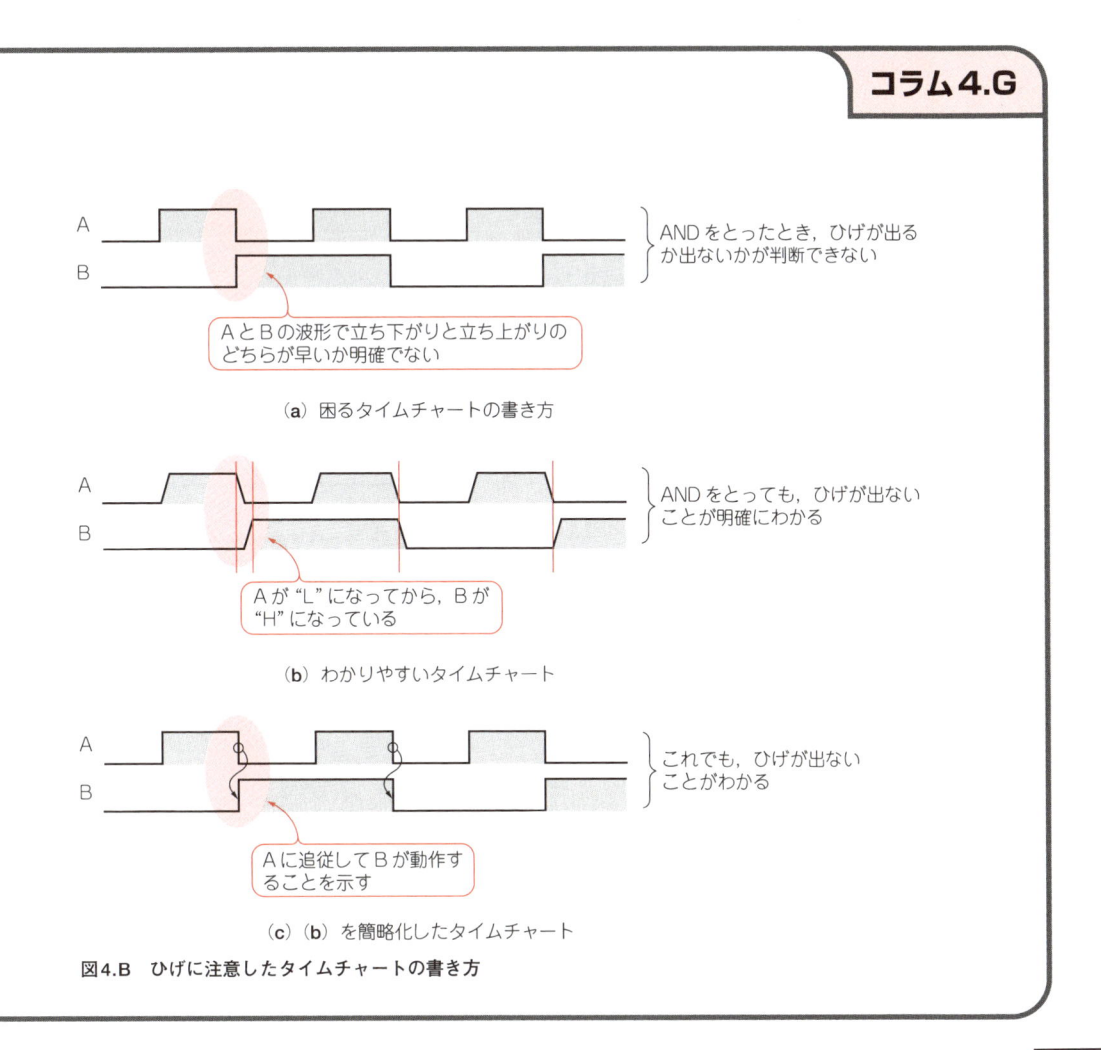

コラム4.G

(a) 困るタイムチャートの書き方
— AとBの波形で立ち下がりと立ち上がりのどちらが早いか明確でない
— ANDをとったとき，ひげが出るか出ないかが判断できない

(b) わかりやすいタイムチャート
— Aが"L"になってから，Bが"H"になっている
— ANDをとっても，ひげが出ないことが明確にわかる

(c) (b)を簡略化したタイムチャート
— Aに追従してBが動作することを示す
— これでも，ひげが出ないことがわかる

図4.B　ひげに注意したタイムチャートの書き方

(a) 回路　　　　　　　　　　　　　(b) タイムチャート

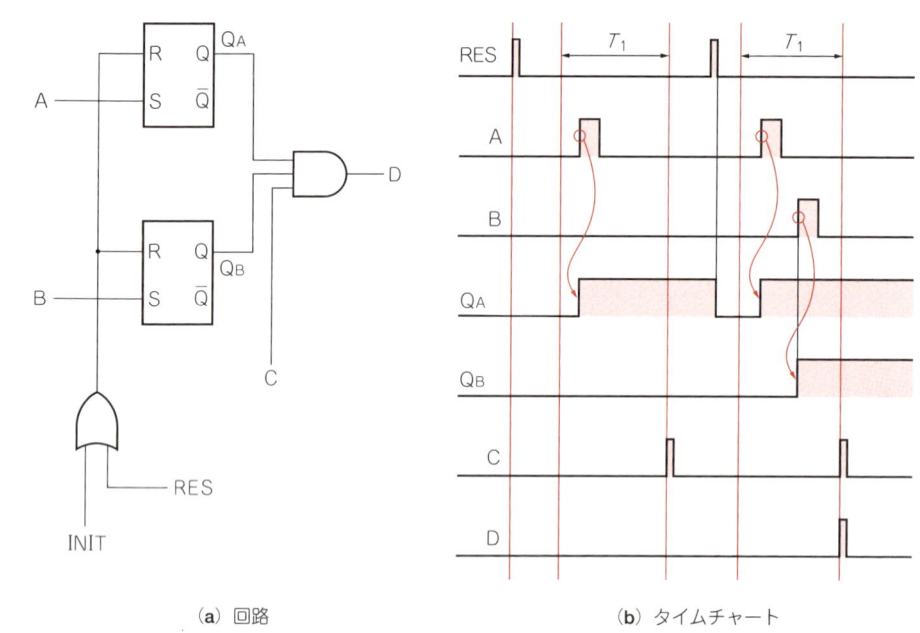

図4.7　T_1期間にAとBが"H"になったかどうかを調べる回路（図4.1の目的を実現する回路）

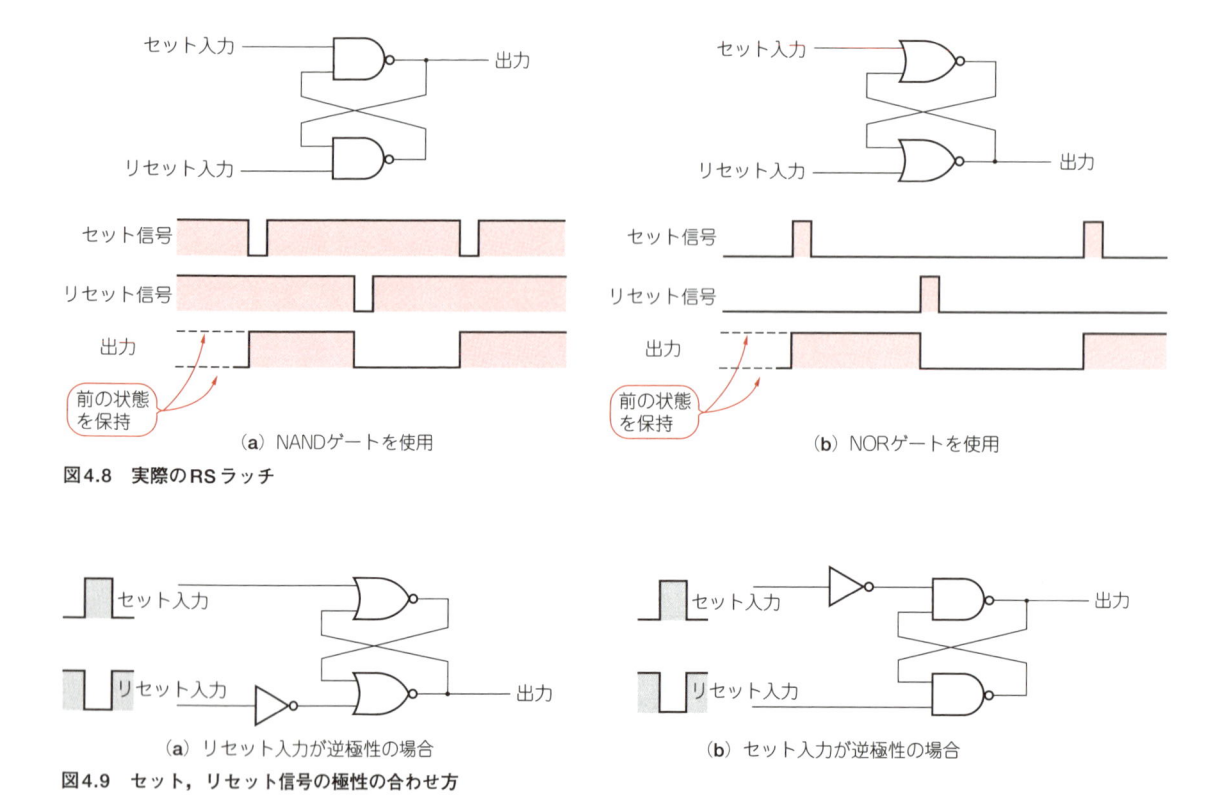

(a) NANDゲートを使用　　　　　　　(b) NORゲートを使用

図4.8　実際のRSラッチ

(a) リセット入力が逆極性の場合　　　(b) セット入力が逆極性の場合

図4.9　セット，リセット信号の極性の合わせ方

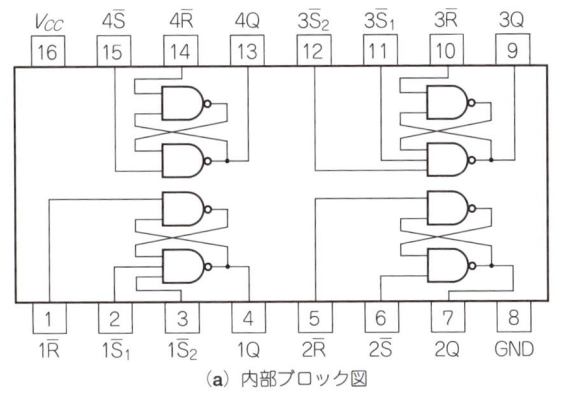

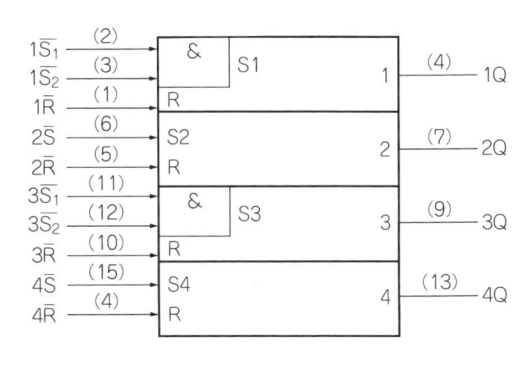

4.1 ディジタル信号を保持する基本技術

(a) 内部ブロック図

(b) 論理図

図4.10 実際のRSラッチIC(74LS279/74HC279)の内部ブロック図

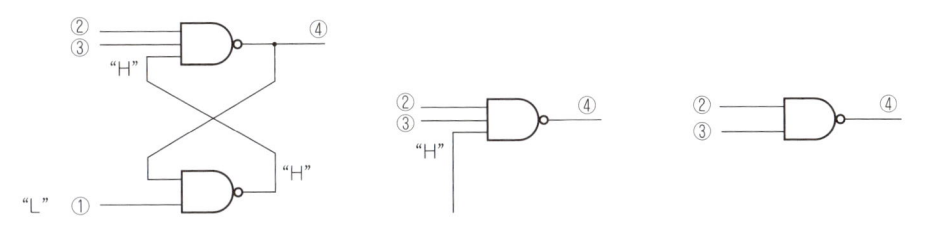

図4.11 74LS279/74HC279の一部を2入力NANDにする

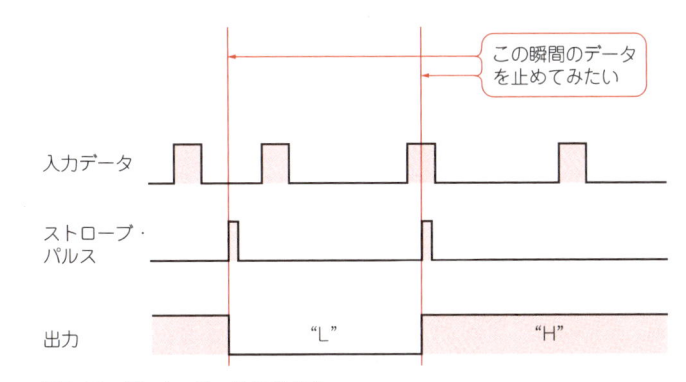

図4.12 データ・ラッチの考え方

また，74LS279/74HC279のちょっと変わった使い方として，3組はRSラッチとして使い，残りのRSラッチを2入力NANDゲートとして使うということも可能です．リセット入力，たとえば①ピンを"L"に固定するとその出力は"H"となるので，セット入力②と③を入力とし，出力を④とした2入力NANDが構成されることになるわけです．この変換のようすを，図4.11に示します．

● データのラッチ

RSラッチを発展させたものに，データを保持する機能をもったDラッチと呼ばれるフリップフロップがあります．これは，図4.12に示したように，"H"，"L"と変化しているデータを一時的に止めて

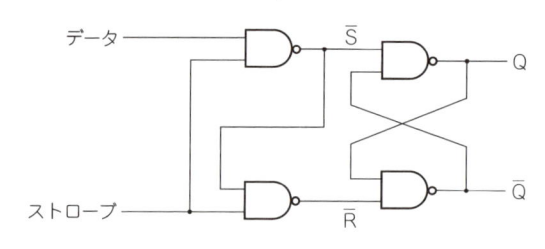

図4.13　Dラッチ回路

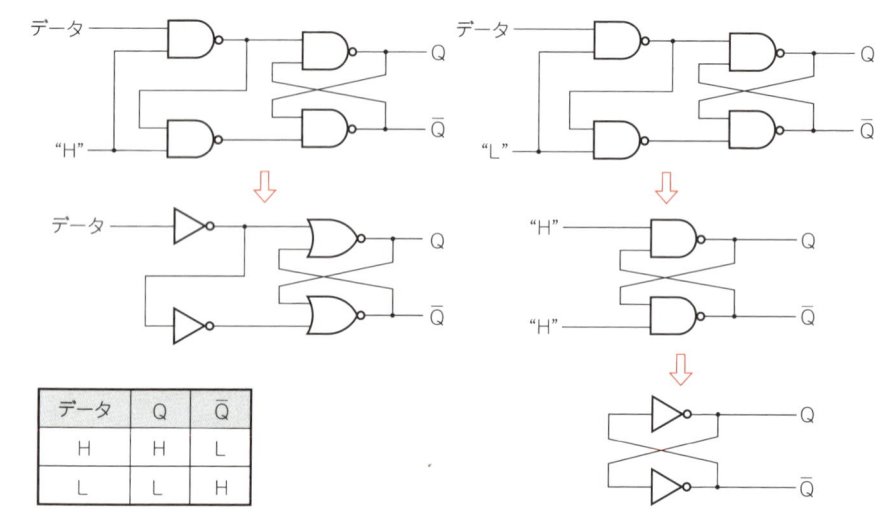

データ	Q	$\overline{Q}$
H	H	L
L	L	H

（a）ストローブが"H"のとき（スルー・モード）　（b）ストローブが"L"のとき（ラッチ・モード）
図4.14　Dラッチの働き

見たい（保持してから見る）という場合に利用できるものです．

Dラッチの回路構成は，**図4.13**を見るとわかるようにRSラッチの前段にデータ記憶用ゲートを2個追加したものです．データを見たいというコントロール信号は一般にストローブと呼ばれます．Dラッチは，ストローブが"H"か"L"かによって，データをRSラッチに記憶するかどうかを決めるようになっています．Dラッチの回路動作を理解しやすくするために，ストローブの入力が"H"の場合と"L"の場合とに分けて考えてみましょう．

まず，ストローブが"H"のとき，**図4.13**の回路は**図4.14**（a）のようになることがわかります．図（a）の回路は，データ入力によってQと$\overline{Q}$がすぐに決まりますから，記憶回路としての機能はもっていません．すなわち，データが"H"ならQは"H"になり，データが"L"ならQは"L"となるわけです．したがって，この回路の機能は，「データをそのまま出力する」ということになります．これは，Dラッチがもっているデータ・スルー・モード（データの通り抜け）またはトランスペアレント・モードと呼ばれている機能です．

この状態は，論理的には何の意味ももたないことになり，データの変化はインバータ，NANDを通ってそのままQ出力に現れます．

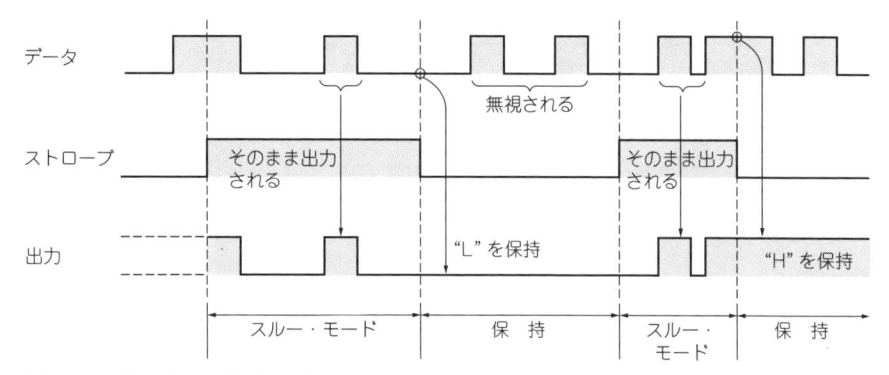

図4.15 Dラッチのタイムチャート

次に，ストローブを"L"にしたときを考えてみましょう．ストローブを"L"にしたときの回路は，図4.14(b)のようになります．

この場合，NANDのラッチ回路は，セット入力，リセット入力とも"H"となり，データは変化しない状態になります．したがって，データ入力は無視され，NANDラッチ回路はそのままの状態を保持するわけです．そのままの状態とは，ストローブ入力が"H"から"L"に変わる直前の状態ということになります．

以上の内容をまとめると，Dラッチの動作は次のようになります．
(1) ストローブが"H"のとき，データはそのままQに出力される．
(2) ストローブが"L"のとき，データが変化しても出力Qは変化しない．
(3) (2)のときに保持されるデータは，ストローブが"H"から"L"になった瞬間にデータ入力に加えられているデータとなる．

これをタイムチャートで示すと，図4.15のようになります．

● 実際のDラッチ

Dラッチとしてよく使用されているのは，74LS373/74HC373です．この構成を図4.16に示します．

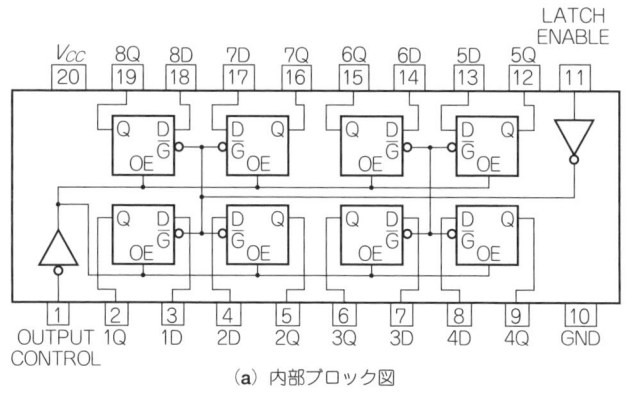

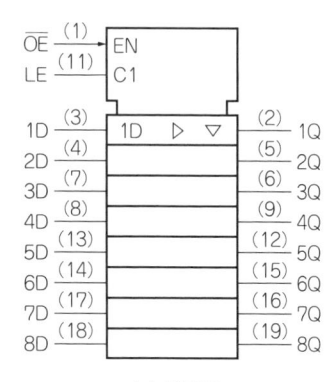

(a) 内部ブロック図

(b) 論理図

図4.16 実際のDラッチIC（74LS373/74HC373）の内部ブロック図

```
A₀～A₁₅  ────⟨────── アドレス ──────⟩────
```

(タイミング図: MREQ信号、MREQ信号でゲートした，ラッチの出力、ホールド期間、"ホールドされる前に，有効なアドレスが出力される")

(右側ブロック図: アドレス → D、MREQ → G、Q → ラッチされたアドレス出力)

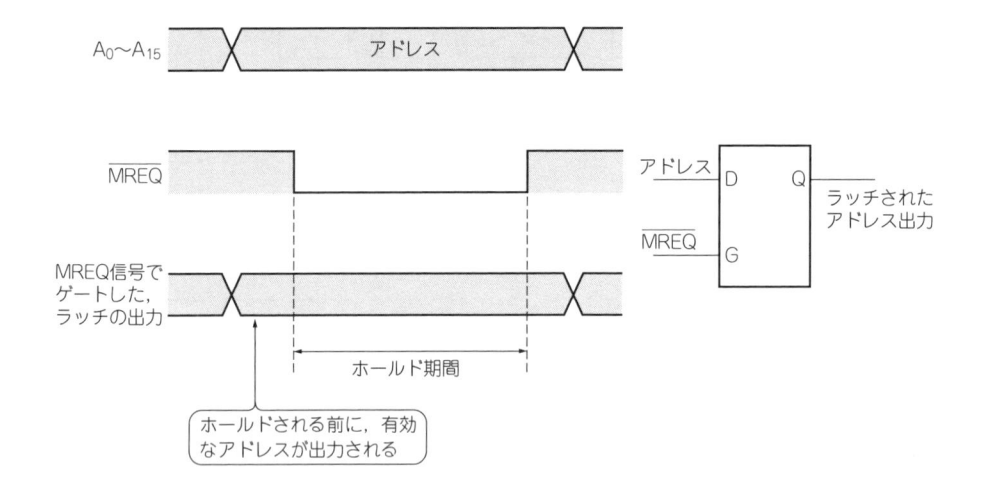

CPUは，メモリをアクセスしてデータの入出力を行うとき，次のように動く．
① まず，アドレス・バスに指定するアドレスを出力し，アドレスが安定してから$\overline{\text{MREQ}}$信号を"L"とする．
② アドレスを切り替える前には，再び$\overline{\text{MREQ}}$信号を"H"にするので，$\overline{\text{MREQ}}$が"L"の期間（と，前後の若干の余裕時間）はアドレスが有効である．
③ この$\overline{\text{MREQ}}$信号を用いてアドレスをラッチすれば，ラッチの出力も$\overline{\text{MREQ}}$信号が"L"の期間（と，前後の若干の余裕時間）は有効である．
④ したがって，同じMREQ信号の立ち下がりで，ラッチされた出力を読み出すことができる．
⑤ CPU周辺の信号は，タイミングがきつい場合が多いので，ラッチを入れることによってアドレスの有効期間が短くならないという性質は，とても重要．

図4.17　アドレス・データ・ラッチへの応用

　Dラッチの特徴は，ストローブ信号〔ラッチ・イネーブル（ラッチを可能にする）信号〕が"H"のときにデータがつつ抜けとなるため，その後のラッチに要する時間が後述するDフリップフロップなどに比べて短くてすむという点です．そこで，タイミング条件の厳しいマイコン周辺回路などに多く利用されています．**図4.16**に示した74LS373/74HC373（8ビットDラッチ）などは，まさに8ビットのマイコン回路で使いやすいように設計されたものです．
　図4.17に，Dラッチをマイコンのアドレス・バスに使用した例を示します．

4.2　クロックに同期した信号の保持方法

　ディジタル回路では，クロックという言葉がよく使われます．クロックは，一般にはさまざまな論理回路が，この信号によっていっせいに（同じ時刻に）働くようにシステムを管理するための信号です．
　そこで，クロックに同期して信号を保持する（信号を同期化するという）ことも非常によく利用されます．たとえば，**図4.18**に示したように，あるクロックの時刻T_1において入力信号A，Bが"H"であるか"L"であるかを調べるときなどです．これを実現するには，クロックCを使って（同期して），

図4.18 ある時刻 T_1 における A と B の状態を調べる

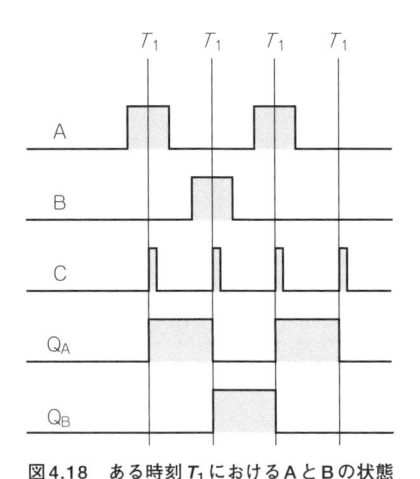

(a) 回路構成

(b) タイムチャート

図4.19 同期式 RS フリップフロップ

入力信号 A, B を保持してみればわかります．

では，これを実現するためのロジックを考えてみましょう．基本的には，前述した D ラッチの考え方を延長すれば可能です．

● **同期式 RS フリップフロップ**

まず，RS ラッチの前段に，AND ゲートを付加した**図4.19**のような回路の動作を見てみましょう．

第3章で説明したように，AND ゲートの一方の入力は制御信号と考えることができます．したがって，**図4.19**の C 入力は制御信号で，C 入力が "H" のときのみ，RS ラッチは S_1 入力と R_1 入力にしたがって動作します．

次に，制御信号 C に幅の広いパルスを用いた場合と，幅の狭いパルスを用いた場合の違いを見てみましょう．

C が "H" のときのみ R_1 と S_1 が有効なので，C の幅が広いと C が "H" のときに R_1 と S_1 が "H" になったり，R_1 と S_1 が "H" のときに C が "H" になったりします．このため，出力 Q_0 が変化するタイミングを定めることはできません．

一方，C のパルス幅が狭いと，出力 Q_0 は C が "H" になったときに変化する可能性が高くなります．つまり，パルス幅の狭い信号 C を用いれば，出力 Q_0 が変化するタイミングを信号 C の入力タイミングに合わせることができるわけです．

このように，動作のタイミングを制御信号によって設定することを，**クロックで同期化する**といい

第4章

ます．そして，同期化されたフリップフロップを，同期式フリップフロップと呼んでいます．これに対し，図4.5に示したRSラッチのように，RやSの信号を入力したとき，すぐに出力が変化するものを非同期式フリップフロップと呼んでいます．

図4.19の例では，信号Cに正確に同期させるためには，Cが"H"の間，RやSが変化しないようにCのパルス幅を狭くしなければなりませんでした．しかし，もしフリップフロップの出力が，制御信号が"L"から"H"に立ち上がるとき，または"H"から"L"に立ち下がるときのみ変化し，そのほかのときに変化しないのであれば，制御信号のパルス幅は問題になりません．

このように，制御信号の立ち上がり，または立ち下がりのみで動作することを，信号のふちで動作することから**エッジ・トリガ動作**と呼んでいます．これに対し，図4.19では信号が"H"レベルのときに動作するので，**レベル動作**と呼びます．

● エッジ・トリガ・フリップフロップ

エッジ・トリガ動作のフリップフロップの例を，図4.20に示します．図4.20の回路は，二つのRSラ

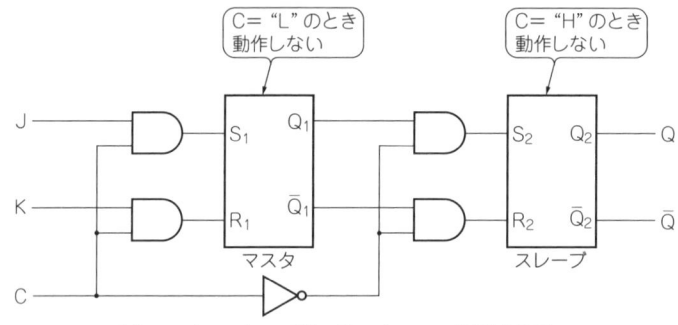

(a) マスタ・スレーブ型フリップフロップの動作原理

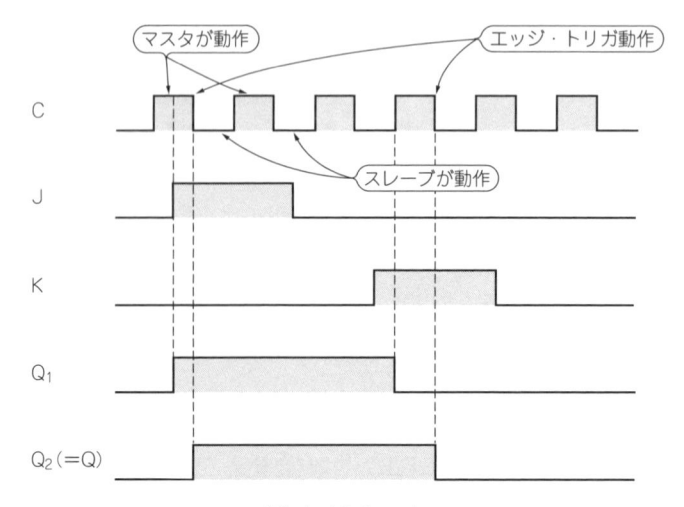

(b) タイムチャート

図4.20　エッジ・トリガ型フリップフロップ

ッチを用いて，一つのフリップフロップを構成しています．前段のフリップフロップをマスタ，後段をスレーブと呼び，あわせてマスタ・スレーブ・フリップフロップと呼んでいます．

マスタは，Cが"H"のときに入力信号J, Kを取り込み，Cが"L"のときは出力Q_1と$\overline{Q_1}$は変化しません．一方，スレーブは，Cが"H"のときは動作せず，Cが"L"のときにマスタの出力Q_1と$\overline{Q_1}$を取り込んで動作します．図4.20は，この動作を示したものです．

このようなマスタ・スレーブ型のフリップフロップを用いると，Cが"H"から"L"に変化するエッジでQ_2が変化します．もちろん，信号Cを反転させれば，"L"から"H"に変化するエッジで，Q_2を変化させることもできます．

● **実際の同期式フリップフロップ**

同期式フリップフロップとは，一般に信号の立ち上がり/立ち下がりのふちで動作するエッジ・トリガ動作のものを指しますが，実際にはDフリップフロップ，Tフリップフロップ，同期式RSフリップフロップ，JKフリップフロップなど，使い方によって呼び方を変える場合があります．

▶ Dフリップフロップ

Dフリップフロップは，図4.21に示すようにD端子に入力された信号を，クロックに同期してそのまま出力します．すなわち，CLKの立ち上がり時のD入力が"H"であれば"H"を，"L"であれば"L"を出力します．したがって，D入力への入力信号がやや遅れて出力Qに現れます．写真4.1に代表的なDフリップフロップ74LS74の動作例を示します．

DフリップフロップのDはデータ(Data)，さらにディレイ(Delay：遅れ)のDをとったものです．

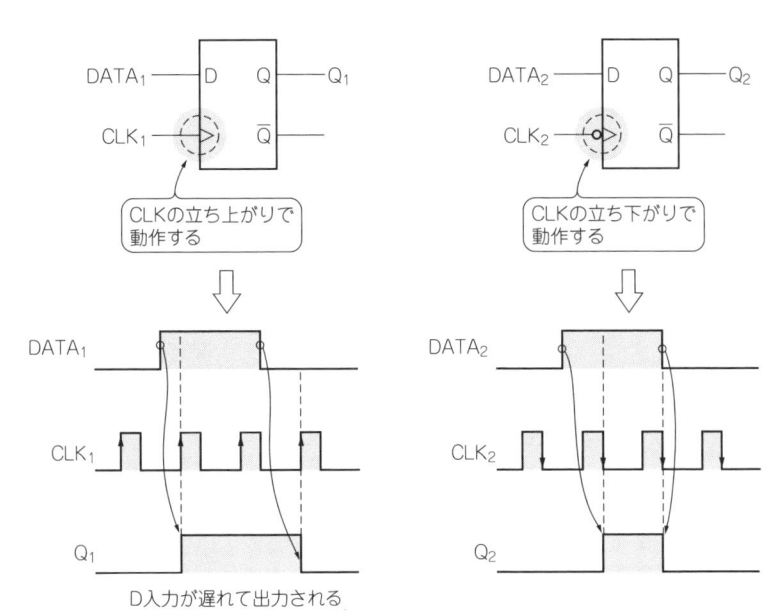

図4.21 Dフリップフロップ

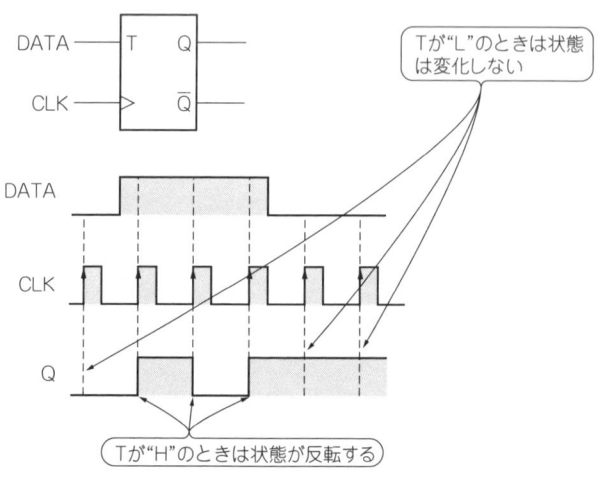

第4章

▶Tフリップフロップ

Tフリップフロップは，**図4.22**に示すようにT入力が"H"のときにCLKが入力されると，それまでの状態の反転信号を出力します．また，T入力が"L"のときは，CLKが入力されても出力は変化しません．

TはトグルのTをとったものです．

● もっともよく使われるJKフリップフロップ

JKフリップフロップは複雑な動作をしますが，もっともよく用いられるフリップフロップの一つです．

JKフリップフロップは，CLKが入力されたときのJとKの値によって，次のような4種類の動作をします(**図4.23**)．

(1) J，K ＝ "L" ……… 出力は変化しない
(2) J，K ＝ "H" ……… 出力が反転する

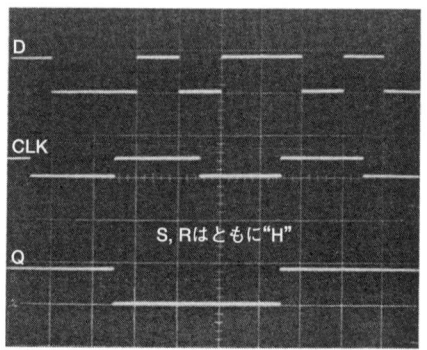

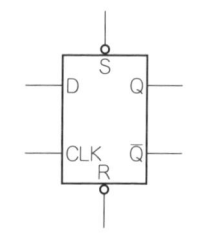

写真4.1　Dフリップフロップ(74LS04)の働き(100 μs/div，上，下：5 V/div，中：10 V/div)

(a) 回路図記号

S	R	CLK	D	Q	$\bar{Q}$
L	H	×	×	H	L
H	L	×	×	L	H
L	L	×	×	H	H
H	H	⤒	H	H	L
H	H	⤒	L	L	H
H	H	⤓	×	Q_0	$\bar{Q}_0$

×："H"でも"L"でもよい
Q_0：前回の出力

(b) 真理値表

図4.22　Tフリップフロップ

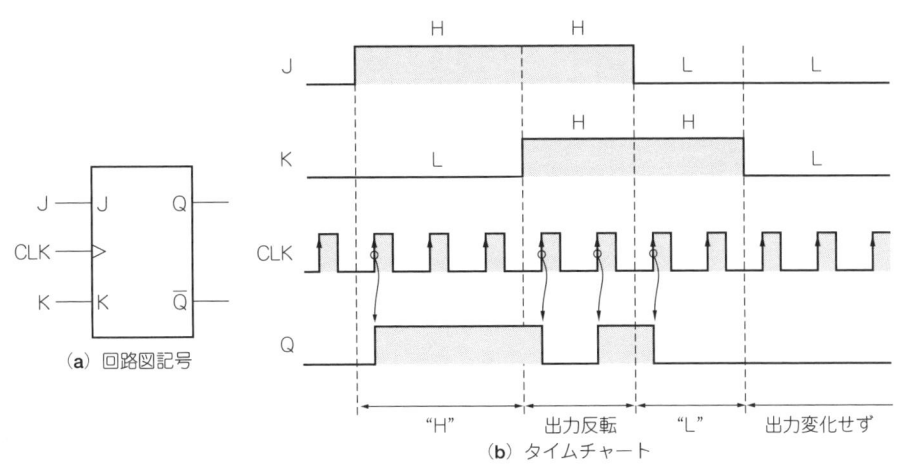

図4.23 JKフリップフロップ

(a) 回路図記号
(b) タイムチャート

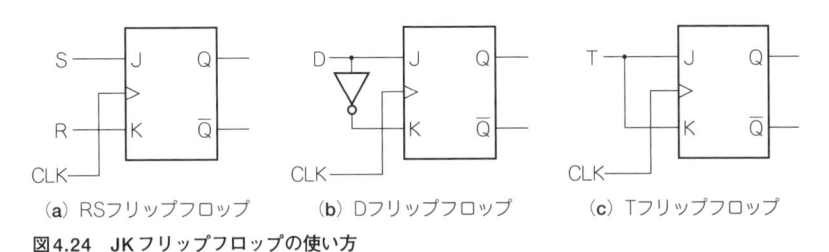

図4.24 JKフリップフロップの使い方
(a) RSフリップフロップ
(b) Dフリップフロップ
(c) Tフリップフロップ

(3) J = "H", K = "L" ……… 出力は "H"
(4) J = "L", K = "H" ……… 出力は "L"

JKフリップフロップは，先に示した図4.20のマスタ・スレーブ型フリップフロップを改良したものです．つまり，RSフリップフロップを基本にしているので，図4.24(a)のようにJ入力をS入力に，K入力をR入力に対応させれば，RSフリップフロップとして動作します．

次に，図4.24(b)に示すように，JとKに互いに反転させた信号を入力してみましょう．このときJKフリップフロップは，Jに入力された信号をそのまま出力するのでDフリップフロップと同じ動作をします．

また，図4.24(c)に示すように，JとKに同じ信号を入力した場合はどうなるでしょうか．入力信号が "H" のときは，CLKが入力されるごとに出力は反転しますから，Tフリップフロップと同じ動作をします．

このように，JKフリップフロップは，RSフリップフロップやDフリップフロップ，Tフリップフロップの働きを兼ね備えています．

IC化された同期式フリップフロップは，ほとんどがJKまたはDフリップフロップです．そして，IC化されたフリップフロップは，クリア端子(リセット端子)とプリセット端子を備えています．これらの入力端子は，CLK信号に無関係に，強制的に出力を "H"（プリセット）または "L"（クリア）にするためのものです(図4.25)．

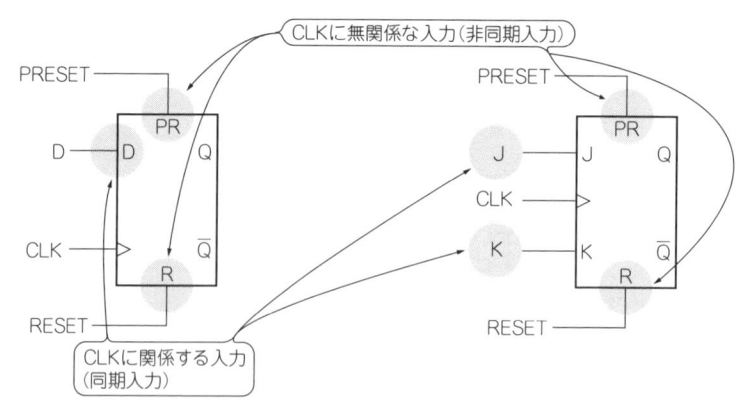

```
              ┌─CLKに無関係な入力（非同期入力）─┐
   PRESET ─┐  │                              │  PRESET ─┐
          PR │                                         PR
    D ─ D    Q                              J ─ J       Q
             │                              CLK ─▷
   CLK ─▷   Q̄                               K ─ K       Q̄
          R                                          R
   RESET ─┘                                 RESET ─┘
   └CLKに関係する入力┘
     （同期入力）
```

図4.25 実際のフリップフロップIC

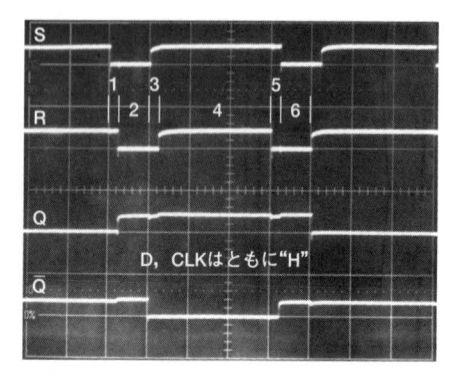

	S	R	Q	Q̄
1	L	H	L	H
2	L	L	H	H
3	H	L	H	L
4	H	L	H	L
5	L	L	H	H
6	L	H	L	H

写真4.2　74LS74のセット/リセット動作 (10 V/div, 1 μs/div)

　なお，ICを使用する場合は，個々のICによってこれらのクリア端子，プリセット端子のいずれが優先するか（すなわち，同時に"H"が入力されたとき出力はどうなるか）が決められていますから，データ・シートをよく見る必要があります．写真4.2に，74LS74を使用した場合のセット，リセット動作の例を示します．

4.3　フリップフロップの本格的利用法

　フリップフロップの動作が理解できたところで，実際にフリップフロップICを使うことを考えてみましょう．図4.26に，代表的なDフリップフロップ74LS74/74HC74の内部ブロック図を示します．
　ところで，これらのICを使用する場合に注意する点は，フリップフロップを正確に動作させるためのタイミングです．これは，信号を確実に保持するために重要です．

● セットアップ時間とホールド時間

　セットアップ時間とは，フリップフロップに正しいデータを取り込むために，クロックよりも前に安定した入力データを加えなければならない時間のことです．図4.27に，セットアップ時間とクロッ

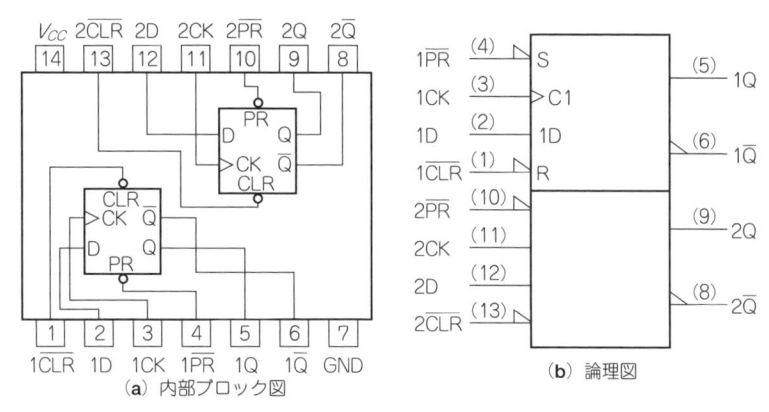

4.3 フリップフロップの本格的利用法

(a) 内部ブロック図

(b) 論理図

図4.26 実際のDフリップフロップ(74LS74/74HC74)の内部ブロック図

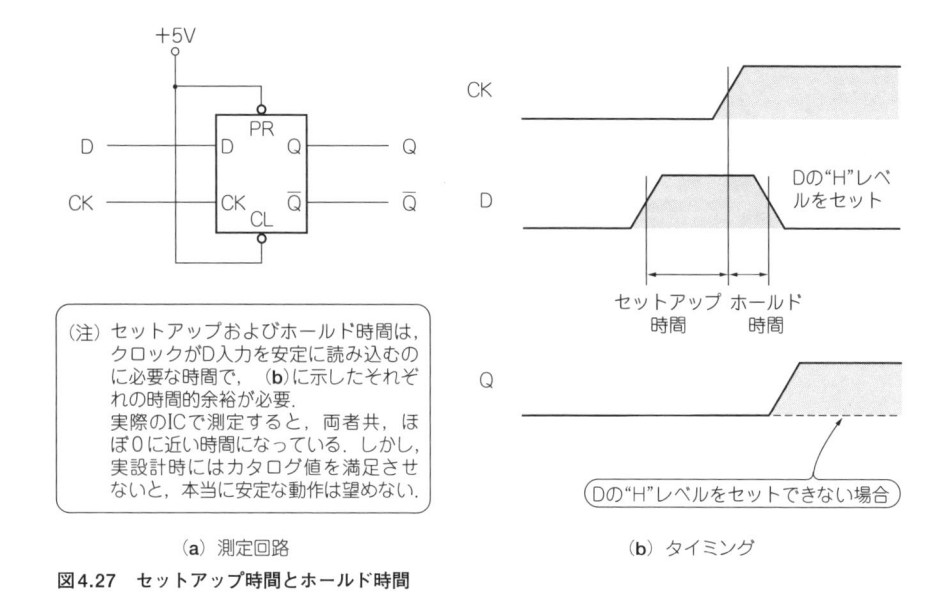

(注) セットアップおよびホールド時間は，クロックがD入力を安定に読み込むのに必要な時間で，(b)に示したそれぞれの時間的余裕が必要．
実際のICで測定すると，両者共，ほぼ0に近い時間になっている．しかし，実設計時にはカタログ値を満足させないと，本当に安定な動作は望めない．

(a) 測定回路

(b) タイミング

図4.27 セットアップ時間とホールド時間

ク・データの関係を示します．

また，実際に74LS74/74HC74のセットアップ時間を測定した動作波形を，**写真4.3**に示します．この例ではD入力に"H"を読み込ませていますが，出力は"H"になったり"L"になったりしていることがわかります．すなわち，データ入力はこれより前に安定な状態にする(この場合は"H")必要があるわけです．

一方，ホールド時間とは，フリップフロップに正常なデータを取り込むために，クロックより後に安定な入力データを加えなければならない時間のことです．これも，**図4.27**を見るとわかると思います．

また，実際に74LS74/74HC74のホールド時間を測定した動作波形を，**写真4.4**に示します．この測定の場合，いずれのデータもクロックより前で不安定状態を示していますが，これはフリップフロッ

(a) 74HC74 (b) 74LS74

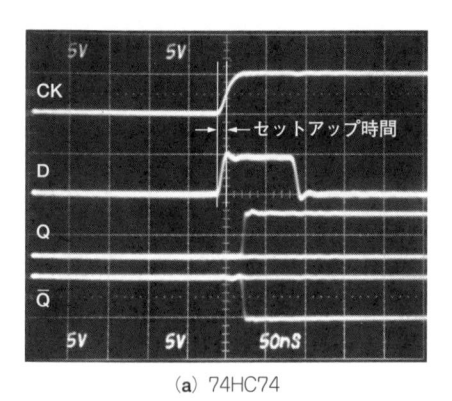

写真4.3 セットアップ時間の測定

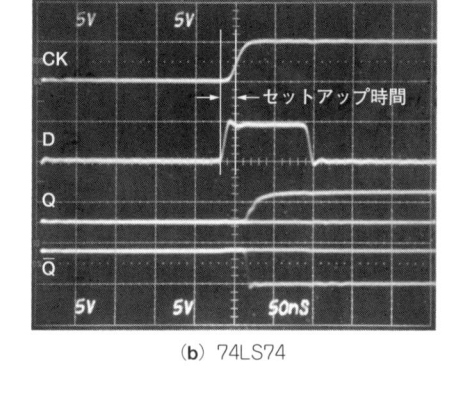

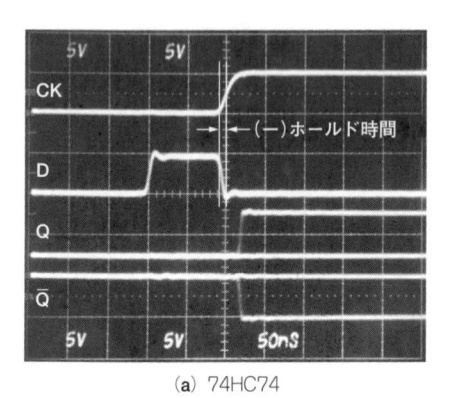

(a) 74HC74 (b) 74LS74

写真4.4 ホールド時間の測定

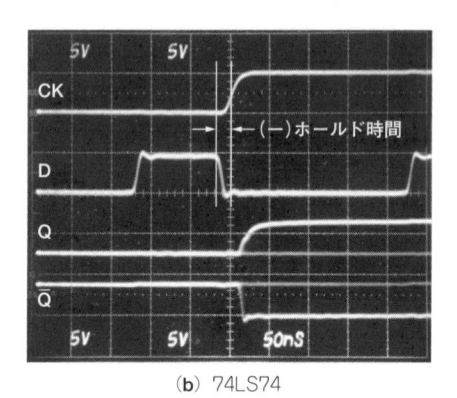

プのタイミング設計を楽にするために，ホールド時間≈0となるようにIC内部の回路が構成されているためです．

● 実際の設計では

　それでは，実際の回路設計ではどれくらいのセットアップ時間とホールド時間が必要になるのでしょうか．ここでは，TTLの74LS74とCMOSの74HC74とを比較してみることにします．**表4.1**に，74LS74/74HC74のAC特性表の一部を示します．TTLではセットアップ時間が20 ns，ホールド時間が5 nsとなっています．また，CMOSではV_{CC} = 4.5 Vのときのセットアップ時間が20 ns，ホールド時間が0 nsとなっています．

　このことから，セットアップ時間とホールド時間を図で表すと**図4.28**のようになります．この図は，実際のICで実験した**写真4.3**や**写真4.4**とは異なっているように見えます．しかし，実験では動作限界のデータを取っているのに対し，ICのデータ・シートでは十分安定に動作する条件で書かれているためにこうなっているのです．

　データ・シートの数値は，ICの製造プロセスにおけるばらつきなどを十分に考慮した値が採用され

4.3 フリップフロップの本格的利用法

表4.1 DフリップフロップのAC特性の一部

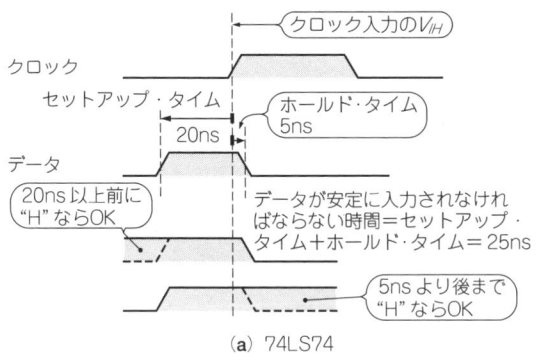

項 目	74LS74			74HC74			単位
	min	typ	max	min	typ	max	
最大トグル周波数	34				40		MHz
伝搬遅延 CK→Q, $\overline{Q}$			18			39	ns
伝搬遅延 SET/RESET →Q, $\overline{Q}$			15			50	ns
最小パルス幅 CK	37	–	–	15	–	–	ns
最小パルス幅 SET, RESET	30	–	–	20	–	–	ns
セットアップ時間	20			20			ns
ホールド時間	5			0			ns

(a) 74LS74　　　(b) 74HC74（"H"のデータを読み込むとき）

図4.28 実際のセットアップ時間とホールド時間

ているため，1個のサンプルを実験しただけでは比較できません．したがって，実際にロジック・システムを設計するときは，カタログ値を基にしなければなりません．また，セットアップ時間やホールド時間は，電源電圧の変化や周囲温度の変化に対して変動する要素を持っていますので，それらにも十分注意しなければなりません．

たとえば，74HC74の場合，周囲温度 $T_a = 25℃$ のときのセットアップ時間が20 nsなのに対し，周囲温度 $T_a = -40 \sim +85℃$ の範囲では25 nsとなっています．

● 最高繰り返し周波数

これはフリップフロップが動作する最高周波数を決めるもので，**トグル周波数**とも呼ばれています．図4.29に，トグル周波数の測定回路を示します．この回路は，$\overline{Q}$ の出力を自分自身のD入力に接続することによって，CKにクロック・パルスが入るたびにQの出力が反転する構成になっています．

図4.30に，その動作波形を示します．フリップフロップの出力Qは，クロック入力CKの立ち上がりのときにデータ入力Dのレベルを読み取って変化します．$\overline{Q}$ の出力はQ出力を反転したものですから，$\overline{Q}$ の出力をD入力に接続すればクロック入力の立ち上がりごとに出力Qおよび $\overline{Q}$ が反転するわけです．

ところで，このときのフリップフロップのクロック周波数と出力周波数の関係をみると，クロックが2回反転したときに出力が1回反転していることがわかります．つまり，出力周波数はクロック周波

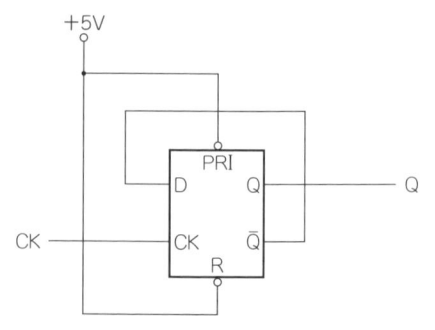

第4章

図4.29 トグル周波数の測定回路

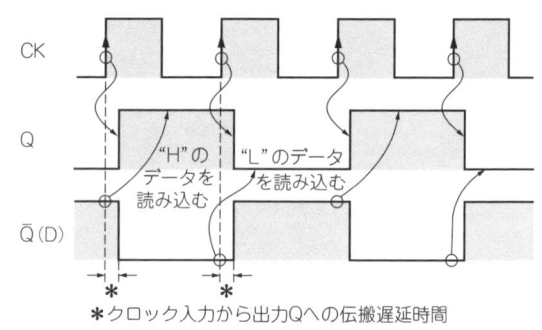

図4.30 フリップフロップの2分周動作

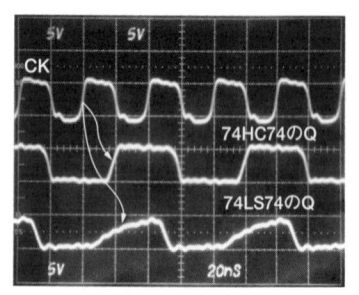

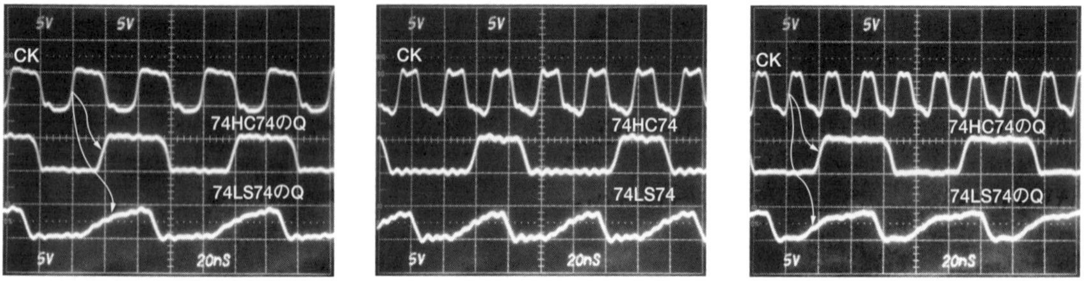

＊クロック入力から出力Qへの伝搬遅延時間

(a) 分周回路（$f=25\text{MHz}$）　(b) 74HC74の誤動作時の波形（$f=31\text{MHz}$）　(c) 74HC74, 74LS74ともに誤動作（$f=44\text{MHz}$）

写真4.5 最大トグル周波数

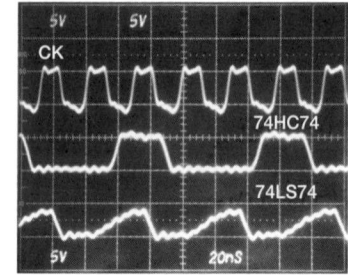

数の1/2になっているわけです．そこで，このような回路を一般には2分周回路（1/2に分周する回路）と呼んでいます．

　CKに加えるクロックの周波数を上げていくと，Qの変化がクロック入力に追いつかなくなり，ついには正確に2分周をしなくなります．そこで，その直前のクロック周波数を最高トグル周波数と呼びますが，この値は各フリップフロップで違っています．今回実験に使用したICの最高トグル周波数は次のとおりです．

　　74HC74（CMOS）……31 MHz
　　74LS74（TTL）………44 MHz

写真4.5(a)に，正確に動作しているときの2分周回路の動作波形を示します．また，**写真4.5**(b)に74HC74が誤動作を始めたとき（クロック周波数：約31 MHz），**写真4.5**(c)に74LS74が誤動作を始めたとき（クロック周波数：約44 MHz）のそれぞれの動作波形を示します．

　2分周回路が誤動作する条件は，そのフリップフロップの伝搬遅延（クロックから出力Q, $\overline{Q}$への変化）が，クロックの一周期より遅い場合です．そのようすを**図4.31**に示します．この場合，出力はクロックに対して4分周になっており，クロック周波数を変化させることで8分周や16分周にもなってしまいます．

　そして，最高トグル周波数は，2分周が正常に動作する最高の周波数ということになるわけです．

4.3 フリップフロップの本格的利用法

● クロックに同期したエッジの検出

立ち上がりエッジを検出する回路を**図4.32**，立ち下がりエッジを検出する回路を**図4.33**に示します．基本的な動作は，データ入力の立ち上がり，あるいは立ち下がりのエッジでクロック1個分の出力が得られるというものです．

図4.32を使って，その動作を説明することにします．この回路で使うクロックは，データ入力の変化に比べて十分速いものを使う必要があります．回路構成は，Dタイプのフリップフロップを2個用い，クロックは共通にします．フリップフロップの接続は，たんなるデータ・ディレイ回路として動作し

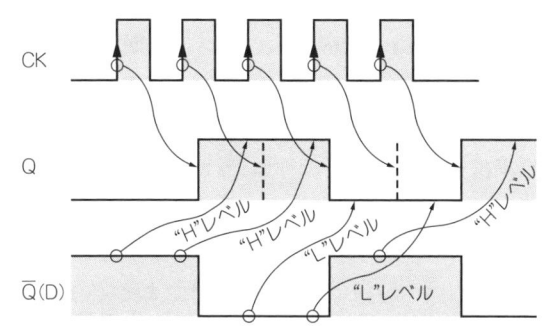

図4.31　伝搬遅延($CK \rightarrow Q, \overline{Q}$)がクロックの1周期より遅い場合

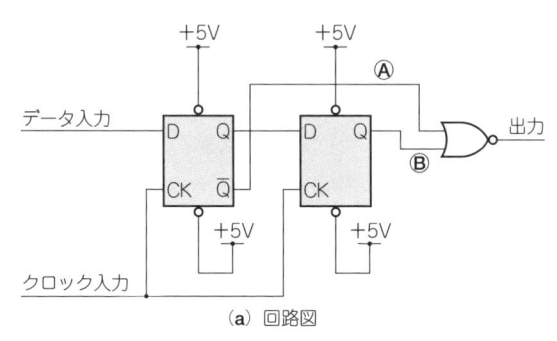

図4.32　立ち上がり検出回路

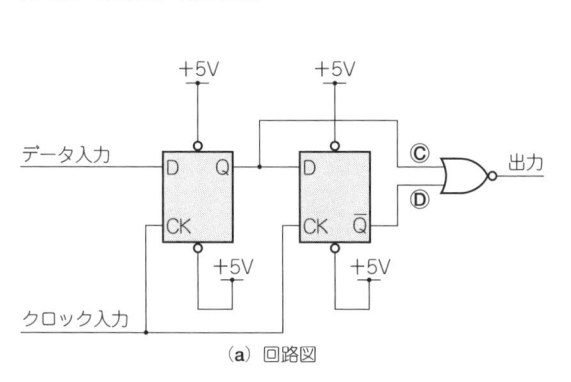

図4.33　立ち下がり検出回路

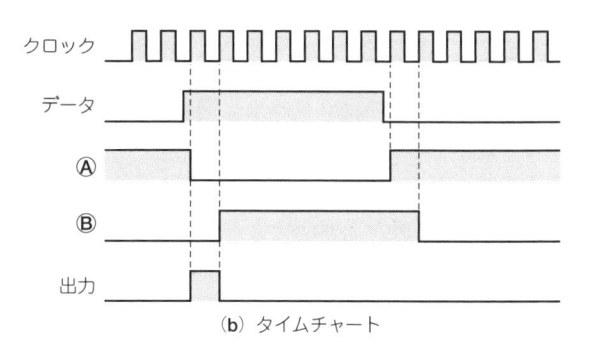

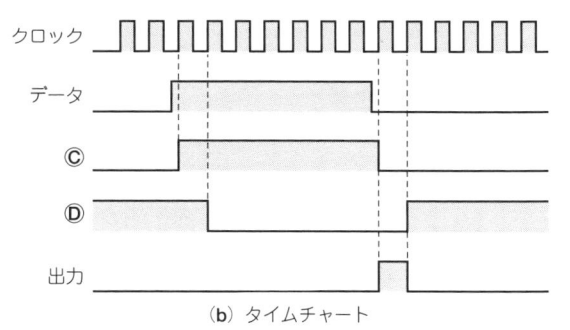

ます．したがって，タイムチャートを見ると，Ⓐ点の信号はデータ入力に対してクロックに同期して反転されたもの（$\overline{Q}$出力のため），そしてⒷ点の信号はⒶ点より1クロック遅れてデータと同極性のもの（Q出力のため）となっています．そこで，この二つの信号のNORを取ると，ⓐとⓑが同時に"L"のとき，出力に"H"が出ます．

この出力信号とデータ入力信号とを比べると，出力信号はデータ入力が"L"→"H"になったときに1クロック"H"を出すので，データ入力の立ち上がりを検出したのと同じような動作をしているわけです．正確には，入力データが"L"→"H"に変化しても最大1クロック分のディレイを生じることがありますが，クロックの周波数が入力に対して十分高いときにはとくに問題にならない場合が多いようです．この理由は，システムの動作は内部クロックに同期しているのが普通ですから，入力データが1クロックずれた場合，システム全体も1クロックずれて動作することになるので，相対的に正常なシステム動作をすることになるのです．

入力データの立ち下がりを検出する回路も，動作原理は立ち上がり検出の回路とまったく同じです．出力は，1段目のフリップフロップのQ出力と2段目のフリップフロップの$\overline{Q}$出力を利用してNORを取ります．この場合，データ入力の立ち下がりのところに1クロック分の"H"出力が出ます．

クロックに同期したエッジ検出回路の特徴は，出力のパルス幅が必ず決まった長さ（図4.32と図4.33の場合は1クロック分）になるということです．しかもクロックに同期していますから，システムのスタート信号やストップ信号としては最適な信号といえるでしょう．

● **入力信号に同期したエッジの検出**

前述した回路ではクロックに同期した出力信号が得られましたが，入力信号と出力信号の時間的なずれは最大1クロック分生じてしまいます．このずれをなくすようにした回路を図4.34に示します．回路の動作原理は前述したエッジ検出回路と同じですが，出力のパルス幅は入力データのタイミングにより変化します．回路的には，出力信号を得る部分のゲートに入力させる信号を，1段目のQ，$\overline{Q}$出力ではなくデータ入力そのものを使う，ということが図4.32とは異なっています．

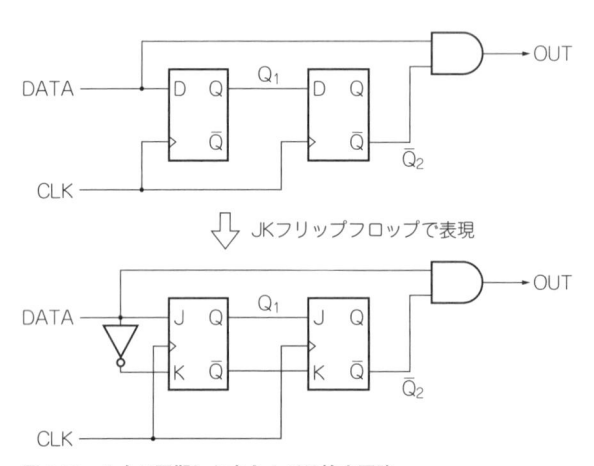

図4.34 入力に同期した立ち上がり検出回路

4.3 フリップフロップの本格的利用法

図4.35 立ち上がり検出回路のタイムチャート

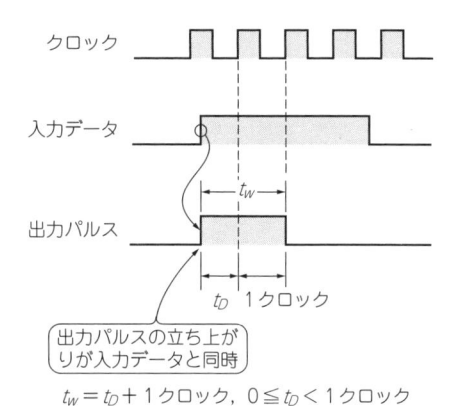

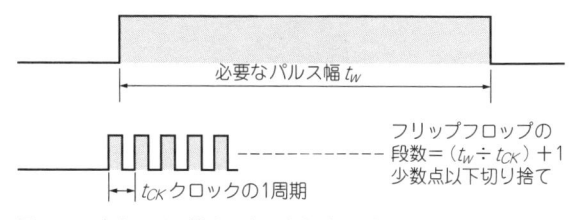

$t_W = t_D + 1$クロック, $0 \leq t_D < 1$クロック

図4.36 立ち上がり検出回路の出力パルス幅

フリップフロップの段数 = $(t_W \div t_{CK}) + 1$ 少数点以下切り捨て

t_{CK} クロックの1周期

　このような回路構成にすると，出力パルスが変化しはじめるタイミングと入力データが入ってくるタイミングを合わせることが可能です．したがって，CRのディレイを利用したワンショット・マルチバイブレータと同じような動作になります（ワンショット・マルチバイブレータの詳細については第6章で述べる）．しかし，出力パルス幅 t_W は，図4.35のように1クロック+入力が変化したタイミング t_D となります．

　この場合の出力パルス幅は，入力データの入るタイミングにより，1クロック分の長さが最大2クロック分の長さまで変化することになり，出力パルス幅が一定となるワンショット・マルチバイブレータとはその動作が異なっています．少しでもワンショット・マルチバイブレータの動作に近づけたい場合は，フリップフロップの段数を増やすことで実現できます．

　そして，図4.36のように必要な出力パルス幅をクロックの1周期分×フリップフロップの段数となるようにクロック周波数を決めます．クロックの周波数はなるべく速いほうが，よりワンショット・マルチバイブレータの動作に近づけることができますが，必要となるフリップフロップの段数も多くなるので，出力パルスの幅がどのくらいの精度を必要とするかによって決めるのがよいでしょう．たとえば，出力パルスの幅が9μs〜10μsとしたい場合は，図4.37に示すようにクロックとして1MHzの周波数を選び，フリップフロップの段数を10段とすればよいわけです．

　このような回路はワンショット・マルチバイブレータに比べて使用するゲート数が増えますが，コ

$t_W = t_D + 9\mu s$, $0 \leq t_D < 1\mu s$
$9\mu s \leq t_W < 10\mu s$

(a) 回路図

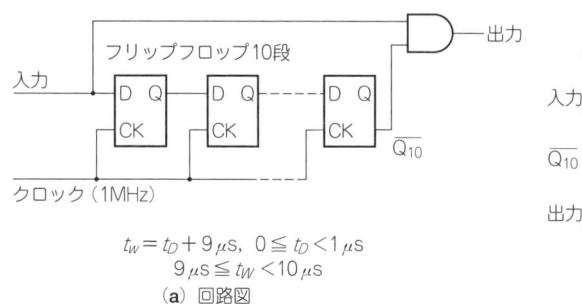

(b) タイムチャート

図4.37 9〜10μsのパルス発生

第4章

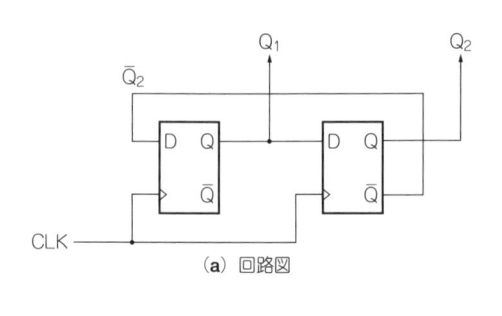

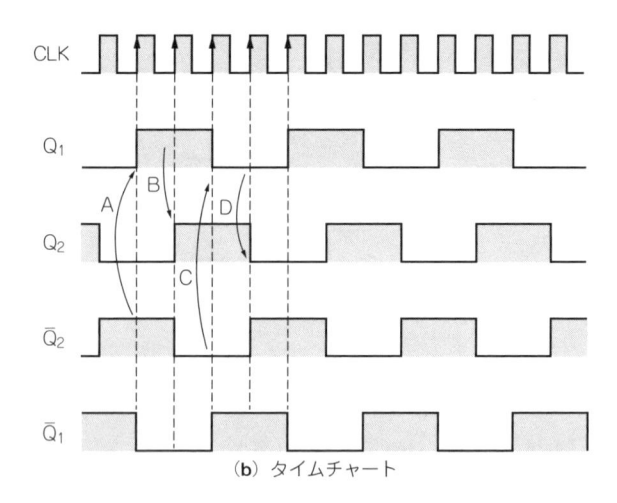

図4.38　2相信号発生回路

ンデンサを使わなくてもすむのでLSIの中に組み込む場合などは非常に有効です．また，ノイズに対しても非常に強くなりますので，安定した動作を望む場合に利用するとよいでしょう．

● 2相信号発生回路

　次に，ディジタル・システムの中でよく使われる2相信号発生回路を紹介しましょう．2相信号とは，それぞれ変化点の異なる二つの信号のことです．主に，タイミング発生回路などに使われます．

　図4.38が，実際の回路構成です．タイムチャートを見ると，その動作がよく理解できると思います．最初のQ_1の"H"の部分に注目してみると，Q_2の"H"は1クロックずれています．そして次に，$\overline{Q_1}$の"H"はさらに1クロックずれています．同様に，$\overline{Q_2}$の"H"の部分はさらに1クロックずれ，Q_1の"H"（最初に注目した"H"の次の部分）も同じように1クロックずれています．これらの動作を見ると，出力の"H"が1クロックずつずれて移動して行くように見えます．したがって，このような信号をうまく組み合わせることで，必要なシステムのタイミングを作ることができるのです．

　この2相信号発生回路の特徴は，信号の変化点が1クロックずつずれていることです．したがって，時間的にとなり合う二つの信号を見ると，重なり合う部分が必ずあるということになります．すなわち，これらの出力を使うとゲートを組み合わせてもひげの発生がまったくない回路が作れるのです．

第5章 カウンタ

　第3章，第4章では，基本ゲートとフリップフロップについて機能や特性を調べてきました．ディジタル回路は，すべてこれらを組み合わせることによって実現できますが，システムが大規模になるにつれて，ゲート・レベルでは機能表現が難しくなってきます．そこで，もう少しまとまった機能を一つのブロックとして扱うと，楽に設計できるようになります．カウンタは，そのようなロジック回路の代表的なものの一つです．

5.1　数のかぞえ方

　カウンタを理解すると，ディジタル・システムの中で計数部分を簡単に設計できるようになり，応用が広がってきます．そこで，カウンタについて説明する前に，ディジタル・システムにおける数値の取り扱いについて理解しておきましょう．

● 2進数と10進数

　まず，これまで扱ってきた"L"，"H"という論理レベルを，"0"，"1"という2進数（バイナリという）に置き換えていろいろな回路の動作を調べてみることにしましょう．表5.1に示したような数の表現法を正論理の表現といいます．現在，ほとんどのシステムは正論理の表現を使っています．これに対して，"0"，"1"を逆にした負論理の表現もありますが，ここでは正論理のみで考えることにします．

表5.1　1ビットのデータ表現（正論理）

ディジタル回路の信号レベル	"L"	"H"
データ	0	1

表5.2 4ビットのデータ
4ビット・データの(1010)は10進数にすると"10"になる.

記　号	D_3	D_2	D_1	D_0
データ	1	0	1	0
重みづけ	$2^3=8$	$2^2=4$	$2^1=2$	$2^0=1$

$$\underbrace{(2^3 \times 1)}_{8} + \underbrace{(2^2 \times 0)}_{0} + \underbrace{(2^1 \times 1)}_{2} + \underbrace{(2^0 \times 0)}_{0} = 10$$

　2進数の情報の単位には，ビットという言葉を使います．**表5.2**に，4ビットの2進数データがどのような形で表現されるかを示してあります．D_0という記号は，2進数のデータを扱うときに最下位の数（LSB：Least Significant Bitと呼ぶ．最上位はMSB：Most Significant Bit）を示しています．

　DはDataの頭文字のDをとったもので，添字の0は2進数の重みづけの乗数です．したがって，D_0は$2^0=1$，すなわち10進数の1を表しています．そして，順次D_1は$2^1=2$，D_2は$2^2=4$，D_3は$2^3=8$となっています．つまり，D_n（nは整数）は2^nとなるわけです．

　表5.2の例では，10進数の10という数を表しています．2進数で表現すると，10進数に比べて桁数が多くなり不便のようですが，ディジタル回路は"L"と"H"の二つの状態しかもっていないので，2進数で扱うのがもっとも適しているのです．

　図5.1は，10ビットの2進数と10進数との対応を示しています．10進数で602という3桁の数は，2進数では10桁，すなわち10ビット必要だということがわかります．1ビットのデータは1個のフリップフロップで記憶できますから，10進数の602という数を記憶するには，フリップフロップが10ビット分，すなわち10個必要ということになるわけです．

　ここでもう少し，記憶できるデータの量についてその呼び方を調べてみましょう．1ビットでは"0"か"1"のどちらかを記憶できるわけですから，これは2進数の1桁に当たります．

　ディジタル・システムの中では，8ビットのデータを一つの情報の組み合わせとして扱う場合が多いので，8ビット・データのことをとくに1バイトという単位で表現しています．すなわち，1バイト = 8ビットとなるわけです．

　また，2進数は情報が多くなってくると桁数も多くなるので，それに対応した呼び方もあります．KとかMとかいう単位がそれで，Kは普通1024という数を表しています．すなわち，1Kビットとは1,024ビットのことです．呼び方は"キロ"です．1Kビット（1024ビット）が1024集まると，1,024 ×

D_9	D_8	D_7	D_6	D_5	D_4	D_3	D_2	D_1	D_0
1	0	0	1	0	1	1	0	1	0

(MSB) ← → (LSB)

一般に，左側がMSB（最大ビット）
右側がLSB（最小ビット）

これを10進にするには

$2^9 \times 1 + 2^8 \times 0 + 2^7 \times 0 + 2^6 \times 1 + 2^5 \times 0 + 2^4 \times 1 + 2^3 \times 1 + 2^2 \times 0 + 2^1 \times 1 + 2^0 \times 0$

$D_9 \quad D_8 \quad D_7 \quad D_6 \quad D_5 \quad D_4 \quad D_3 \quad D_2 \quad D_1 \quad D_0$

$512 + 0 + 0 + 64 + 0 + 16 + 8 + 0 + 2 + 0 = 602$

したがって，2進数と10進数との対応は次のようになる

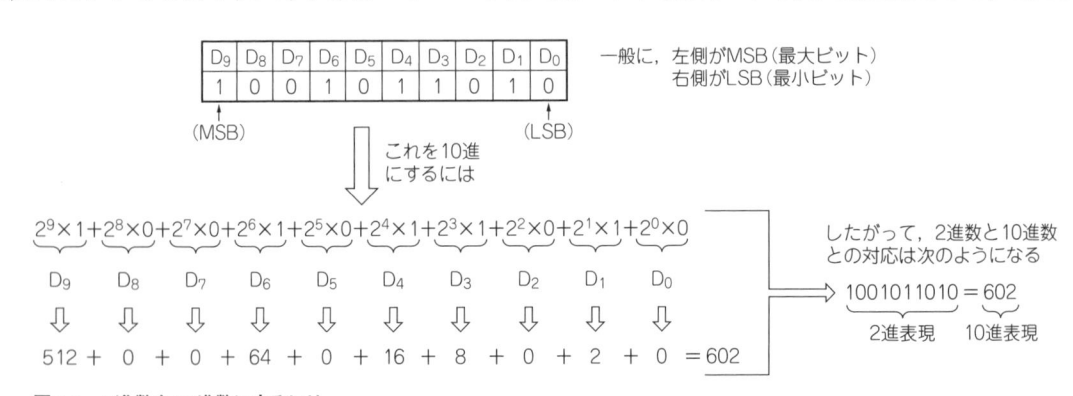

1001011010 = 602
（2進表現）（10進表現）

図5.1　2進数を10進数にするには

表5.3 2進データの情報量の表現方法

名　称	情　報　量
1ビット	"1"または"0"という一つのデータを記憶できる情報の単位
1バイト	8ビットのデータを記憶できる情報の単位
1Kビット	ディジタル・システムの中では普通1,024ビットを表す．バイトで表現すると128バイトに当たる
1Kバイト	1,024×8ビットで8,192ビットに当たる
1Mビット	1,024×1,024ビットで1,048,576ビットに当たる

1,024 = 1,048,576という数になります．呼び方は"メガ"です．これらの情報量の表現をまとめたものを，**表5.3**に示します．

● BCD表現と16進数

ディジタル・システムの中で2進数を扱うには，ある一定の規則が必要であることがわかりましたが，それでは実際にはどのように扱えばよいのでしょうか．

2進数はディジタル・システムの中では非常に扱いやすいのですが，通常の我々の生活の中ではあまりなじみがありません．我々がもっともなじみ深いのは，1，2，3，4…と数えていく10進数でしょう．時間の表現などには12進数や60進数が使われていますが，やはりなんといっても10進数は便利です．したがって，ディジタル回路でシステム設計を行う場合には，10進数をどのような形で扱うかが重要なポイントになってきます．

10進数は，0から9までの10個の数によって1桁を表しています．2進数で10個の組み合わせを表現するには4ビットを使わなければできないので，2進数の4ビットが10進数の1桁に相当するわけです．このことに注目して10進数を表したものに，BCDコードがあります．

BCDとはBinary Coded Decimalの略で，2進化10進数という呼び方をします．すなわち，4ビットの2進（バイナリ）コードのうち，0から9までの10種類のコードのみを使うようにしたものです．したがって，BCDコードでは9（1 0 0 1）以上の数は2桁，すなわち8ビットを使って表現しなければならないのです．9（1 0 0 1）に1を加えると10進数では10になるので，上位桁が1（0 0 0 1），下位桁が0（0 0 0 0）というように表現されます．

4ビットのバイナリ・データは（$2^0 + 2^1 + 2^2 + 2^3 =$）16種類の組み合わせができますが，BCDコードでは残りの6種類（10以上）が表現できないことになります．ディジタル・システムは2進数を使っているために桁数が多くなりがちですから，使わないコードがあるということは非常に効率が悪いということになります．

4ビットのバイナリ・コードをすべて表現できるようになっていれば，データの使用効率はよくなります．すべての4ビット・データを使う場合の表現方法を16進（HEX）表示といいます．10進数の10から15までをAからFまでのアルファベットで表します．このようにすれば，4ビットのバイナリ・データは，0からFまでの1文字によって表示できるわけです．

以上のコードの関係をまとめたものを**表5.4**に示します．また，10進数の281という3桁の数字が，2進，BCD，16進それぞれの表示法でどのように表されるかを**表5.5**にまとめました．

表5.4　BCDコードと16進表示

2進数	BCD	16進表示(HEX)	10進数
0 0 0 0	0 0 0 0	0	0
0 0 0 1	0 0 0 1	1	1
0 0 1 0	0 0 1 0	2	2
0 0 1 1	0 0 1 1	3	3
0 1 0 0	0 1 0 0	4	4
0 1 0 1	0 1 0 1	5	5
0 1 1 0	0 1 1 0	6	6
0 1 1 1	0 1 1 1	7	7
1 0 0 0	1 0 0 0	8	8
1 0 0 1	1 0 0 1	9	9
1 0 1 0	－	A	10
1 0 1 1	－	B	11
1 1 0 0	－	C	12
1 1 0 1	－	D	13
1 1 1 0	－	E	14
1 1 1 1	－	F	15

表5.5　10進数の281をそれぞれのコードで表現する場合

10進	281		
2進	1 0 0 0 1 1 0 0 1		
BCD	0 0 1 0	1 0 0 0	0 0 0 1
16進	1	1	9
(HEX)	(1)	(0 0 0 1)	(1 0 0 1)

16進表現は2進数を4ビットずつ区切ったもの

5.2　カウンタの構成と基本動作

　カウンタの構成は，第4章のフリップフロップが基本になっています．そこで，最初の実験には，フリップフロップを組み合わせることから始めます．

● カウンタの基本回路

　もっとも簡単なカウンタは，フリップフロップ1個で作ることができます．図5.2のトグル・カウンタと呼ばれるものがそれです．これは，フリップフロップの実験で最大動作周波数を求めるために行った回路（図4.29）とまったく同じです．この回路の動作は，クロックが入力されるたびに出力が反転して，0→1→0→1と変化します．

　したがって，出力のデータをみると"0"と"1"の2種類の組み合わせのみになっています．この変化は，よくみるとクロック入力の1/2周期になっていることがわかります．つまり，「クロック2個で出力は元の状態にもどる」という動作をしていることになります．ということで，このような回路を2進カウンタと呼ぶこともあります．

　n進カウンタの動作は，クロックがn個入力されると元の状態にもどるという機能をいいます．したがって，2分周ならば2進カウンタという呼び方になります．

　では，この2進カウンタを図5.3のように2個接続してみましょう．1段目のフリップフロップのクロック入力は，クロックが直接入力されています．2段目のフリップフロップのクロック入力は，1段目のフリップフロップの$\overline{Q}$より信号を取っています．

　動作タイムチャートは，図5.3(b)のとおりです．出力(1)と出力(2)がともに0であった状態から，ク

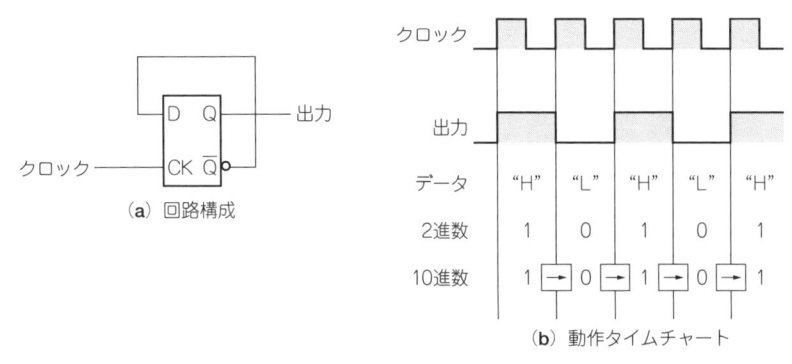

図5.2 フリップフロップで作る1ビットのカウンタ

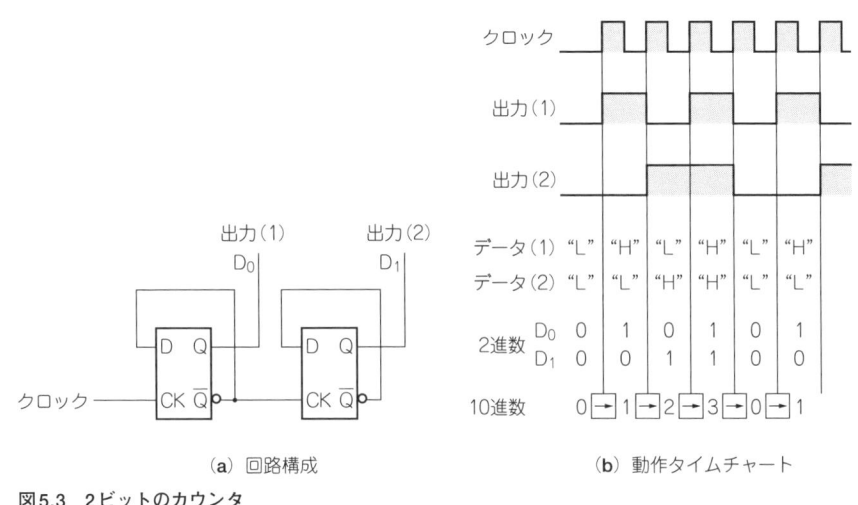

図5.3 2ビットのカウンタ

ロック入力と共にデータが変化し，また両方とも0にもどるためにはクロックが4個必要になります．つまり，**図5.3**(a)の回路は4進カウンタの動作をしていることになるわけです．このとき，出力(1)はデータ(1)D_0に，出力(2)はデータ(2)D_1に相当させています．すると，出力の変化を10進数に置き換えた場合，0→1→2→3→0と変化していくことがわかります．

以上のように，フリップフロップを直列に接続していくとn進カウンタを簡単に構成することができます．しかし，ビット数の多いカウンタをフリップフロップで構成しようとすると配線が大変です．そこで，汎用ロジック・ファミリの中には便利なカウンタICが数多くそろっています．74シリーズの場合は，1パッケージ当たり4ビットのものが大部分です．

4ビットのカウンタは，BCDコードも扱えるため便利です．BCDコードが扱えるということは，10進数1桁が1個のICで計数できるということになります．BCDカウンタとバイナリ・カウンタ(4ビット)の出力変化は，**表5.6**のようになります．CMOSの場合は，ビット数の多いものもあります．

表5.6 BCDカウンタとバイナリ・カウンタの出力の変化

(a) BCDカウンタの出力

10進カウント値	A	B	C	D
0	0	0	0	0
1	1	0	0	0
2	0	1	0	0
3	1	1	0	0
4	0	0	1	0
5	1	0	1	0
6	0	1	1	0
7	1	1	1	0
8	0	0	0	1
9	1	0	0	1

(b) バイナリ・カウンタ(4ビット)の出力

16進コード	A	B	C	D
0	0	0	0	0
1	1	0	0	0
2	0	1	0	0
3	1	1	0	0
4	0	0	1	0
5	1	0	1	0
6	0	1	1	0
7	1	1	1	0
8	0	0	0	1
9	1	0	0	1
A	0	1	0	1
B	1	1	0	1
C	0	0	1	1
D	1	0	1	1
E	0	1	1	1
F	1	1	1	1

● アップ・カウンタとダウン・カウンタ

ところで，カウンタにはアップ・カウンタとダウン・カウンタという二つの動作モードがあります．アップ・カウンタはカウンタの出力がクロック入力によって増加する動作を意味し，反対にダウン・カウンタはカウンタ出力が減少する動作を意味しています．そして，それぞれの動作はカウンタの構成方法により選択することができます．

図5.4に，3ビット・カウンタとそのタイムチャートを示します．回路構成は，トグル動作をするフリップフロップを用い，前段の$\overline{Q}$からクロックをもらうようになっています．

Q_1，Q_2，Q_3をそれぞれ2進数として表すと，000→001→010→011→100→101→110→111→000と変化します．したがって，これを10進数で表すと0から1ずつ増加していることがわかります．この場合は0から7まで増加し，また0にもどっています．一般には，このように数値が増加するものをアップ・カウンタと呼んでいます．

その反対に，出力が−1ずつ変化するカウンタがダウン・カウンタです．図5.5に3ビットのダウン・カウンタの例を示します．回路構成は図5.4とよく似ていますが，フリップフロップは前段のQより供給される点が異なり，タイムチャートを見ると，アップ・カウンタと逆の動作をしていることがわかります．すなわち，7→6→5→4→3→2→1→0→7と，出力が1ずつ減少しているわけです．

ところで，アップ・カウンタとダウン・カウンタのタイムチャートを見ると，おもしろいことに気がつきます．アップ・カウンタとダウン・カウンタの機能がそれぞれ＋1，−1ずつ変化するという点に注目してタイムチャートを見直すと，図5.4と図5.5の回路はそれぞれ同じ機能をもっていることがわかります．それぞれの回路ではフリップフロップのQ出力を使っていますが，図5.6のように$\overline{Q}$出力を使うとアップ・カウンタはダウン・カウンタに，ダウン・カウンタはアップ・カウンタに変わってしまうのです．

図5.4　アップ・カウンタ

(a) 回路図　　(b) タイムチャート

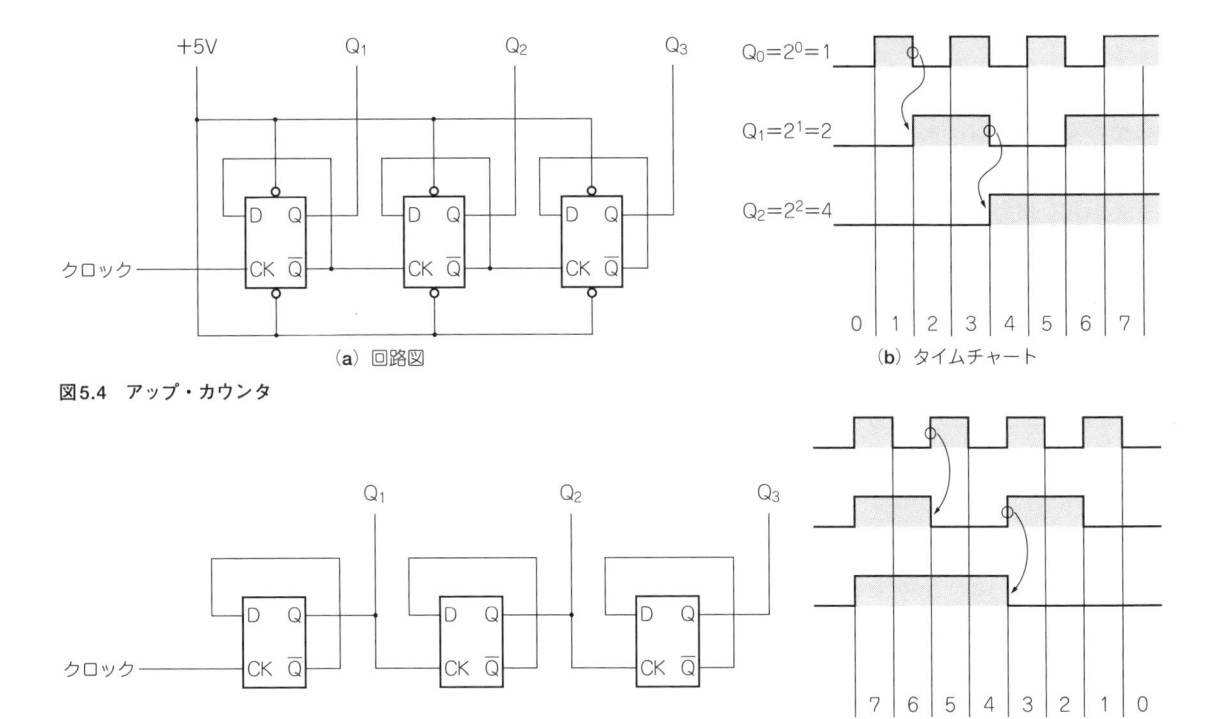

図5.5　ダウン・カウンタ

(a) 回路図　　(b) タイムチャート

したがって，アップ・カウンタとダウン・カウンタの違いは，回路構成そのものにあるのではないことがわかります．出力変化が増加するのか，減少するのかという点が，それぞれの機能の違いになります．

● 非同期カウンタ

フリップフロップを直列に接続するとカウンタを構成することができますが，その中でもっとも簡単なカウンタが前述したようなカウンタです．

図5.4にフリップフロップを3個用いた3ビット・カウンタを示しましたが，回路を見てわかるとおり，フリップフロップ以外のゲートは使用していません．したがって，ほかのいろいろなカウンタに比べて，同じ分周比の場合は最少の部品で構成することが可能です．

図5.4の回路は，それぞれのフリップフロップの$\overline{Q}$出力を自分自身のD入力に接続し，次段のフリッ

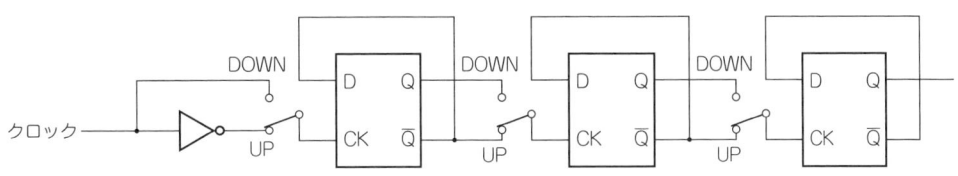

図5.6　アップ・カウンタとダウン・カウンタの切り替え

プフロップのクロックは$\overline{Q}$出力から加えられるようになっています．

この回路の動作波形を**写真**5.1に示します．写真(a)は，フリップフロップにTTLの74LS74を使った場合で，写真(b)はCMOSの74HC74を使った場合です．動作波形を見ると，出力はその値が+1ずつ増加するように変化していますから，アップ・カウント動作をしていることがわかります．3ビットですから，出力は000→001→010→…110→111→000と変化します．

それぞれのフリップフロップの出力は，クロック入力の立ち上がりで変化しますから，Q_1の出力はCK入力の立ち上がりで変化します．Q_2の出力は$\overline{Q_1}$の出力の立ち上がり，すなわちQ_1の出力の立ち下がりで変化します．したがって，フリップフロップの出力が変化するタイミングは，クロック入力からある一定の時間遅れます．たとえば，Q_2の出力変化は，CK入力の立ち上がりからフリップフロップ2段分遅れることになるわけです．また，Q_3の出力変化はCK入力の立ち上がりから3段分遅れます．このようすは，**写真**5.1の動作波形を見るとよくわかります．

写真(a)の74LS74の場合，フリップフロップ1段で約5 ns遅れますから，CKの立ち上がりに対してQ_1の出力変化は約5 ns，Q_2の出力変化は約10 ns，Q_3の出力変化は約15 nsそれぞれ遅れていることがわかります．一方，写真(b)の74HC74の場合は1段の遅れが約40 nsですから，Q_1の出力変化はCKの立ち上がりに対して約40 ns，Q_2の出力変化は約80 ns，Q_3の出力変化は約120 nsそれぞれ遅れるわけです．

このように，たんに直列接続したカウンタは，フリップフロップの段数が多くなればなるほど出力変化がクロックに対して遅れてしまいます．したがって，このようなカウンタのことを非同期カウンタと呼んでいます．非同期カウンタを使うときは，出力変化が同時ではないということを常に意識して回路設計をする必要があります．

● 同期カウンタ

カウンタ出力の変化が，クロック入力に対して同時ではない非同期カウンタに対して，出力変化が同時になるように構成されたカウンタを同期カウンタと呼びます．

同期カウンタは回路構成が複雑ですが，各出力段の出力変化がすべて同時ですから，システム全体

(a) 74LS74　　　　　　　　　　　　　　(b) 74HC74

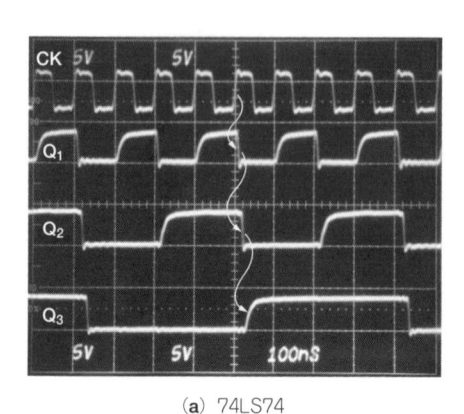

写真5.1 非同期カウンタの動作波形

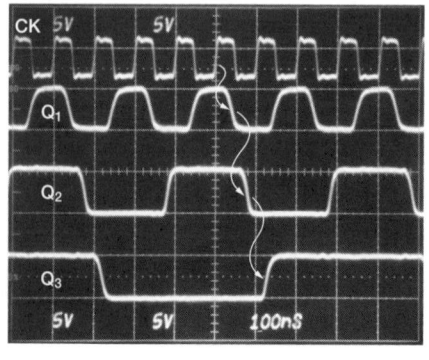

5.2 カウンタの構成と基本動作

のタイミング設計は楽になります．

図5.7に，3ビットの同期カウンタの回路を示します．動作波形は**写真5.2**からわかるように，Q_1とQ_2，Q_3のそれぞれの出力が変化するタイミングはすべてそろっています．

同期カウンタは，フリップフロップのクロック入力がすべて共通になっていますので，非同期カウンタとの区別は簡単にわかります．

回路動作は，Dフリップフロップのd入力に加えられる信号が，自分自身のQ出力と前段の出力状態によって決められるということです．

具体的に**図5.7**の回路を使って，同期カウンタの動作を調べてみることにしましょう．最初にQ_1，Q_2，Q_3の出力がすべて"L"になっているとします．**図5.7**の回路ではとくにリセット信号を加えていませんが，クロックを連続して加えると出力すべてが"L"になるときがあるので，その状態から動作を追ってみることにします．

Q_1の出力は，クロック入力にしたがって2分周を繰り返します．Q_1のフリップフロップは，D入力

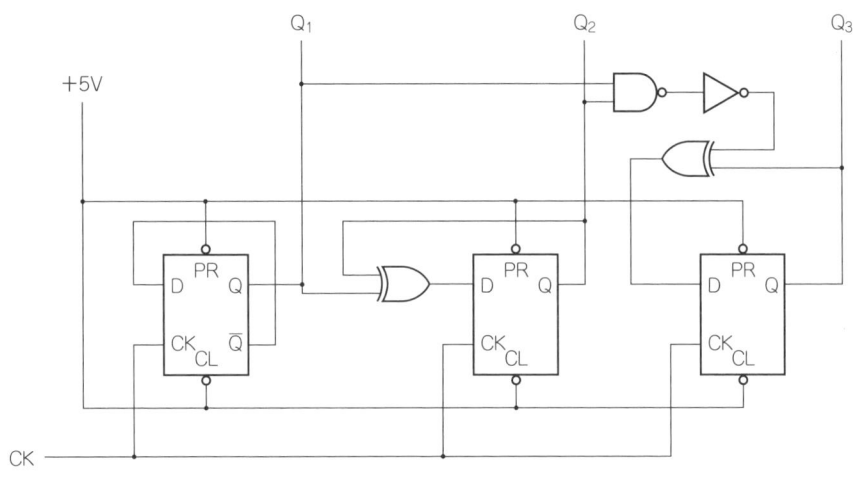

図5.7 3ビットの同期カウンタの回路

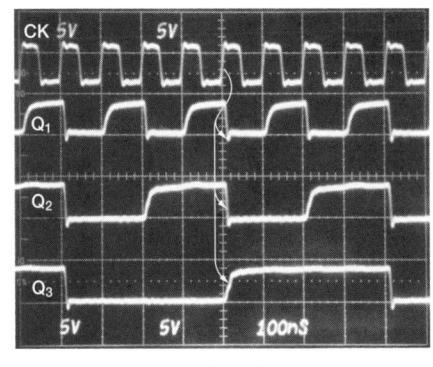

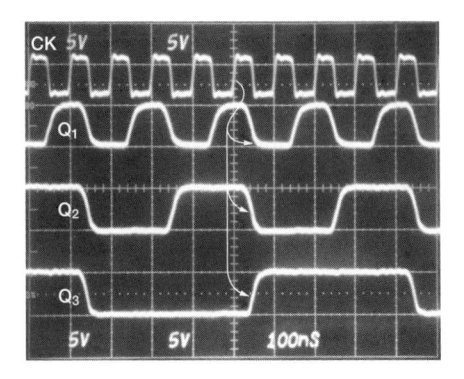

写真5.2 同期カウンタの動作波形
（a）74LS74
（b）74HC74

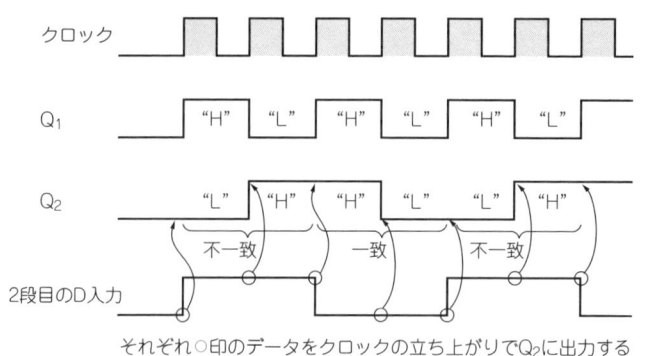

```
         クロック

         Q₁            "H" "L" "H" "L" "H" "L"

         Q₂        "L" "H" "H" "L" "L" "H"
                      ┌─不一致─┐ ┌─一致─┐ ┌─不一致─┐
         2段目のD入力
```

それぞれ○印のデータをクロックの立ち上がりでQ₂に出力する

図5.8 同期カウンタのD入力

が自分自身の$\overline{Q}$だけですから，ほかのフリップフロップの状態に無関係に分周を繰り返すわけです．

2段目のフリップフロップのD入力は，自分自身のQ出力と1段目のQ出力とのEXORを取ったものが加えられています．したがって，1段目のQ出力と2段目のQ出力が一致しているときは"L"が，一致していないときは"H"がD入力に加えられることになります．このようすを**図5.8**に示します．

Q_3の出力は，もう少し複雑になります．1段目と2段目のQ出力のANDをとったものと，自分自身のQ出力がEXORの入力となります．したがって，Q_3の出力が反転（"L"→"H"，"H"→"L"へ変化）するのは，Q_1とQ_2の出力が両方とも"H"になったときになります．

これを一般的に表現すると，同期カウンタ内のn段目のフリップフロップのQ出力は，$(n-1)$段目までのQ出力がすべて"H"になったときに反転動作を行うことになります．

写真5.2の動作波形で上の規則を確認してみましょう．1段目は，常に2分周をしています．Q_2の出力はQ_1が"H"になったときに，それまで"L"であれば"H"に変化し，それまで"H"であれば"L"に変化します．Q_3の出力は，Q_1およびQ_2の出力が同時に"H"になったときに，次のクロックで前の状態が逆転しています．

このように，同期カウンタはその出力変化をあらかじめゲートで決めておき，クロックによってその状態を読み込んで出力するという動作をするわけです．したがって，出力の変化はクロックに対してどの出力段も同時刻になるわけです．

ただし，クロックと出力変化が同時といっても，フリップフロップ1段分の遅れは生じることになります．**写真5.2**では，74LS74の場合に約5 ns，74HC74の場合に約40 nsとなっています．この遅れ時間は，非同期カウンタのQ_1出力遅れと同じです．

出力変化が同じでタイミング設計が楽な同期カウンタも，実は難点があります．それは，フリップフロップを何段も多段接続する場合です．前段のQ出力の状態をすべて検出しなければならないため，段数が多くなると多入力のANDゲートが必要となってくるのです．

すなわち，n段の同期カウンタでは$(n-1)$入力のANDゲートが必要になります．3段や4段ならたいしたことはありませんが，10段も20段も接続するとなると大変です．**図5.9**に，多段接続する場合の同期カウンタの構成例を示します．図からもわかるとおり，段数が多くなると配線そのものもかなり

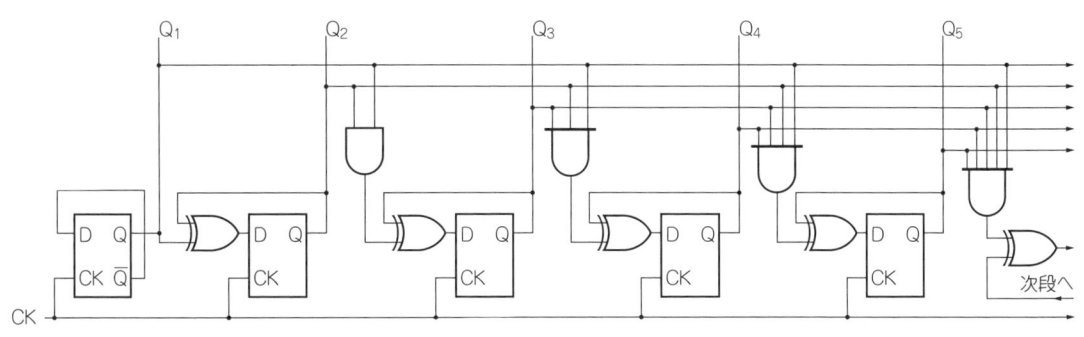

図5.9 多ビットの同期カウンタの構成例

の数になるわけです．

同期カウンタは便利で用途が広いため，ディジタル・システムの中では数多く使われるので，4ビット程度のカウンタを一つのパッケージに収めたカウンタICが多く出まわっています．フリップフロップで同期カウンタを構成するのは，あまり効率的とはいえません．

5.3 カウンタICの利用法

カウンタICには，数多くの機能をもったものがあります．数多くの機能というのは，たんに数をカウントするという機能だけでなく，カウントをリセットしたり，初期値のプリセットができたり，アップ・カウンタとダウン・カウンタを切り替えられるようにしたものなどがあるということです．

カウンタICには計数機能のほかに，リセットやプリセットなど特別な機能があります．**表5.7**に，代表的なカウンタの機能をまとめて示します．

また，**表5.8**にカウンタICの出力データの表現例を示します．プリセット入力というのは，あらかじめデータ出力の状態を決定できるということで，ここにはA，B，C，Dという文字記号が使われます．そして，それぞれの出力はQ_A，Q_B，Q_C，Q_Dとなっています．つまり，A入力に対してはQ_Aの出力が

表5.7 カウンタICの各機能についての用語

用 語	機 能	記号/略号例
クロック（アップ・カウント／ダウン・カウント）	カウンタの計数値を加算または減算させる信号	CK, CLOCK COUNT UP COUNT DOWN
リセット	カウンタのデータをすべて"L"（="0"）にする機能	RESET CLEAR
プリセット	カウンタのデータを外部から任意の値にセットさせる機能	PRESET LOAD
キャリ	カウンタの計数値が最大値になったことを知らせる信号．桁上げ信号	CARRY
ボロー	カウンタの計数値が最小値になったことを知らせる信号．桁下げ信号	BORROW

表5.8 カウンタのデータ表現例（4ビット）

出力	Q_A	Q_B	Q_C	Q_D
2進データ	D_0	D_1	D_2	D_3
プリセット入力	A	B	C	D

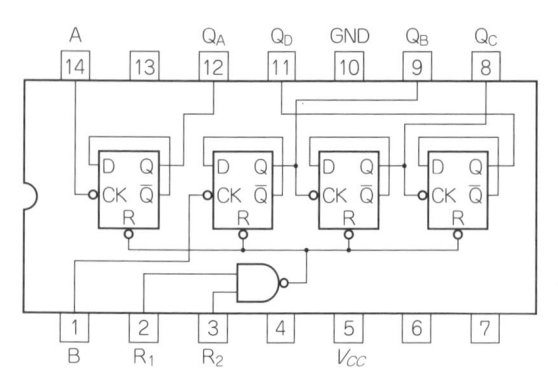

図5.10 7493の内部構成

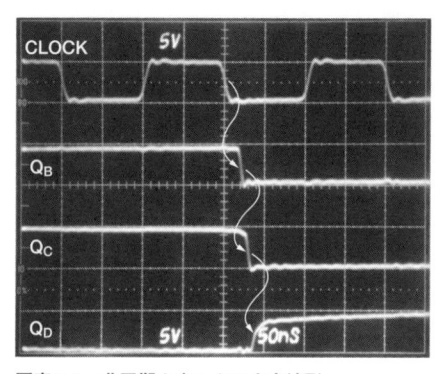

写真5.3 非同期カウンタの出力波形

(a) 2進カウンタ　　(b) 8進カウンタ　　(c) 16進カウンタ　　(d) 16進カウンタ

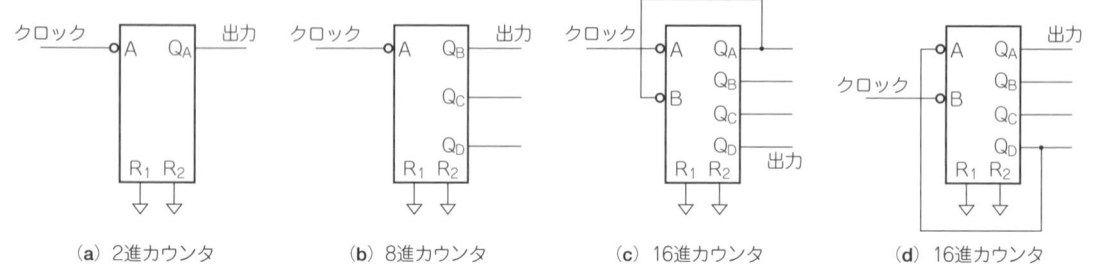

図5.11 7493のいろいろな使い方

対応しています．最小桁のビット D_0 は Q_A にあたります．したがって，それぞれの重みづけは $Q_A = 2^0$, $Q_B = 2^1$, $Q_C = 2^2$, $Q_D = 2^3$ となっています．

以下，代表的なものについて，その利用方法を紹介しましょう．

● **非同期カウンタ7493の使い方**

非同期カウンタの代表的なものとして，7493があります．回路構成は4ビットの非同期アップ・カウンタで，2分周と8分周が別々になっていますが，リセットは共通です．**図5.10**に7493の内部構成を示します．

14ピンからクロックを入力すると，その1/2の出力が12ピンから得られます．また，1ピンからクロックを入力すると，下位のビットから9ピン，8ピン，11ピンの順で8進カウンタの出力が得られます．したがって，7493を1個で2進カウンタ，8進カウンタ，16進カウンタの3種類の使い方が可能になります．それぞれの使用法を，**図5.11**に示します．図(c)と図(d)は同じ16進カウンタですが，クロックの入れ方を変えてあるために，**図5.12**のように出力 $Q_A \sim Q_D$ の変化が異なります．$Q_A \sim Q_D$ を順にカウンタの出力として使う場合は，図(c)の接続方法を使います．

7493で，実際に**図5.11**(c)の使い方をした場合の出力波形を**写真5.3**に示します．非同期カウンタの特徴である出力波形のずれが生じていることがわかります．7493に使用されているフリップフロップ1段当たりの遅れは約10nsとなっており，Q_D出力の変化はクロックの立ち下がりから約40nsずれてい

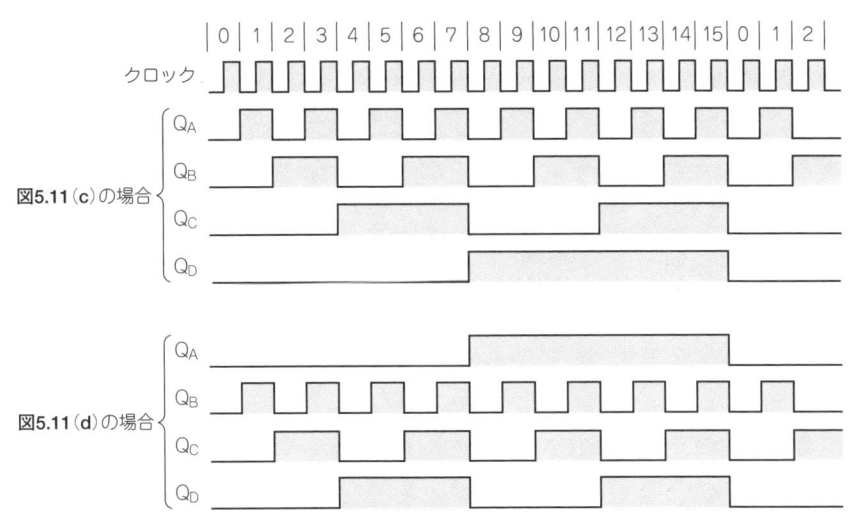

図5.12　7493 を使った16進カウンタのタイムチャート

ます．
▶ゲートを通すとひげがでる

図5.13 に，7493 の出力から NOR ゲートと NAND ゲートを通して信号を作る場合の回路を示します．図(a)の場合は，NOR ゲートの出力には Q_B と Q_C の出力の切り替わり時にひげが発生しています．これに対し，図(b)の場合は NAND ゲートの出力にはひげが発生していません．システムの動作にもよりますが，このような細いパルス（7493 の場合はフリップフロップ1段の遅れが約 10 ns なので，パルスの幅も約 10 ns となる）は誤動作の原因にもなりやすいので注意しなければなりません．

一般に，このような細いパルスはハザードと呼ばれ，非同期の回路では必ずといってよいほど発生します．したがって，安定な回路を作るにはこのようなひげが発生しないようにできるだけ抑えることや，たとえひげが発生してもその影響がないようにシステムを組む必要があります．

大きなディジタル・システムでは，いろいろなところで発生するひげやゲートの遅れをすべてチェ

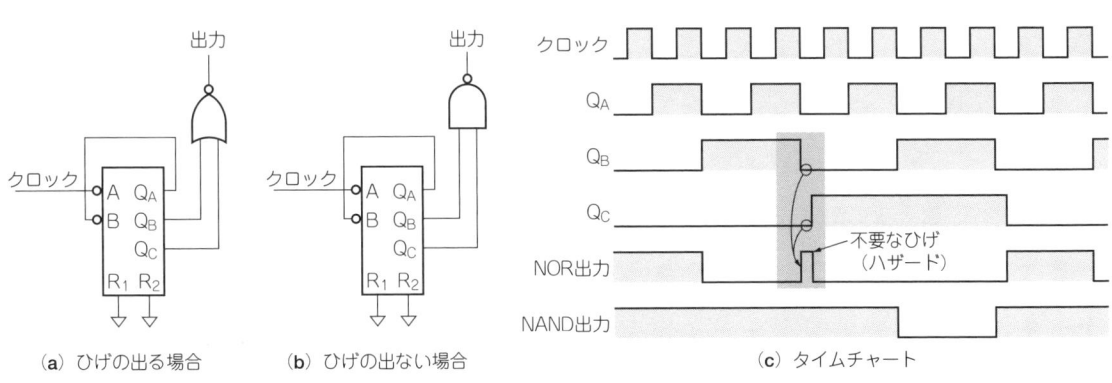

(a) ひげの出る場合　　(b) ひげの出ない場合　　(c) タイムチャート

図5.13　非同期カウンタの出力からゲートを通して信号を作る場合

ックするのは大変ですので，ほとんどの回路は同期式になるように設計されています．同期式であれば，クロックの変化と出力信号の変化が同一なので，ゲートを通してもひげが出る心配はなくなります．厳密にはゲートを通すことで同期回路でもひげは発生しますが，フリップフロップ出力の変化が同じタイミングなので，ゲート遅れ分によるひげのみを考慮すればよいことになります．

非同期カウンタは同期カウンタに比べて回路構成が簡単ですが，その特徴をよく理解して使用しなければなりません．

● **同期カウンタ74161/163の使い方**

同期カウンタの代表的なものとして，74161/163の2種類があげられます．それぞれの機能は，次のようになっています．

　74161…同期式4ビット・バイナリ・カウンタ，ダイレクト・リセット付き
　74163…同期式4ビット・バイナリ・カウンタ，クロック同期リセット付き

図5.14に，ピン接続図を示します．

▶ リセット動作の相違点

74161と74163の違いはダイレクト・リセットかクロック同期リセットかということですが，この動作を図5.15に示します．ダイレクト・リセットはその名のとおり，リセット信号が入ると図(a)のようにほかの入力端子の状態に関係なくカウンタ出力を0にします．

これに対してクロック同期リセットとは，リセット信号が加わってもすぐにカウンタ出力は0になりません．図(b)のようにリセット信号が加わっている状態で，クロックが入力されて初めて出力が0になるという動作をするものです．したがって，74163はカウンタのすべての動作，（カウント，プリセット，リセット）がクロックに同期して行われることになるわけです．

▶ 各カウンタの共通機能

次に，74161/163に共通する動作について調べてみましょう．

カウント動作はクロックの立ち上がりに同期して行われ，すべてアップ・カウント動作となります．カウンタのリセット（$\overline{\text{CLEAR}}$）は，"L"レベルが入力されることで行われます．同期リセット動作の74163は，$\overline{\text{CLEAR}}$が"L"の期間中の最初のクロックの立ち上がりでカウンタは出力がすべて"L"に

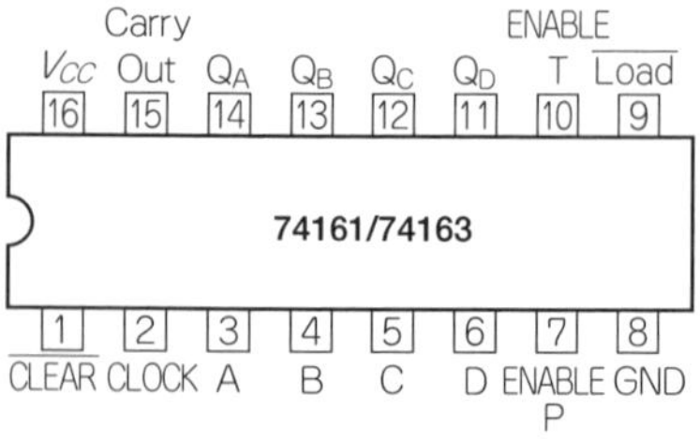

信号名	入力/出力	機能
$\overline{\text{CLEAR}}$	入力	カウンタのリセット入力．"L"リセット，"H"カウント
$\overline{\text{LOAD}}$	入力	A〜Dのデータ入力をカウンタにプリセットするための端子．"L"プリセット，"H"カウント
Carry Out	出力	桁上がり信号
ENABLE P	入力	カウント・コントロール入力端子．"H"：カウント，"L"：カウント停止
ENABLE T	入力	カウント・コントロール入力端子．"H"：カウント，"L"：カウント停止

図5.14　74161/163のピン接続図

(a) ダイレクト・リセット動作（74161）　　(b) 同期リセット動作（74163）

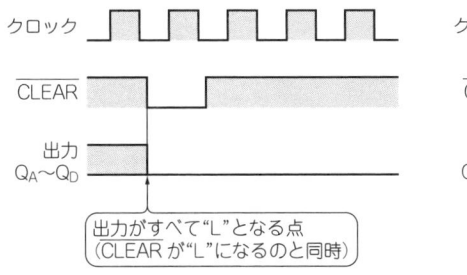

図5.15　ダイレクト・リセットと同期リセット

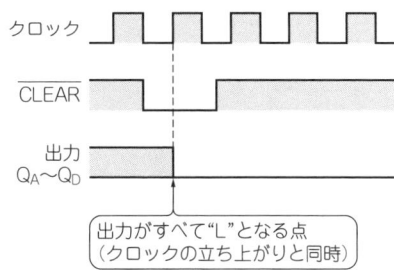

なります．したがって，リセット信号が"L"の間にクロックが入力されないとカウンタはリセットされません．$\overline{\text{CLEAR}}$に加える信号が1クロックより短いときは，リセットしたりしなかったりして動作が不安定になる可能性があります．このようすを，**図5.16**に示します．

データのプリセットは，$\overline{\text{LOAD}}$端子が"L"のときに行われます．そして，このプリセット動作はすべてクロックの立ち上がりに行われます．したがって，プリセット信号は同期リセット動作と同じように，クロックの1周期よりも長いパルスを加えなければなりません．

カウント・コントロールのPとTは，カウンタのカウント動作そのものをコントロールします．この二つの端子に加えられる信号が，両方とも"H"にならなければカウンタは動作しません．したがって，カウンタを何段かカスケード(直列)接続するときの桁上げコントロールとして使用することができます．

Carry Out(キャリ出力)は，カウンタが最大値になったとき，1クロックの周期だけ"H"になります．つまり，15となったときに出力されるわけです．

▶実際のICの動作

74LS161の出力変化とクロックのタイミングを調べてみましょう．実験回路を**図5.17**，**写真5.4**にクロックと各出力変化の実験結果を示します．Q_B，Q_C，Q_Dの各出力は，クロックの立ち上がりから約15 ns遅れて変化しています．そして，各出力はすべて変化するタイミングがそろっていることがわかります．74LS161は同期カウンタですから，このように出力変化のタイミングはそろっているのです．

▶最大周波数の限界

次の実験は，カウンタの高速動作です．個別のフリップフロップなどで構成したカウンタは，あま

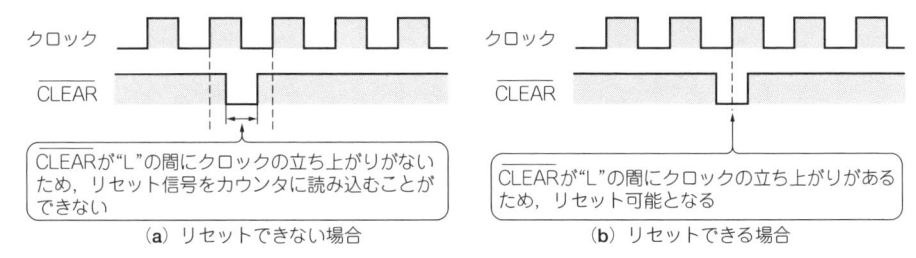

(a) リセットできない場合　　(b) リセットできる場合

図5.16　リセット信号がクロックの1周期より短いとき

第5章

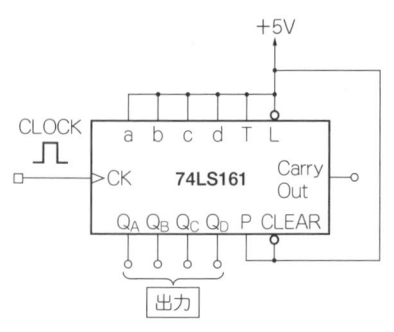

図5.17　74LS161の実験回路

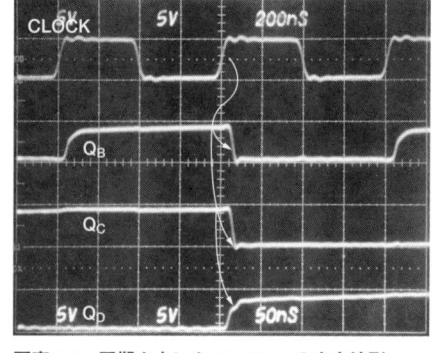

写真5.4　同期カウンタ74LS161の出力波形

（a）74HC161　　　　　　　　　　　　　（b）74LS161

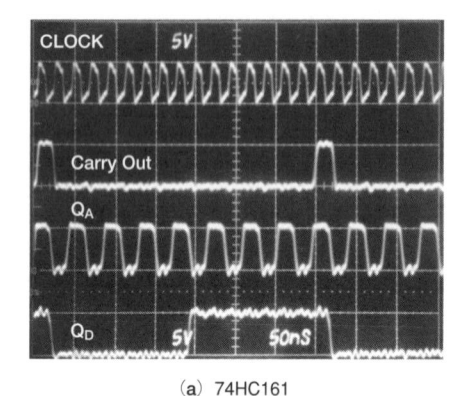

写真5.5　カウンタの高速動作（$f=45$ MHz）

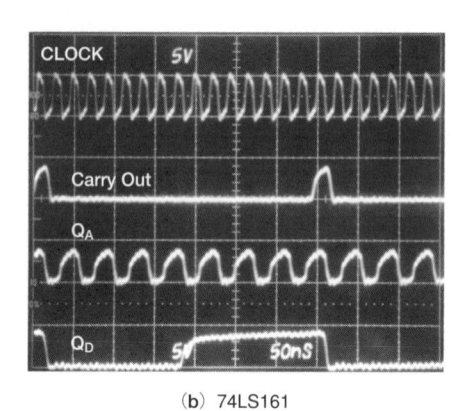

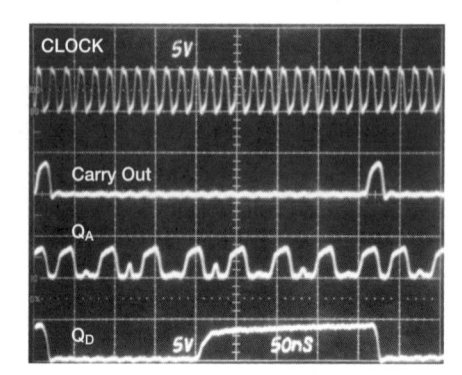

（a）74HC161　　　　　　　　　　　　　（b）74LS161

写真5.6　カウンタの高速動作（$f=55$ MHz，不安定な動作）

り高速な動作をさせることはできません．配線の負荷容量の影響などがあるためです．それに対して，ICの同期カウンタはどれくらいの周波数まで動作するのでしょうか．

　写真5.5に，74LS161（TTL）と74HC161（CMOS）を45 MHzのクロックで動作させたときの出力波形を示します．ここでは，どちらのカウンタも正常な動作をしています．クロックをさらに上げるとど

(a) 周波数が低い場合

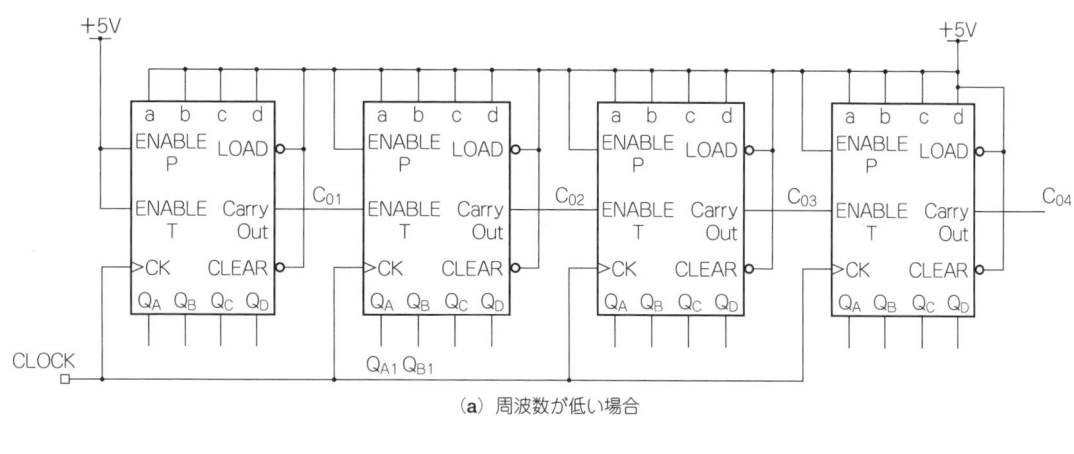

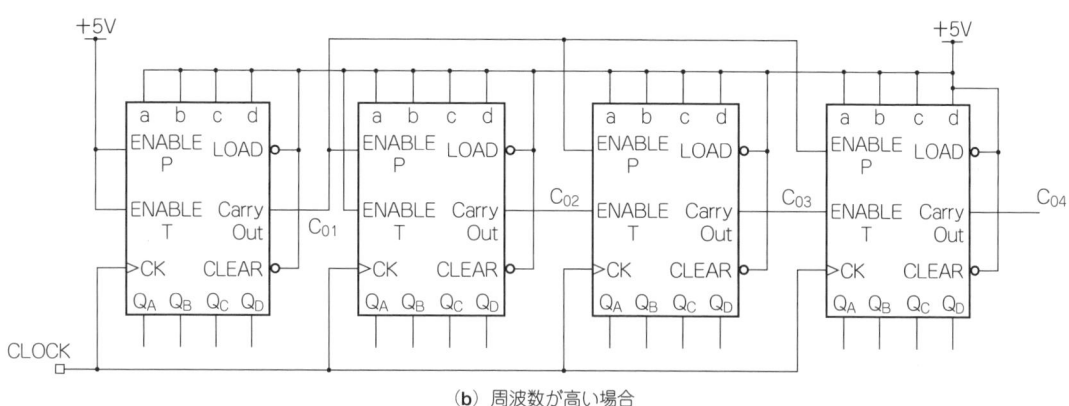

(b) 周波数が高い場合

図5.18 74161/74163のカスケード接続

うなるでしょうか．写真5.6に，クロック周波数を55 MHzにしたときのカウンタ出力波形を示します．74HC161は正常な出力ですが，74LS161は出力波形が正常な動作をしていないことを示しています．

▶カスケード（多段直列）接続

4ビットまでのカウンタはIC 1個ですみますが，それ以上の段数が必要になった場合はどうすればよいでしょうか．カウンタICは，この要求に簡単に対応できるようになっています．具体的には，Carry Out信号とカウント・コントロール入力を使うのです．

カウンタをカスケード（直列）接続する場合の構成を，図5.18に示します．図(a)も図(b)も動作はまったく同じです．図(a)は周波数が低い場合，図(b)は周波数が高い場合に使用する回路です．この高いか低いかを判断する周波数は，この場合は約20 MHzです．

カスケード接続したときの全体の動作波形を写真5.7に示します．回路接続の違いによる周波数への依存は，実はCarry Out信号の遅れにあるのです．図5.18(a)のCarry Out信号を写真5.8(a)に，図5.18(b)のCarry Out信号を写真5.8(b)に示します．

写真5.8(a)では，C_{01}，C_{02}，C_{03}とCarry Out信号がクロックの立ち上がりから順次遅れているのがわかります．そして，C_{03}はクロックの立ち上がりから約50 ns遅れているのです．Carry Out信号はカ

ウント・コントロールの信号として使用していますから，次のクロックの立ち上がりまでに安定している必要があります．したがって，C_{03}が約50 ns遅れているということは，クロックの1周期が50 nsまでの周波数しか扱えないということになるのです．

50 nsの周期は，周波数に直すと20 MHzになります．したがって，図5.18(a)の4段接続したカウンタでは，クロック周波数が20 MHz以上になると正常に動作できなくなります．これに対して，図5.18(b)の回路では，Carry Outと信号の遅れはC_{01}の分だけですので高速動作が可能です．C_{01}の遅れは約30 nsですから，クロック周波数としては約33 MHzまで動作可能ということになります．

また，図5.18(a)の回路では，カスケード接続するカウンタの段数が多くなればなるほどCarry Out信号は遅れてくるので，使用可能なクロック周波数は低くなります．これに対して，図5.18(b)の回路では，Carry Out信号の遅れはカウンタが何段接続されてもC_{01}の遅れだけですので，約33 MHzまでは動作します．図(a)と図(b)とは，接続が異なるだけで機能はまったく同じですから，実際には図5.18(b)の回路を使用したほうがよいでしょう．

なお，同期カウンタのカウント・コントロール入力PとTは，図5.19のようになっています．P入力は自分自身のカウント・コントロールを，Tは自分自身のカウント・コントロールと次段へのCarry

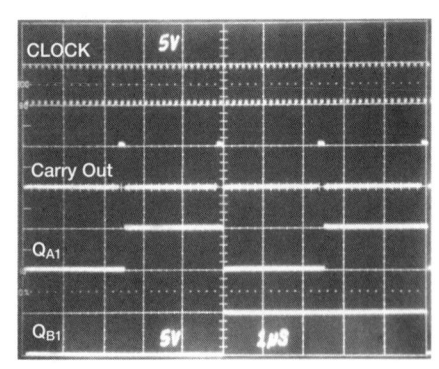

写真5.7 図5.18(a)の動作波形

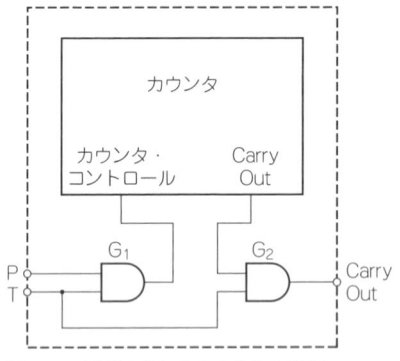

図5.19 同期カウンタのカウンタ制御

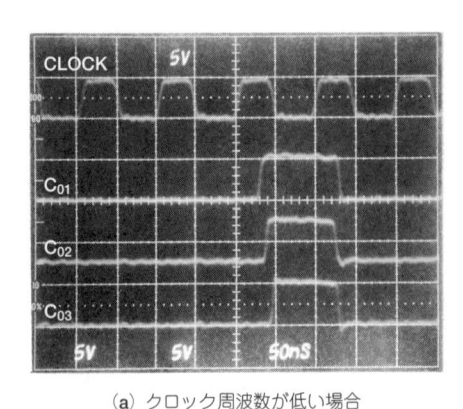

(a) クロック周波数が低い場合

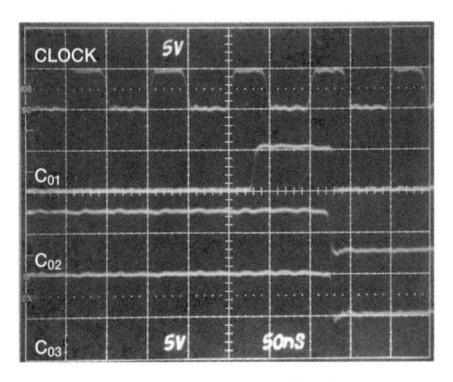

(b) クロック周波数が高い場合

写真5.8 Carry Outの動作波形

Out信号を作っているわけです．したがって，図5.18(a)のように，Carry Out信号をカウンタの内部を通して伝達するようになっている場合は，カスケード接続するカウンタの段数が増えればそれだけ多くの遅延が生じることになります．

● アップ/ダウン・カウンタ 74193

　アップ/ダウン・カウンタは，アップまたはダウン・カウンタとしてそれぞれ任意に使用できるもので，いろいろな使い道があります．この使用法をマスタすることはディジタル回路を設計するうえで重要なポイントになります．カウンタICの中で，アップ/ダウン・カウンタとしてよく使用されるのは74193です．これは，4ビット・バイナリの同期式カウンタです．

▶各端子の使用法

　図5.20に74193のピン接続図を示します．また，図5.21に74193の動作タイムチャートを示します．この例では，まずⒶ点でCLEAR端子に"H"を加えています．CLEAR，すなわちカウンタのリセットを行うには，この端子に"H"を加えればよいのです．"H"が加わっている間は，ほかの入力がどんな状態になっていても，カウンタの出力はすべて"L"になります．したがって，通常のカウンタ動作を行っているときは，この端子は必ず"L"にしておく必要があります．

　Ⓑ点では$\overline{\text{LOAD}}$端子を"L"にして，A，B，C，Dの入力端子よりカウンタに4ビットのデータをプリセットしています．この$\overline{\text{LOAD}}$端子が"L"になっている間は，カウント動作をしません．すなわち，クロックを入力しても，Q_A出力にはA入力とデータが，Q_B出力にはB入力のデータが，同様にQ_C，Q_D出力もそれぞれC，D入力に加えられているデータが出力されます．そして，$\overline{\text{LOAD}}$信号が"L" → "H"になった瞬間にA，B，C，D入力に加えられていたデータがカウンタに記憶（プリセット）され，$\overline{\text{LOAD}}$入力が"H"の間はA，B，C，Dの各入力がどんなに変化しても，カウンタの動作に影響を与えません．

　ここで注意しなければならないことが二つあります．一つは，$\overline{\text{LOAD}}$信号が"L" → "H"になる前後のA，B，C，D入力の状態を安定にすることです．74LS193のカタログ上ではデータ・セットアップ時間は24 ns，データ・ホールド時間は0 nsとなっているので，$\overline{\text{LOAD}}$信号が立ち上がる前の24 ns間のデータを安定にすればよいことになります．二つ目は，$\overline{\text{LOAD}}$信号が"L" → "H"になると同時にクロック（アップ・カウント入力およびダウン・カウント入力）を加えないことです．カタログ上では，18 ns以上離せば安定に動作することを保証しています．

　図5.21のタイムチャートでは，カウンタにF(1 1 1 1)をプリセットしていますので，Q_A，Q_B，Q_C，Q_Dは"H"となっています．

　Ⓒ点でアップ・カウントの入力が加えられています．カウンタのカウント動作はクロックの立ち上がりで行われますので，Ⓒ点で出力は0(0 0 0 0)となり，次にもう一発アップ・カウントのクロック信号が入力されると出力は1(0 0 0 1)となります．

▶カウンタの実際動作

　図5.22に74193(4ビット・バイナリ・カウンタ)をアップ・カウンタとして使用する場合，図5.23にダウン・カウンタとして使用する場合の接続図を示します．

また，**写真5.9**に，74LS193をアップ・カウント動作およびダウン・カウント動作をさせた場合の動作波形を示します．キャリ信号はアップ・カウント動作時のみ発生し，またボロー信号はダウン・カウント動作時のみ発生するようになっているのがわかると思います．

▶カスケード接続動作

74193は4ビットのカウンタですが，これをカスケード接続することによって，nビットのアップ/ダウン・カウンタを簡単に構成することができます．**図5.24**に，74LS193を3個用いた12ビット・バイナリ・カウンタの例を示します．また，**写真5.10**に動作波形を示します．この写真のBORROW信号とCARRY信号は，1段目のものです．

図5.24のカスケード接続されたカウンタの使い方は簡単です．アップ・カウントさせたいときはCLOCK1の入力に信号を加えればよく，ダウン・カウントさせたいときはCLOCK2の入力に信号を加えればよいのです．

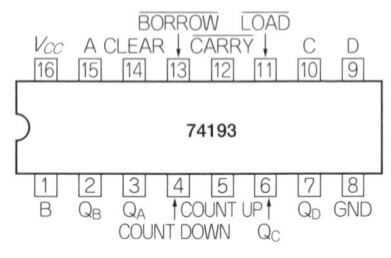

信号名	入力/出力	機　能
COUNT UP	入力	アップ・カウント動作をさせるためのクロック入力
COUNT DOWN	入力	ダウン・カウント動作をさせるためのクロック入力
$\overline{\text{LOAD}}$	入力	A～Dのデータ入力をカウンタにプリセットするための端子．"H"：カウント動作，"L"：プリセット
$\overline{\text{CARRY}}$	出力	アップ・カウント動作時の桁上がり信号出力
$\overline{\text{BORROW}}$	出力	ダウン・カウント動作時の桁下がり信号出力
CLEAR	入力	カウンタのリセット入力，"L"：カウント，"H"：リセット

図5.20　74193のピン接続図

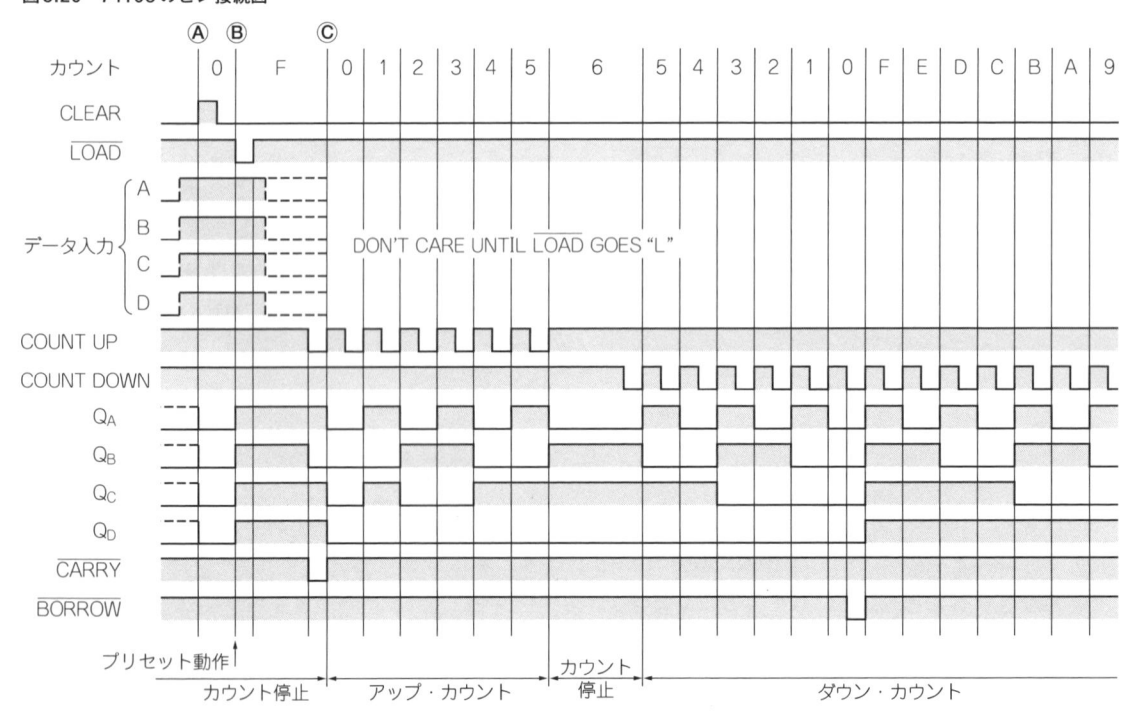

図5.21　74193の動作タイムチャート

5.3 カウンタICの利用法

また，この例ではCLEAR端子はすべて0Vになっていますが，外部からリセットをかけたいときはすべてのCLEAR端子を共通にしてリセット信号を加えます．リセット信号としては，通常は"L"レベルで，リセットしたいときに"H"レベルを加えるようにします．

74193のカスケード接続は何段でも可能ですが，CARRY信号とBORROW信号が次段のクロック入力となっているため，完全な同期式とはいえません．したがって，カスケードの段数が増えるにつれ

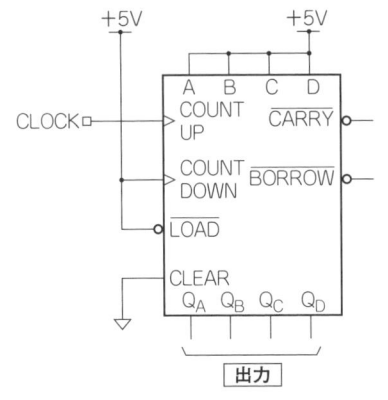

図5.22 74193をアップ・カウンタとして使用する場合

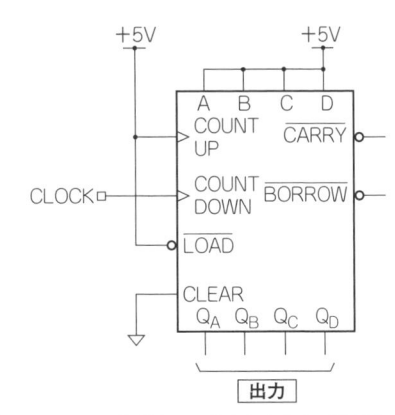

図5.23 74193をダウン・カウンタとして使用する場合

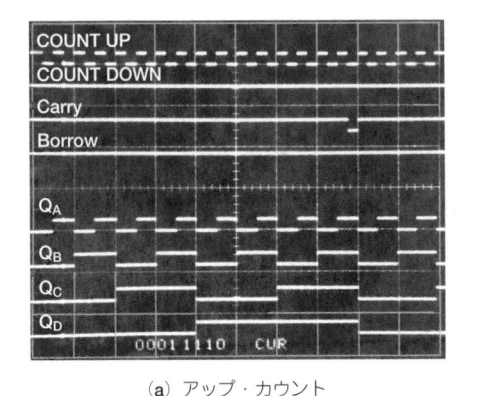

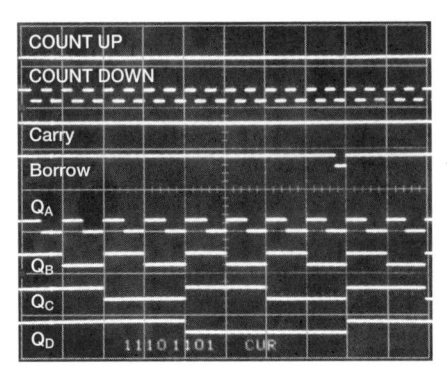

(a) アップ・カウント

(b) ダウン・カウント

写真5.9 74LS193の動作波形

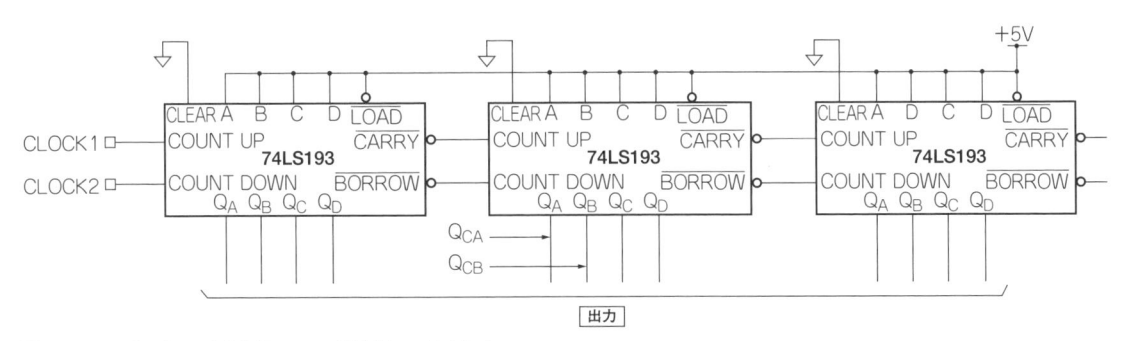

図5.24 12ビット・バイナリ・アップ/ダウン・カウンタ

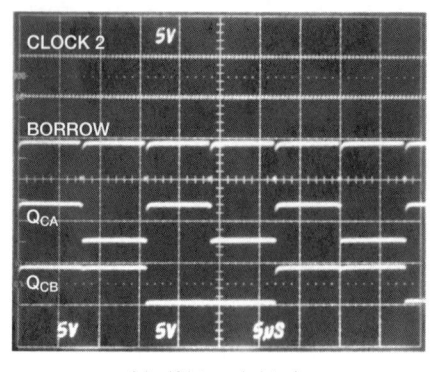

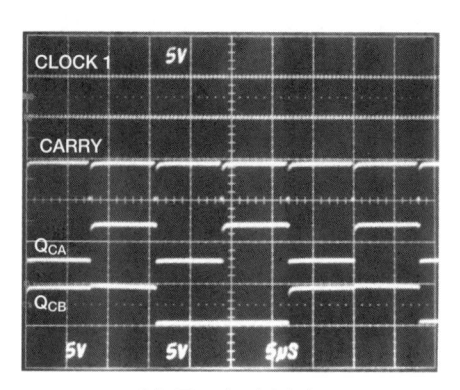

(a) ダウン・カウント　　　　　　　　　　　　(b) アップ・カウント

写真5.10　74LS193のカスケード接続時の波形

て最終段のカウンタの出力変化は遅くなってきます．クロック入力からCARRY出力，BORROW出力までの遅れは，typ値で15〜20 ns（74LS193の場合）ぐらいありますから，**図5.24**の回路の出力位相は最初の段と最後の段とで約30〜40 ns（74LS192の場合）ぐらいずれるということになります．

完全に同期した多段のアップ/ダウン・カウンタが必要な場合は，各カウンタの$\overline{\text{CARRY}}$信号とアップ・カウント信号，および$\overline{\text{BORROW}}$信号とダウン・カウント信号を，それぞれゲートを通して最初のカウンタのクロック入力と位相を合わせます．

5.4　4000/4500 CMOSファミリ特有のカウンタIC

CMOSの4000/4500ファミリには，74シリーズにはない複雑な機能をもったカウンタがいくつかあります．ここでは，4000/4500シリーズの中の代表的なカウンタICについて紹介します．

● 多段バイナリ・カウンタ 4020/4040/4024

もっとも簡単なカウンタは，分周などに使用するバイナリ・カウンタです．ところが，分周する段数が多くなるとICの数が増えてしまうので，配線が大変になります．そのため，多段の分周に便利なICがたくさんあります．ほとんどは非同期カウンタですので，使用する際には注意が必要ですが，分周用であればとくに問題ないのが普通です．**表5.9**に示すような多段バイナリ・カウンタがあります．

また，非同期カウンタは，その出力変化が波のように連続してずれていくことからリプル・キャリのカウンタとも呼ばれています．

▶ 14段リプル・カウンタ 4020

図5.25に，14段リプル・カウンタ 4020のピン接続図と内部ロジック構成を示します．最大分周比は$2^{14}(=16,384)$となりますが，ICのピン数の関係からQ_2とQ_3の出力は外部に出ていません．

図5.26に実験回路を，**写真5.11**にクロック周波数が1 MHz（1 μs）のときの動作波形を示します．Q_{14}の出力には16.384 msの分周波形が得られていることがわかります．

時間軸を拡大してQ_1とQ_4，Q_5の出力変化を示したのが，**写真5.12**です．それぞれの出力変化点は

5.4 4000/4500 CMOSファミリ特有のカウンタIC

表5.9 非同期バイナリ・カウンタの種類

品種名	出力ピン																								f_{CK} (typ)	パッケージ
	Q_1	Q_2	Q_3	Q_4	Q_5	Q_6	Q_7	Q_8	Q_9	Q_{10}	Q_{11}	Q_{12}	Q_{13}	Q_{14}	Q_{15}	Q_{16}	Q_{17}	Q_{18}	Q_{19}	Q_{20}	Q_{21}	Q_{22}	Q_{23}	Q_{24}		
4020	○	-	-	○	○	○	○	○	○	○	○	○	○	○	-	-	-	-	-	-	-	-	-	-	10 MHz	16ピン
4024	○	○	○	○	○	○	○	-	-	-	-	-	-	-	-	-	-	-	-	-	-	-	-	-	8 MHz	14ピン
4040	○	○	○	○	○	○	○	○	○	○	○	○	-	-	-	-	-	-	-	-	-	-	-	-	10 MHz	16ピン
4521	-	-	-	-	-	-	-	-	-	-	-	-	-	-	-	-	-	○	○	○	○	○	○	○	10 MHz	16ピン

○印：出力あり　－印：出力なし

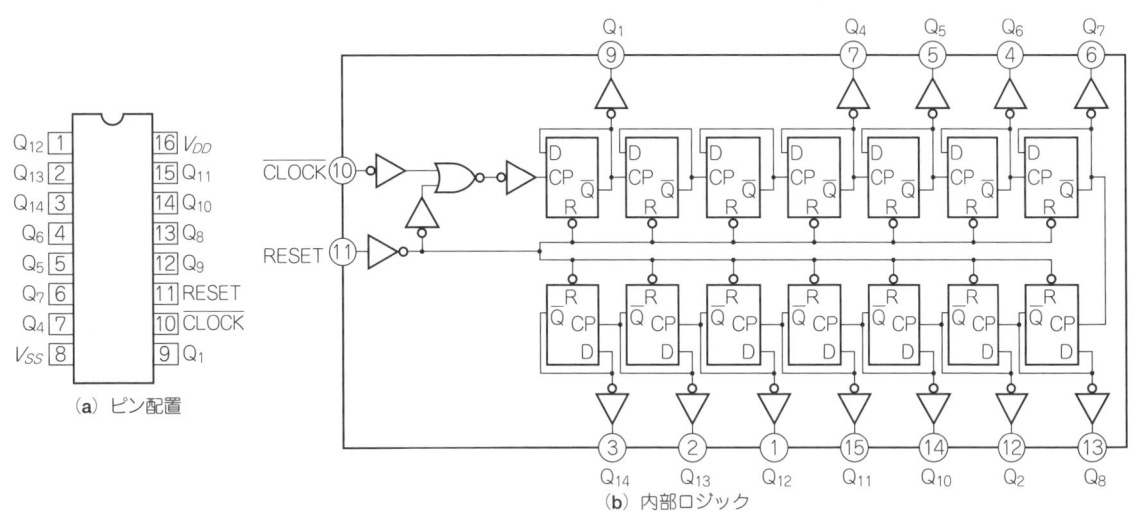

(a) ピン配置

(b) 内部ロジック

図5.25　14段リプル・カウンタ4020の構成

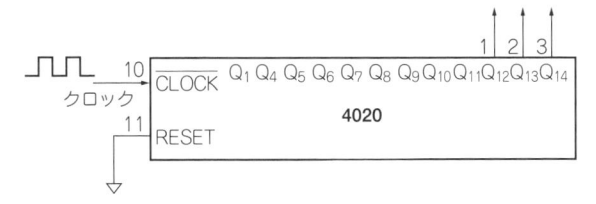

図5.26　4020の実験回路

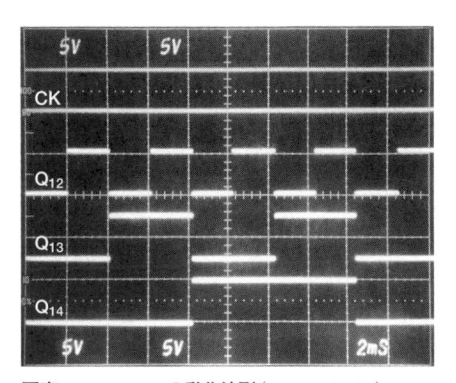

写真5.11　4020の動作波形（$f_{CK} = 1$ MHz）

クロック・パルスの立ち上がりになっていることがわかると思います．また，非同期カウンタですから，出力変化は後段になるにしたがって遅れています．

写真5.13に，その遅れ時間を観測した波形を示します．クロックの立ち下がりからQ_1の立ち下がりまで約70 nsあることがわかります．すなわち，フリップフロップ1段の遅れが70 nsとなっているのです．したがって，Q_4およびQ_5の出力変化の遅れは，クロックに対して70 ns×4 = 280 ns，70 ns×5 = 350 ns，それぞれずれていることになります．

クロック周波数を上げて10 MHzとしたときの動作波形を，**写真5.14**に示します．4020の最大動作周波数は，フリップフロップ1段当たりの遅れが約70 nsですから，1/70 ns＝約14.3 MHzになると予想されます．ICにばらつきもありますが，実験に使ったICでは約12 MHzで誤動作を起こしてしまいました．カタログ上では，V_{DD}＝5 Vのときが標準で10 MHz，最悪（保証値）で3.5 MHzとなっています．また，4000シリーズはV_{DD}＝15 Vの動作も可能ですので，そのときは標準25 MHz，最悪12 MHzとなっています．

▶ 12段リプル・カウンタ4040

4040は，12段のフリップフロップが入ったバイナリ・カウンタです．出力は，すべて外に取り出されています．**図5.27**に，ピン接続図と内部ロジック構成を示します．実験回路は**図5.28**に示すとおりです．動作波形を**写真5.15**に示します．クロック周波数1 MHzの場合，最大4.096 msの出力を取り出すことができます．

バイナリ・カウンタの段数が必要な分周比に足りないときは，カウンタを直列接続して増やすことができます．接続方法は簡単で，カウンタICの最終段の出力を次のカウンタのクロックに接続するだけです．

図5.29に，4040を3段直列に接続した回路を示します．分周段数は12×3＝36段となります．これは，約687億分の1の分周が得られるわけです．クロック周波数が1 MHzの場合，19時間5分19秒周期の出力を得ることができます．

バイナリ・リプル・カウンタには，このほか7段のフリップフロップをもった4024というICがあります．この構成を**図5.30**に示します．使い方は，前述した4020や4040とまったく同じです．

● 発振回路内蔵24段カウンタ4521

4521は発振回路を内蔵したバイナリ・カウンタで，1個で最大2^{24}の分周をすることが可能です．

図5.31に，4521のピン接続図と内部ロジック構成を示します．発振回路には水晶，セラミック，CRのいずれでも使用できます．また，外部クロックを入力して，分周動作だけをさせることもできます．

図5.32に，分周に使用する場合の実験回路を示します．IN_2からクロックを入力し，Q_{22}とQ_{23}，Q_{24}から出力を取り出しています．**写真5.16**に，クロック周波数が10 MHzのときの動作波形を示します．

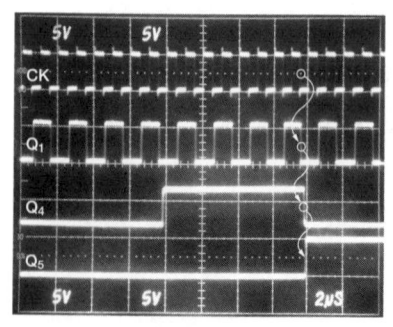

写真5.12　4020の動作波形（時間軸拡大） 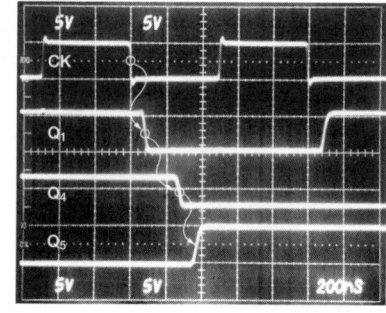　　写真5.13　4020での出力段遅れ 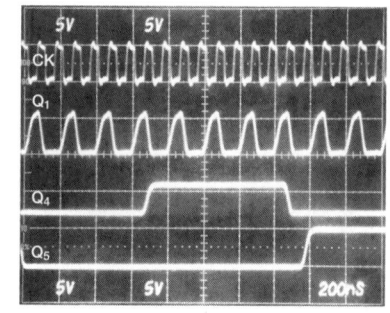　　写真5.14　4020の動作波形（f_{CK}＝10 MHz）

5.4 4000/4500 CMOSファミリ特有のカウンタIC

Q_{24}から,周期が約1.7秒の出力を取り出せます.

▶水晶発振,セラミック発振のとき

水晶(セラミック)発振をさせるときは,周波数によって回路が少し異なります.1MHz以上の水晶

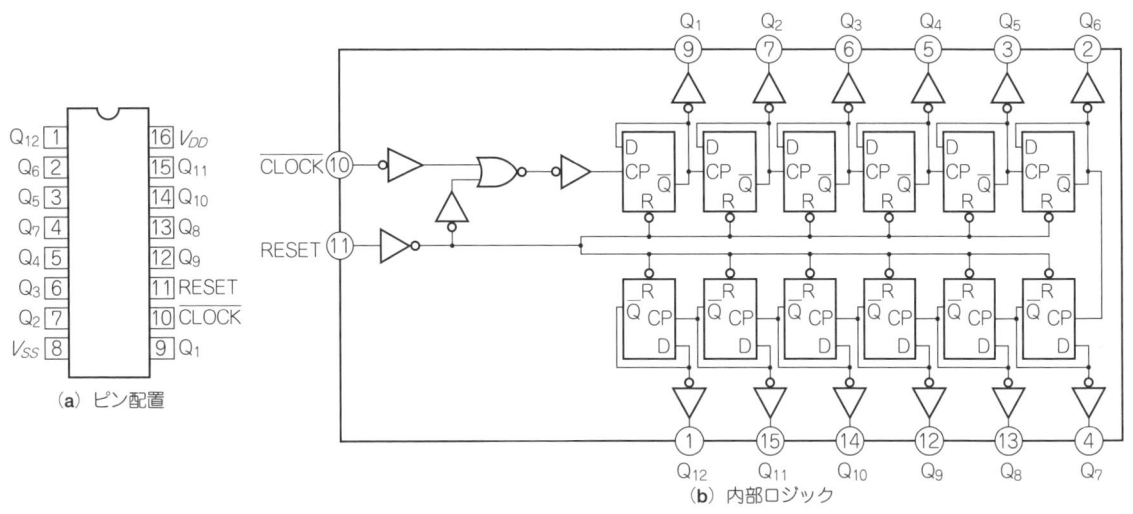

図5.27 12段リプル・カウンタ4040の構成

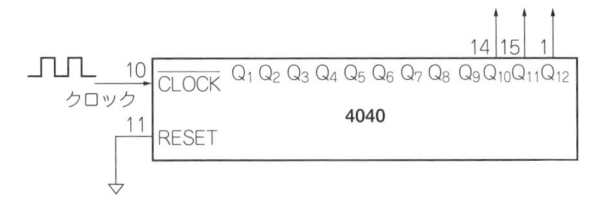

図5.28 4040の実験回路

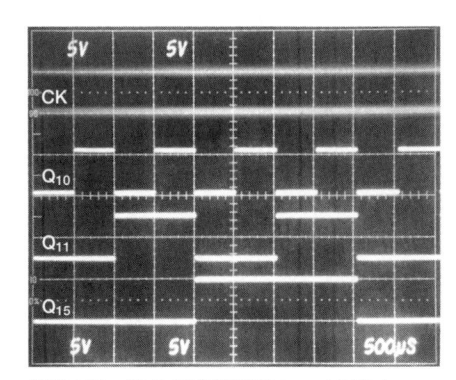

写真5.15 4040の動作波形 ($f_{CK} = 1\,\text{MHz}$)

IC_3のQ_{12}出力は,クロック入力に対して$1/2^{36}$に分周されたものとなる.
$2^{36} = 68,719,466,736$
1MHzのクロックを用いると,IC_3のQ_{12}出力は,19時間5分19秒を1周とするパルスが得られる

19時間5分19秒

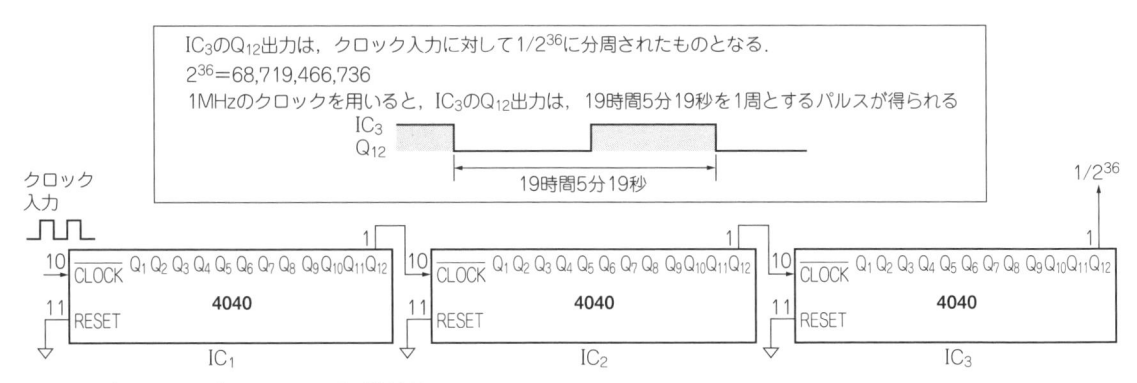

図5.29 バイナリ・カウンタ4040の直列接続例

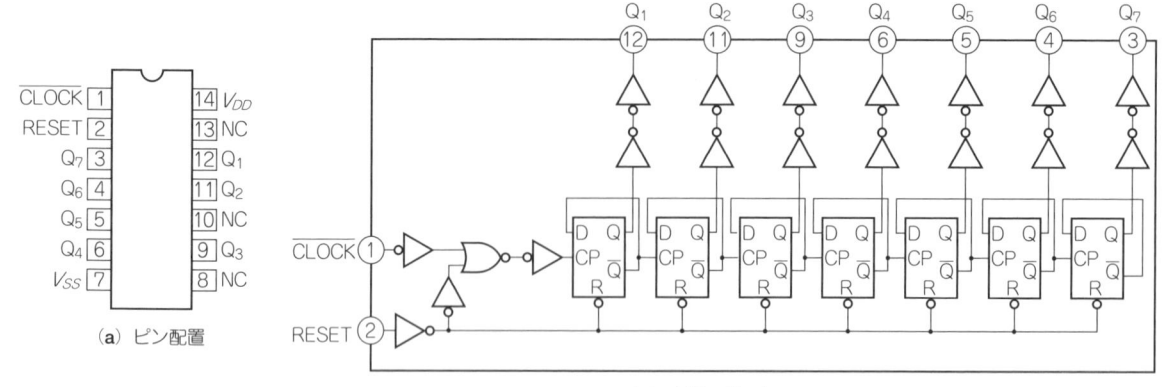

第5章

(a) ピン配置

(b) 内部ロジック

図5.30　7段リプル・カウンタ4024の構成

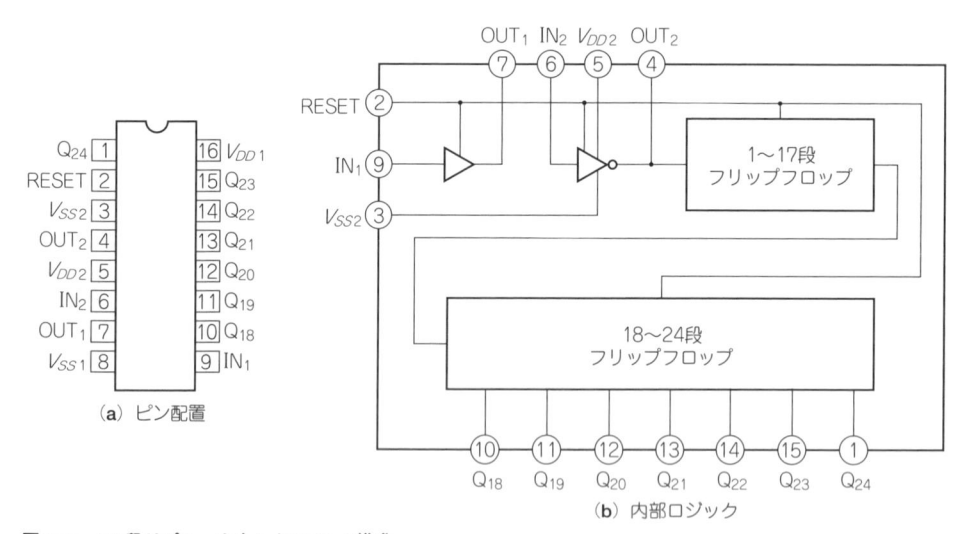

(a) ピン配置

(b) 内部ロジック

図5.31　24段リプル・カウンタ4521の構成

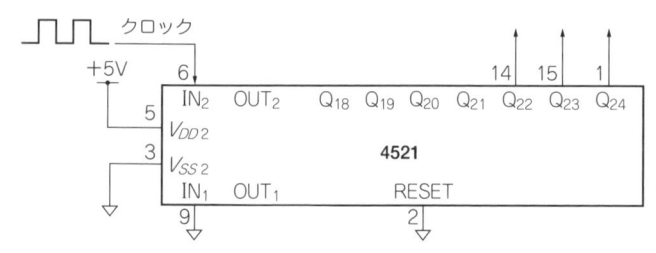

図5.32　分周のみに使用する場合の4521の実験回路

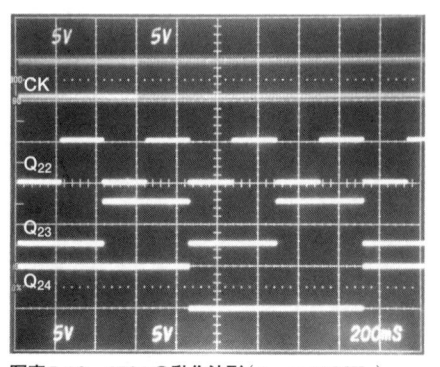

写真5.16　4521の動作波形（$f_{CK} = 10\,\mathrm{MHz}$）

(セラミック)を使う場合は**図5.33(a)**の回路を，1 MHz以下の場合は図(b)の回路を使用します．

実験では4 MHzの水晶を図(a)の回路で，1 MHzのセラミックを図(b)の回路で使っています．また，それぞれの発振波形を**写真5.17**に示します．水晶(セラミック)発振回路の出力は，内部で波形整形され2分周回路に入力されています．発振周波数をそのまま外部で使用したい場合は，OUT$_2$からIN$_1$に入力すれば，OUT$_1$から発振周波数そのままの出力が取り出せます．

▶ CR発振

正確な発振周波数が必要ない場合は，CR発振を使用するとよいでしょう．その場合の回路を**図5.34**に示します．発振周波数を決めるのはR_T(OUT$_2$に接続)とC_T(IN$_2$に接続)です．実験ではR_Tに10 kΩ，C_Tに0.01 μFを使用しています．計算上では約4.5 kHzの発振周波数となりますが，今回の実験では約4.3 kHzとなっています．**写真5.18**にCR発振の波形を示します．

● ジョンソン・カウンタ 4017/4022

同期型システムでタイミングを生成させるとき，カウンタの各出力が互いに重なり合わないように

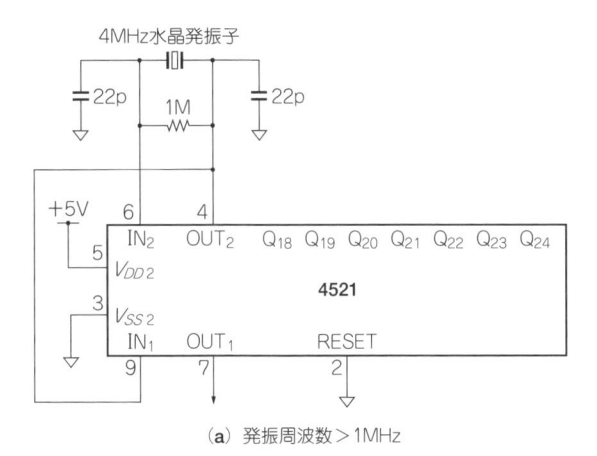

(a) 発振周波数＞1MHz

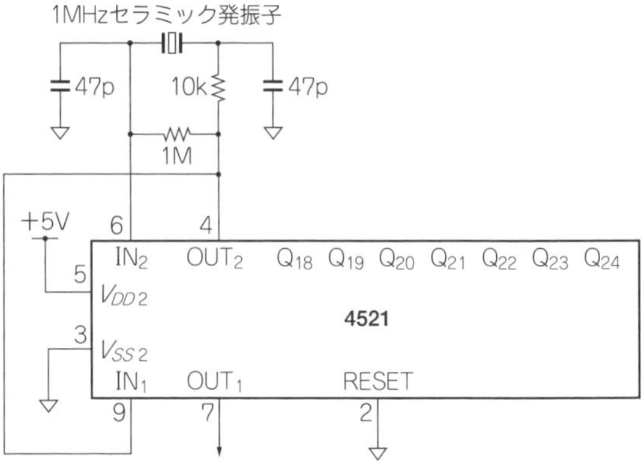

(b) 発振周波数＜1MHz

図5.33 4521の発振実験用回路

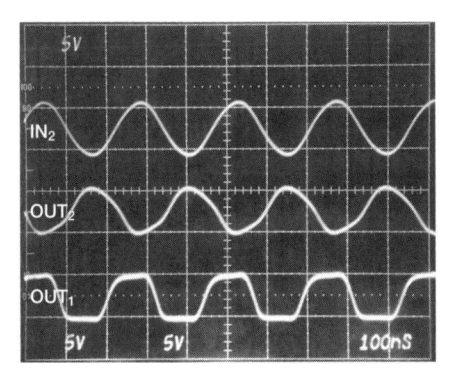

(a) 4MHz水晶発振子

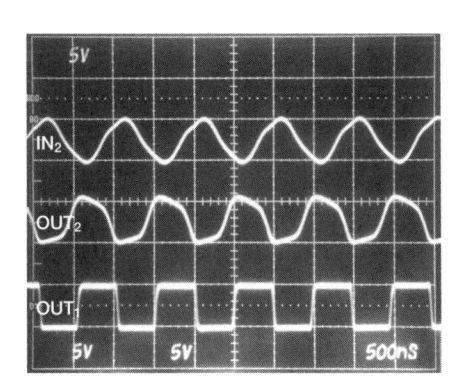

(b) 1MHzセラミック発振子

写真5.17 4521の動作波形

第5章

図5.34 4521のCR発振実験用回路

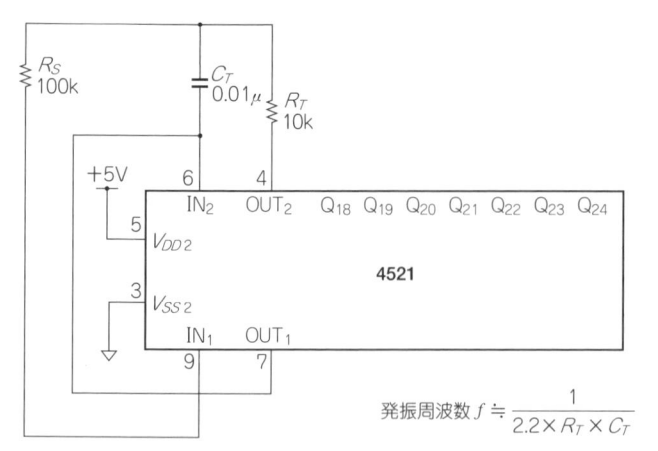

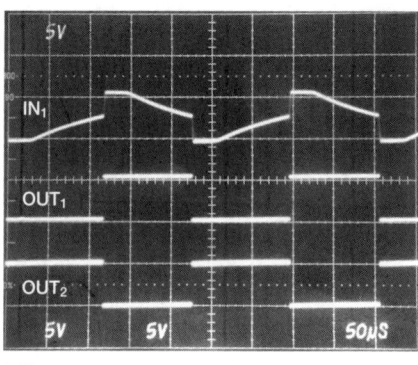

発振周波数 $f ≒ \dfrac{1}{2.2 \times R_T \times C_T}$

写真5.18 4521でのCR発振波形

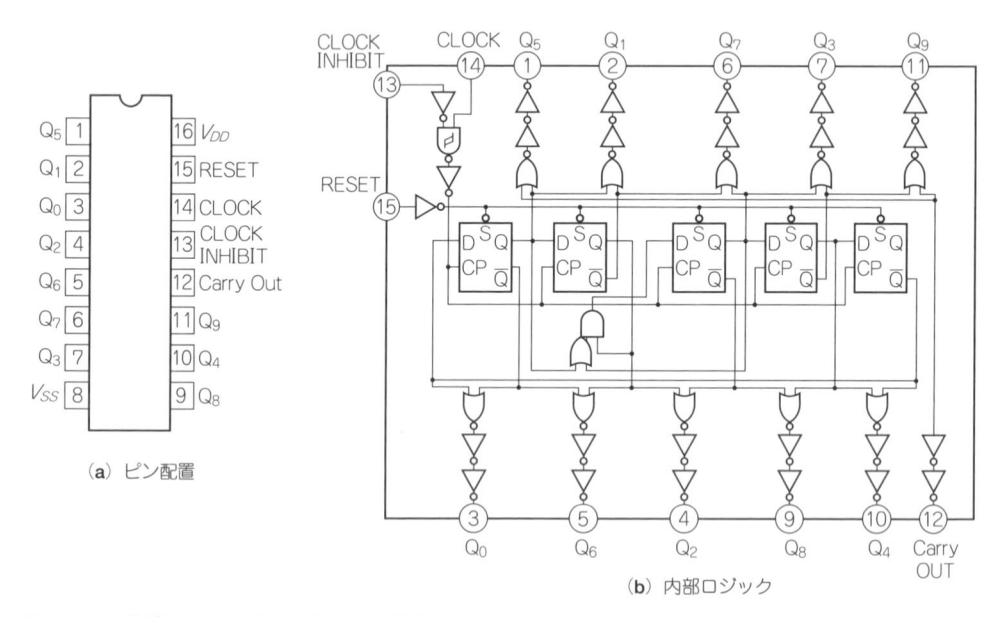

(a) ピン配置

(b) 内部ロジック

図5.35 10進ジョンソン・カウンタ4017の構成

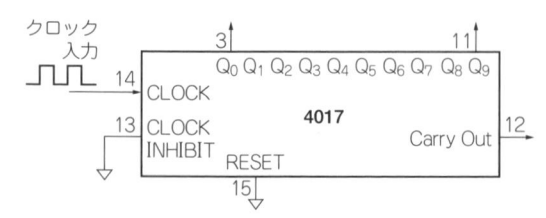

図5.36 4017の実験回路(立ち上がり動作)

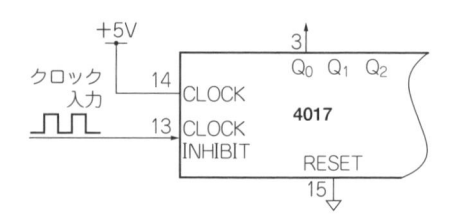

図5.37 4017の実験回路(立ち下がり動作)

するという要求が多くあります．このようなとき，ジョンソン・カウンタと呼ばれるカウンタが使われます．

4017は5段のDフリップフロップで構成される10進のジョンソン・カウンタで，BCDカウンタ出力を10進に変換するためのデコーダを内蔵しています．**図5.35**に，4017のピン接続図と内部ロジック構成を示します．動作は，クロックの入力に対して，$Q_0 \sim Q_9$の出力が順次"H"レベルを移動していきます．

図5.36にクロックの立ち上がりで動作する場合の実験回路を，その動作波形を**写真5.19**に示します．Q_0が"H"になっている部分と，Q_9が"H"になっている部分との間に，$Q_1 \sim Q_8$の出力が順に1クロック分ずつ出力されることになります．また，キャリ出力は$Q_0 \sim Q_4$の出力が"H"のときは"H"レベルに，$Q_5 \sim Q_9$の出力が"H"のときは"L"になっています．

写真5.20は，信号の遅れを示しています．クロックの立ち上がりからQ_0の出力の立ち上がりまでは約350～400 ns遅れています．またQ_9は，クロックの立ち上がりより約300～350 ns遅れています．各

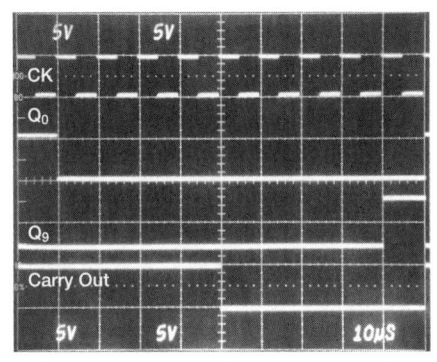

写真5.19　4017の動作波形（$f_{CK} = 100$ kHz）

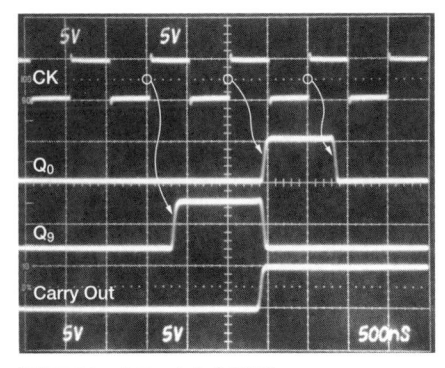

写真5.20　クロックからの遅れ

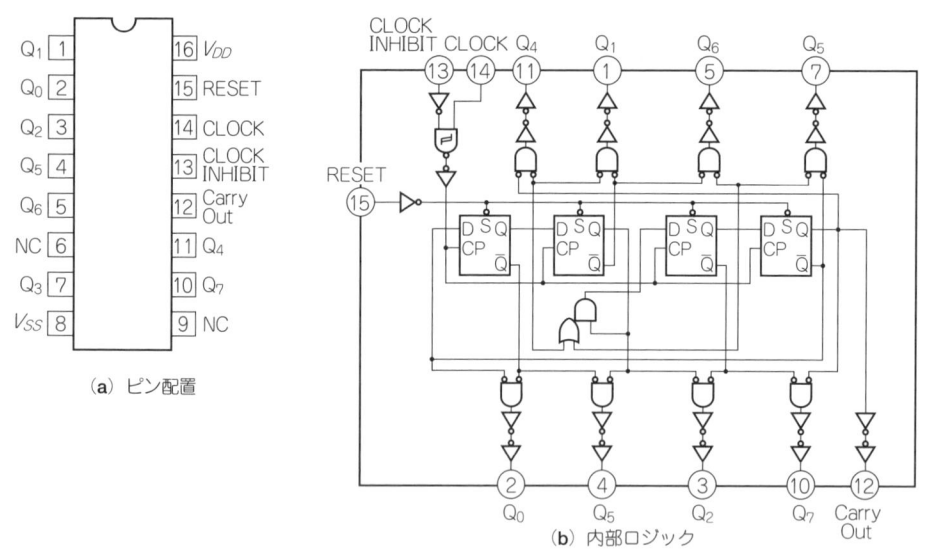

図5.38　8進ジョンソン・カウンタ4022の構成

（a）ピン配置
（b）内部ロジック

　出力の遅れがクロックの立ち上がりと同期していないのは，ICの内部にゲート回路を内蔵しているためです．したがって，出力を組み合わせて各種の信号を作る場合には，ひげなどが発生しないように組み合わせなければなりません．

　4017は，クロック入力の立ち下がりで動作させることも可能です．**図5.37**にその場合の回路構成を示します．

　また，8進のジョンソン・カウンタに4022がありますが，使い方は4017と同じです．**図5.38**に，4022のピン接続図と内部ロジック構成を示します．4017も4022も内部はジョンソン・カウンタですが，出力にデコーダがついているため，見かけ上はリング・カウンタのような動作をします．

第 6 章

タイミングを作る回路

ディジタルICを組み合わせたシステムにおいては，一般にスイッチやキーボードからの入力の指示にしたがって動作をします．このとき，スイッチやキーボードなどの操作は電気信号に変換されますが，このとき発生する信号はタイミング・パルスと呼ばれます．

ディジタル回路でタイミング・パルスを作るということは，言い換えると，ある一つの信号をもとにして，それをアレンジして新しいタイミングをもつ信号を作るということになります．これには，まずディジタル信号を時間的に操作することが必要になります．

6.1 タイミングを作る基本技術

● ディジタル信号を遅らせる———ディレイ回路

ディジタル信号に時間的な操作を施すということは，時間的に信号を進めるか，遅らせるかということです．しかし，未来の予測は不可能ですから，信号そのものを時間的に進めることはできません．そこで，時間をアレンジするということは時間を遅らせるということが基本になります．

時間を遅らせるには，コンデンサ(C)と抵抗(R)を使ったCR積分回路がもっとも簡単なので，CMOSのインバータを使って実験してみましょう．

CMOSは入力インピーダンスが非常に高く，入力電流がほとんど流れない(最大でも1μA以下)ので，入力端子に直列に抵抗を挿入することができます．図6.1では直列抵抗に$R_T = 47\,\mathrm{k\Omega}$を挿入しています．

図6.1において，入力に方形波形パルスを加えます．インバータI_1の出力が"H"になると，$C_T \cdot R_T$の時定数で，Ⓑ点の電圧が上昇していきます．このとき，インバータI_2の入力がICのスレッショルド電圧V_{TH}に達するとI_2は反転し，入力より$C_T \cdot R_T$の時定数だけ遅れた波形を出力します．

I_1の出力が"H"→"L"になったときも同様に，$C_T \cdot R_T$の時定数で放電され，出力を遅延させる

第6章

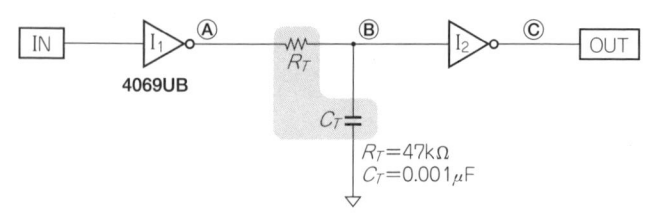

図6.1 パルス遅延の実験回路

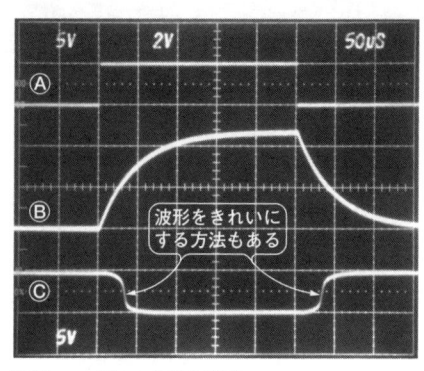

写真6.1 図6.1の動作波形

ことができます.

この遅れ時間は，立ち上がり遅れ時間 t_{dr} が，

$$t_{dr} = -C_T R_T \ln\left(1 - \frac{V_{TH}}{V_{DD}}\right)$$

立ち下がり遅れ時間 t_{df} が，

$$t_{df} = -C_T R_T \ln\left(\frac{V_{TH}}{V_{DD}}\right)$$

となります.

このとき，CMOSインバータを使用しているので，スレッショルド電圧 V_{TH} は，

$$V_{TH} = \frac{1}{2} V_{DD}$$

となり，それぞれの遅延時間は，

$$t_{dr} = t_{df} = 0.69 C_T R_T$$

となります.

写真6.1は，$C_T = 0.001\,\mu\mathrm{F}$，$R_T = 47\,\mathrm{k\Omega}$ としたときの遅延波形ですが，写真からの読み取りでは $t_{dr} = 40\,\mu\mathrm{s}$，$t_{df} = 30\,\mu\mathrm{s}$ と，立ち上がりと立ち下がりが若干アンバランスになっています．これは，実験に使用したCMOSの V_{TH} がちょうど V_{DD} の1/2ではなく，0.5Vほど上へシフト〔カタログ上では V_{TH} は $1/3\,V_{DD} \sim 2/3\,V_{DD}$ に入るようになっている〕しているためです．

● 小さなディレイを作る

数μs以上のディレイを実現するにはどうしてもCRを使った積分回路が必要になりますが，数μs以下のディレイは簡単に実現できます．それは，ゲートを直列に接続するだけです．この方法は，少し複雑なタイミング回路を設計するときはかなり広く使うことができます．

図6.2に，小さなディレイを作る例を示します．CMOSの場合，ゲート1段の遅れ時間は4000/4500シリーズで20〜30ns，74HCシリーズで5〜10nsですから，必要になる遅れ時間によってゲートの段数を増加していけば，任意のディレイ時間をかせぐことができます．

6.1 タイミングを作る基本技術

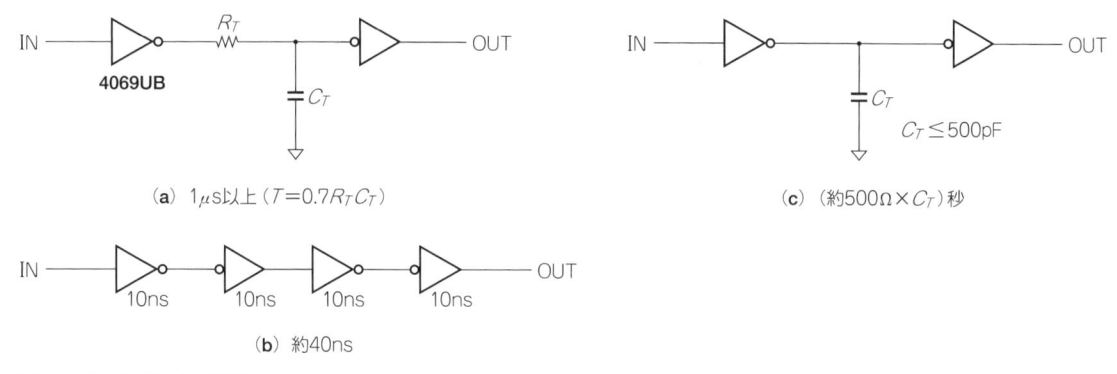

(a) 1μs以上（$T=0.7R_T C_T$）

(b) 約40ns

(c) （約500Ω×C_T）秒

図6.2 小さなディレイ回路

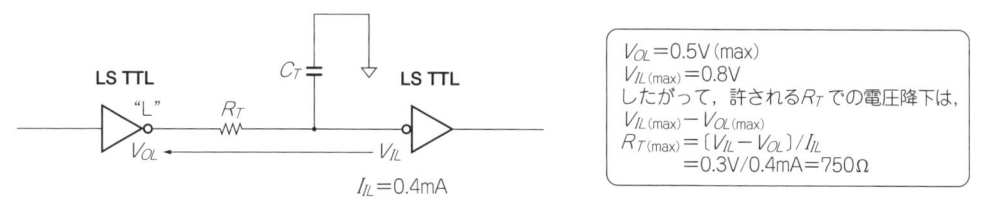

$V_{OL}=0.5V(\text{max})$
$V_{IL(\text{max})}=0.8V$
したがって，許されるR_Tでの電圧降下は，
$V_{IL(\text{max})} - V_{OL(\text{max})}$
$R_{T(\text{max})} = (V_{IL} - V_{OL})/I_{IL}$
$= 0.3V/0.4mA = 750Ω$

図6.3 TTL入力における入力抵抗の制約

また，ゲートの段数を増やしただけでは間に合わないようなときは，ゲートの出力に直接小さなコンデンサC_Tを挿入してもかまいません．この場合には，ゲートの出力抵抗とC_Tとの積がディレイ時間となるので，1μs以下のディレイを得るには手頃な方法です．

● **TTLによるディレイ回路**

TTLでディレイ回路を作るときは，少し注意が必要です．TTLは，CMOSのように入力インピーダンスが高くないので，ある一定の入力電流が流れるからです．第2章のファンアウトについての説明のときにも少し触れていますが，図6.3に示すようにTTL内部のトランジスタを動作させるために，I_{IL}（入力"L"時の入力電流）とI_{IH}（入力"H"時の入力電流）が流れます．したがって，TTLの入力部に直列抵抗R_Tを接続すると，I_{IL}あるいはI_{IH}による電圧降下が発生し，IC入力での電圧レベルを変化させてしまいます．

TTLの入力に直列接続できる抵抗値は，$I_{IL} > I_{IH}$なのでI_{IL}が制約します．LS TTLの場合，I_{IL}は0.4mA(max)なので，R_Tは750Ωくらいが最大になります．これ以上の値になると，入力"L"レベルを正常に保てなくなる可能性があります．したがって，実現できるディレイ時間は$R_T \cdot C_T$で決まることから数μs以下が妥当なところでしょう．C_Tをむやみに大きくすることは好ましくありません．

● **ディレイの限界**

ところで，写真6.1の出力波形を見ると，入力に対して時間的にはきちんと遅れていますが，出力波形の立ち上がり/立ち下がりが必ずしもきれいではありません．この理由は，写真でもわかるようにイ

ンバータI_2の入力が非常になまった波形になっているからです．インバータは，基本的に増幅器としての機能をもっているため，入力波形がなまっていれば，増幅率の限界から出力波形もなまってくるわけです．

この波形のなまりさえ問題なければ，ディレイ発生に使う直列抵抗を1MΩとしても，CMOSの入力電流は最大でも1μAなので直流的な電圧降下は1Vとなってディジタル的な動作には支障がありません．極端なことをいうと，$R_T=1\,\mathrm{M}\Omega$，$C_T=1\,\mu\mathrm{F}$とすると0.7秒くらいのディレイ時間はかせぐことができるわけです．また，C_Tを150μFくらいのコンデンサにすれば，100秒というディレイ時間をかせげる計算になります．**図6.4**に，このようすを示します．

しかし，この回路は実験としてはうまくいくかもしれませんが，実用的にはいろいろな問題を生じる可能性があります．その理由の第一は，何といってもさきほどの波形のなまりです．

さらに，いくらCMOSで入力電流が小さいとはいっても，周囲温度が変化すると入力電流自体が大きく変動するので，入力端子に挿入する抵抗値が大きすぎると，時定数が不安定になるという欠点もでてきます．また，結果的に抵抗挿入部分のインピーダンスを非常に高くしてしまうので，ノイズにも弱くなるという欠点も生じてしまいます．したがって，長い時定数回路をCRのみで実現する場合には，以下に述べるインターフェース上の注意点を守る必要があります．

● **波形がなまることの欠点**

ディジタル信号は，"H"と"L"，または"1"と"0"の世界です．したがって"H"か"L"かがわ

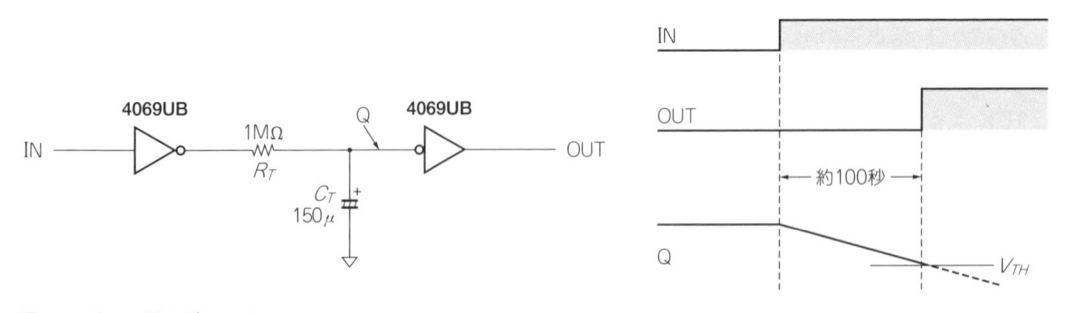

図6.4　約100秒のディレイ

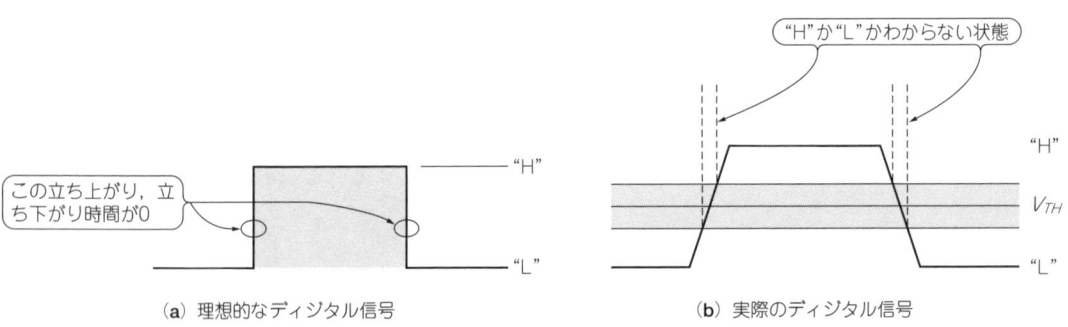

図6.5　ディジタル信号の波形
（a）理想的なディジタル信号
（b）実際のディジタル信号

からないような信号が長く存在すると，安定なディジタル回路を実現できなくなります．

理想的なディジタル信号の状態は，**図6.5(a)** に示すように，本当に"L"か"H"の状態しかないという信号です．しかし，現実には図(b)に示すように，多少なりとも"H"と"L"の中間状態が，信号の立ち上がり/立ち下がり時に存在します．そして，この時間はIC自身が応答しきれないくらいに短い時間(数ns以下)であれば問題ないのですが，数μs以上というような長い時間になってしまうと不安定要素を作ってしまうことになります．

図6.6 に，なまった波形が引き起こすトラブルの例について示します．図(a)は一つのなまった波形が複数のICに入力される場合で，そのICのスレッショルド電圧 V_{TH} が異なっていると(たいていは異なっている)，それぞれ"H"，"L"レベルを判別する電圧も異なってくるため，その検出タイミングが異なってくることになります．

また，図(b)のほうは，入力波形にノイズが入ったりしたとき，それがスレッショルド電圧近くだったりすると，入力信号が"H"，"L"，"H"，"L"と不規則にばらつくため，結果として出力信号にばた

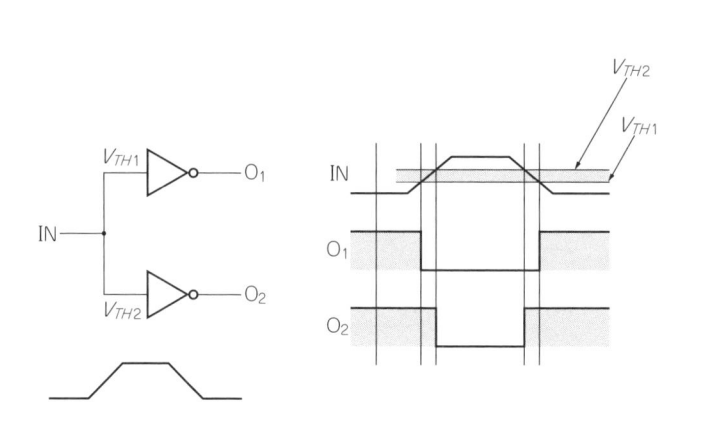

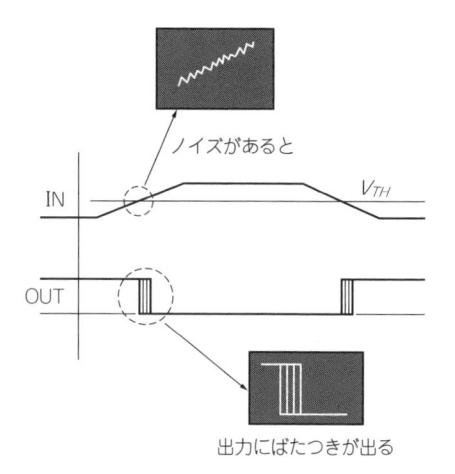

(a) スレッショルド電圧の違いでタイミングにずれを生じる　　(b) ノイズに対して出力がばたつく

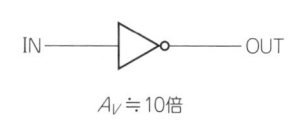

図6.6　なまった波形の問題点

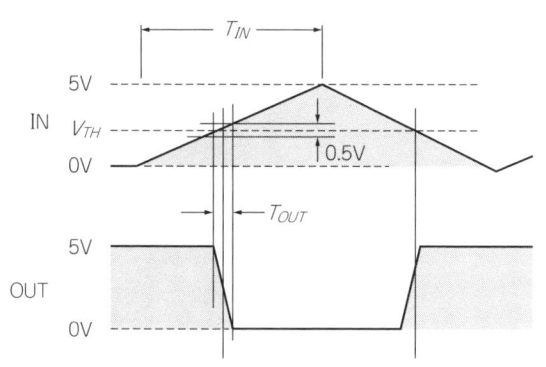

図6.7　増幅すると波形はきれいになるが

つき（チャタリング）が現れることになります．入力波形に直接ノイズが入るということは考えにくいかもしれませんが，電源を介して小さなノイズが入るということは意外と多いのです．

したがって，**写真6.1**のような波形のなまった信号状態は，安定なディジタル回路を作るうえでは好ましくありません．

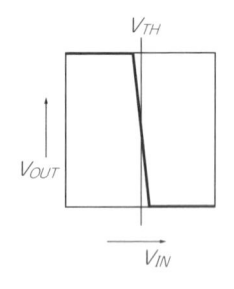

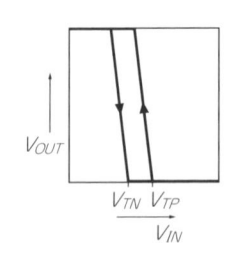

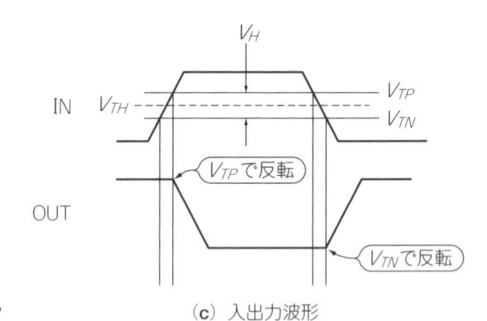

（a）一般のインバータ　　（b）シュミット・トリガ・インバータ　　（c）入出力波形
図6.8　シュミット・トリガの特性

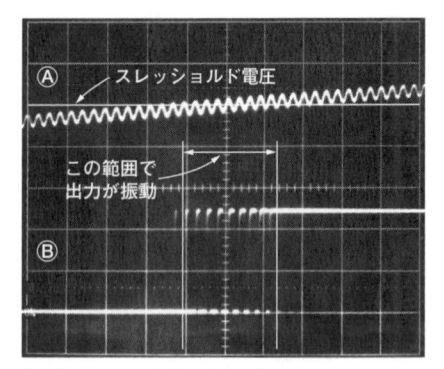

写真6.2　チャタリングのようす

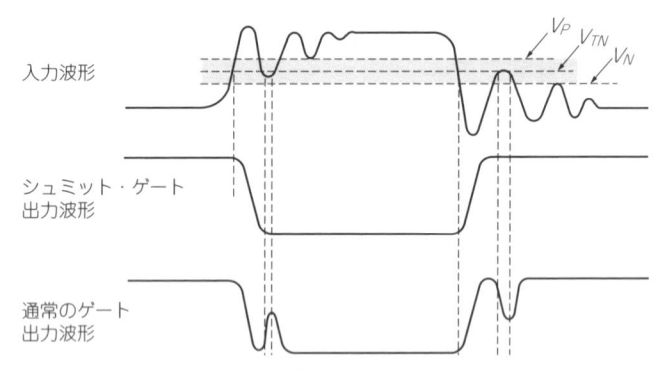

図6.9　シュミット・トリガの効果

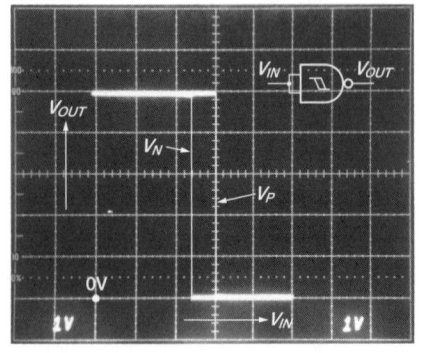

写真6.3　シュミット・ゲートの入出力特性

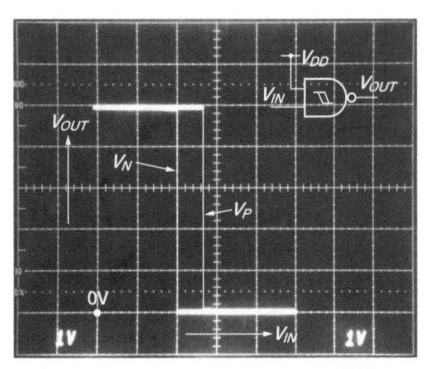

写真6.4　シュミット・ゲートの入出力特性
（一つの入力を V_{DD} へ接続）

● 波形をきれいにするには

　なまった波形をきれいにするには，一つには信号を増幅するという方法があります．図6.7になまった波形をインバータに入力したときの入出力波形を拡大して示します．波形がなまっているということは，単位時間当たりの信号振幅が小さいことと同じですから，たんに信号を増幅してやれば波形の立ち上がり/立ち下がり時間を改善することができます．

　図6.7ではインバータの電圧ゲインA_Vを10倍にしているので，0.5Vの入力振幅が5Vの出力振幅に増幅されることに注目すると，立ち上がり/立ち下がり時間も約10倍の改善が実現できることになります．実際のICの増幅度はTTLの場合が約200倍，CMOSの場合が約1000倍と考えればよいでしょう．

　しかし，なまった波形をインバータなどで増幅しただけでは，図6.6(b)のようなノイズに対する問題は解決することができません．一般のディジタルICはスレッショルド電圧が1点しかないので，その電圧近辺で入力信号が変動すると，その影響でどうしても出力がばたついてしまうのです．このようすを写真6.2に示します．

　そこで考えられたのが，スレッショルド電圧を2点もつシュミット・トリガと呼ばれる回路です．これは波形整形回路という別名ももっています．図6.8に，一般のインバータとシュミット・トリガ・インバータのスレッショルド電圧の違いを示します．シュミット・トリガは，入力信号が立ち上がるときはV_{TP}というスレッショルド電圧で出力が反転動作し，立ち下がるときにはV_{TP}よりも低いスレッショルド電圧V_{TN}で出力が反転するという動作をします．

　このように，スレッショルド電圧がヒステリシス(履歴)特性をもっていると，たとえば図6.9に示すように入力波形にノイズが含まれていたとしても，出力がいったん反転したあとは簡単には復帰しないために，ノイズに強いゲートを実現することができます．

　ノイズに強くするには，このヒステリシス特性というものが決め手となるのです．したがって，なまった波形をきれいにするには，このシュミット・トリガを使うことをお薦めします．

　写真6.3にCMOSのシュミット・トリガIC，4093(NANDシュミット)の伝達特性を示します．4093はV_{TP}が3V，V_{TN}が2.4Vとなっており，ヒステリシス幅($V_{TP} - V_{TN}$)は約0.6Vとなっています．つまり，0.6Vくらいまでのノイズには大丈夫といえるわけです．CMOSのNANDシュミットは，入力の

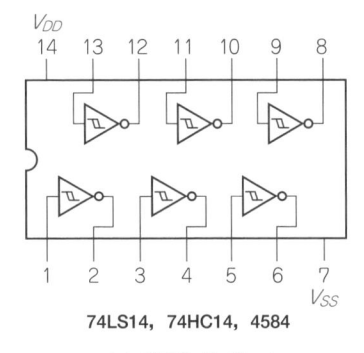

(a) 6回路インバータ　74LS14, 74HC14, 4584

(b) 2入力NANDシュミット　74LS132, 74HC132　　4093

図6.10　シュミット・トリガICの例

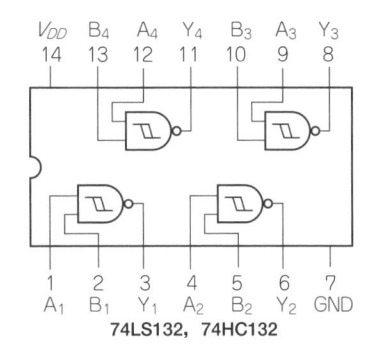

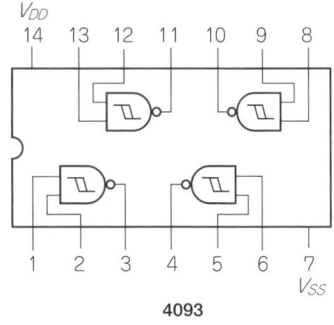

第6章

一方を V_{DD} に接続するとスレッショルド電圧を変えられるという特徴があります．

写真6.4に，一方を V_{DD} に接続したときの特性を示します．スレッショルド電圧（V_{TP} と V_{TN} の中間電位）が少し移動していることがわかると思います．**図6.10**に，シュミット・トリガICの例を示します．

6.2 ディレイ回路を応用したタイミング回路

ディレイ回路の作り方がわかったところで，それを使った簡単な応用例を実験してみましょう．いずれも，一つの信号から各種のタイミング・パルスを得るときに役立つものです．

● ダイオードを追加すると

ダイオードは順方向には低抵抗，逆方向には高抵抗という性質をもっているので，これをタイミング抵抗 R_T と並列に接続するとおもしろい効果が現れます．

図6.11は，**図6.1**に示したディレイ回路の抵抗 R_T に並列にダイオードを付加したものです．ダイオードを付加した効果は，**写真6.5**の波形を見ると明らかです．

写真（**a**）の場合は，コンデンサの充電が R_T を介して行われ，放電が $R_T{}'$ を介して行われるので，結果的には入力パルスよりも出力パルスのほうが狭くなります．一方，写真（**b**）の場合は，写真（**a**）とは逆

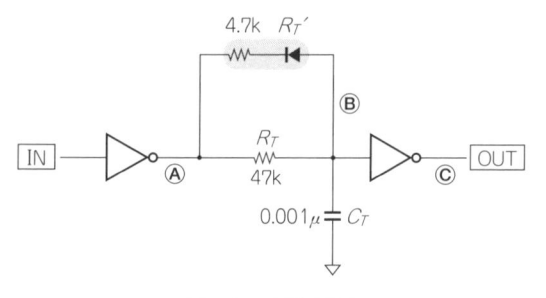

　　　　　　（**a**）パルス幅検出回路　　　　　　　　　　　　　　（**b**）パルス伸長回路
図6.11 パルス遅延の応用回路

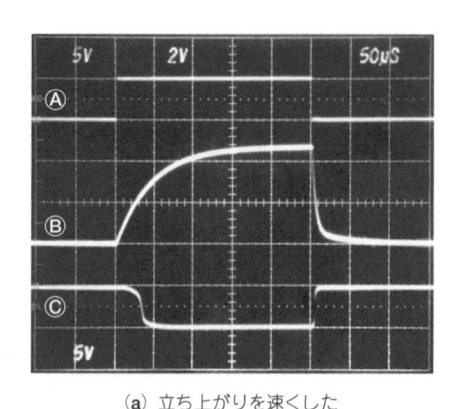

　　　　　　（**a**）立ち上がりを速くした　　　　　　　　　　　　（**b**）立ち下がりを速くした
写真6.5 ダイオードの効果

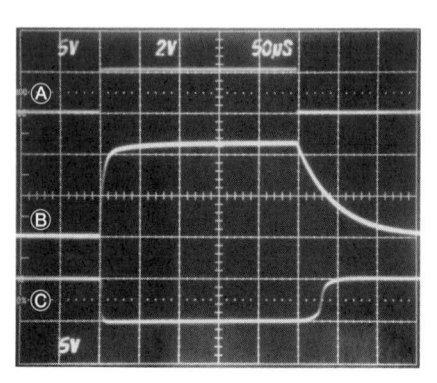

6.2 ディレイ回路を応用したタイミング回路

で出力パルスのほうが入力パルスよりも広くなります．したがって，この回路はパルス幅の伸長が行えることになります．

また，逆に写真(a)のほうは入力パルス幅が$C_T \cdot R_T$によるディレイ時間よりも小さいときには出力パルスが現れないことになるので，パルス幅検出回路として使うことができます．**写真6.6**に，**図6.11**(a)によるパルス幅検出の実験波形を示します．

● 信号の立ち上がり/立ち下がりを検出する回路

ディジタル回路の応用を進めていくと，図6.12に示すように"H"と"L"を表す信号から，その信号の立ち上がり時刻を知るパルスや，立ち下がり時刻を知るパルスが必要になることが多々あります．たとえば，状態信号が「今スイッチがONしている」ということを示している場合，回路としてはスイッチがONしているということよりも「今ONした」とか「今OFFした」ということを知りたい場合があるわけです．このような場合に使われるのがエッジ信号です．

エッジ(edge)は刃物の刃とかふちという意味があり，ディジタル信号の場合には信号の立ち上がりと立ち下がりの部分を意味します．

エッジを検出するには，前述したディレイ回路を利用できます．**図6.13**にエッジ検出回路の構成例を示します．回路の動作はいたって簡単です．まず，図(a)の立ち上がりエッジの検出についてみてみましょう．

入力波形は，インバータを通してエッジ検出用のNANDゲートに直接供給される信号と，CR積分回

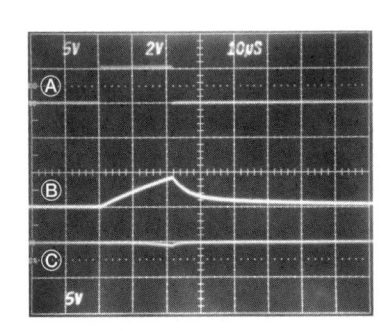

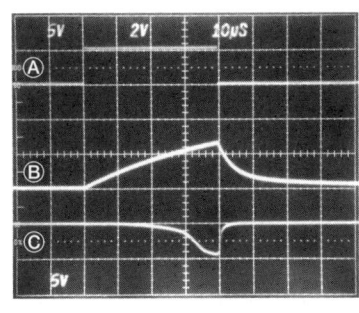

(a) 入力パルス＝20μs　　(b) 入力パルス＝40μs　　(c) 入力パルス＝70μs

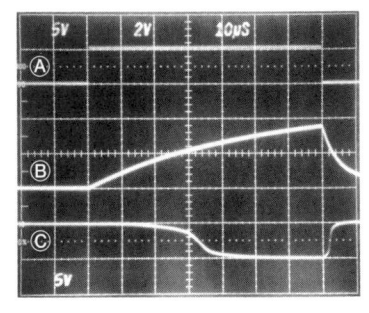

写真6.6　パルス幅検出回路

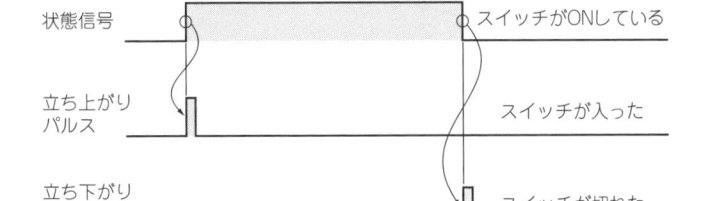

図6.12　状態信号のエッジ・パルス

路とに分けられます．CR積分回路によって遅延された信号は，インバータで反転および波形整形され，NANDゲートのもう一方の入力に入ります．したがって，NANDゲートの入力には，時間的にずれて反転した二つの信号が加えられることになり，出力にはその二つの信号のずれた分（これがCR積分によるディレイ時間幅）が現れることになります．

　図6.13(b)は，入力パルスの立ち下がりを検出する回路です．回路の基本は立ち上がりエッジ検出回

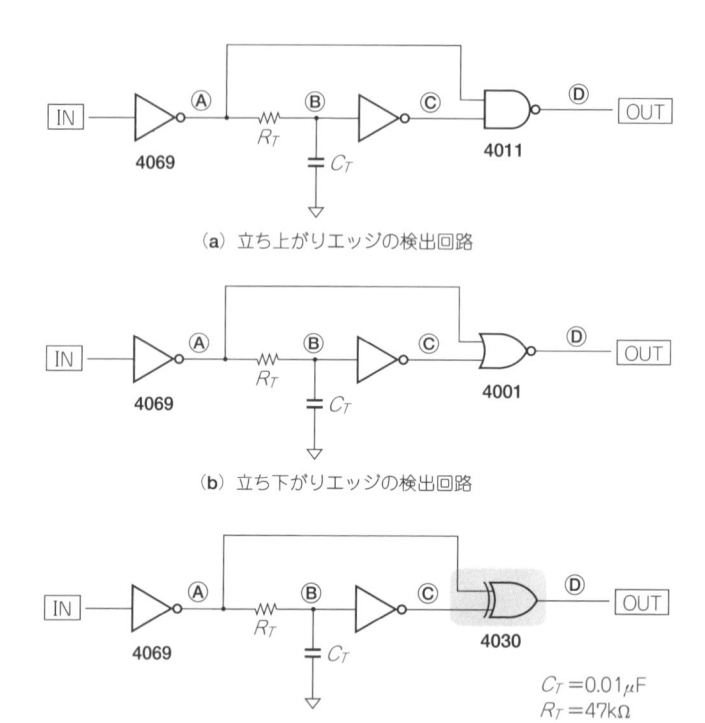

(a) 立ち上がりエッジの検出回路

(b) 立ち下がりエッジの検出回路

(c) 立ち上がりと立ち下がりのエッジの検出回路

$C_T = 0.01 \mu F$
$R_T = 47 k\Omega$

図6.13　エッジ検出回路の構成

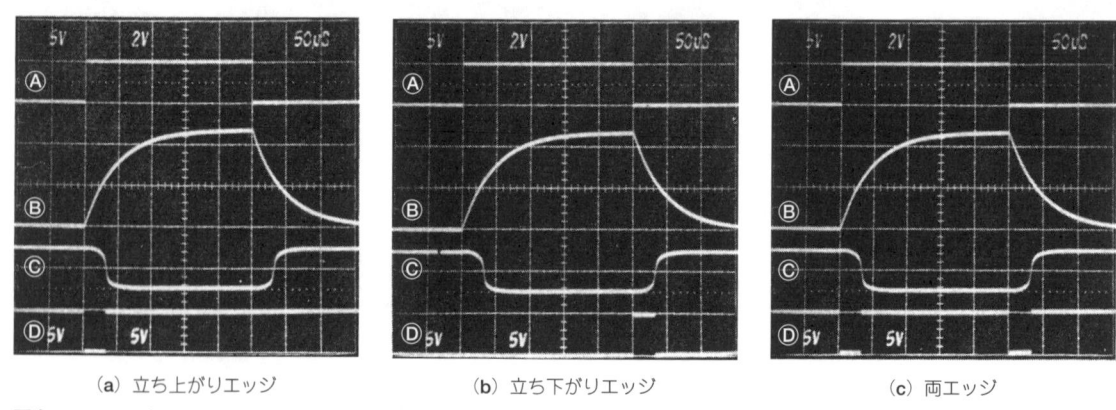

(a) 立ち上がりエッジ　　(b) 立ち下がりエッジ　　(c) 両エッジ

写真6.7　エッジの検出

路と同じで，出力のゲートがNANDゲートからNORゲートに変わっているだけです．この場合は，NORに入力されている二つの信号が"L"と"L"になったときを入力信号の立ち下がりエッジとして検出することになります．

図6.13(c)は，入力パルスの立ち上がりと立ち下がりの両エッジを検出する回路です．両エッジを検出する場合には図(a)と図(b)のORをとってもよいのですが，構成としては図(c)のほうがスマートです．検出用のゲートは，EXORゲートを用います．EXORゲートは，入力が"H""H"もしくは"L""L"のときに出力が"L"，入力が"H""L"，"L""H"のときに出力が"H"となる回路です．この回路の場合は，入力が同じレベルのとき（"H""H"，"L""L"）に入力パルスの両エッジを検出することになります．

各回路出力の波形を**写真6.7**に示します．なお，この回路では当然，入力のパルス幅がCRの時定数以上でないと出力パルスが現れないので注意が必要です．また，このCRの時定数が長いときには，前述したように積分回路の入力段はシュミット・トリガ型のインバータを使うなどの注意が必要です．

図6.13(c)の両エッジ検出回路は，見方を変えると一つの入力パルスから二つの入力パルスを得ていることになりますので，周波数（パルス数）の2てい倍を実現していることになります．つまり，うまく時定数回路を設計しておけば，たとえば100 kHzの方形波から200 kHzの方形波を得るというようなことも実現できるわけです．

ここでは，立ち上がりエッジにしても立ち下がりエッジにしても特定のゲートしか使用していませんが，組み合わせによってはいろいろな方法が考えられます．**図6.14**に，その一例を示しておきます．

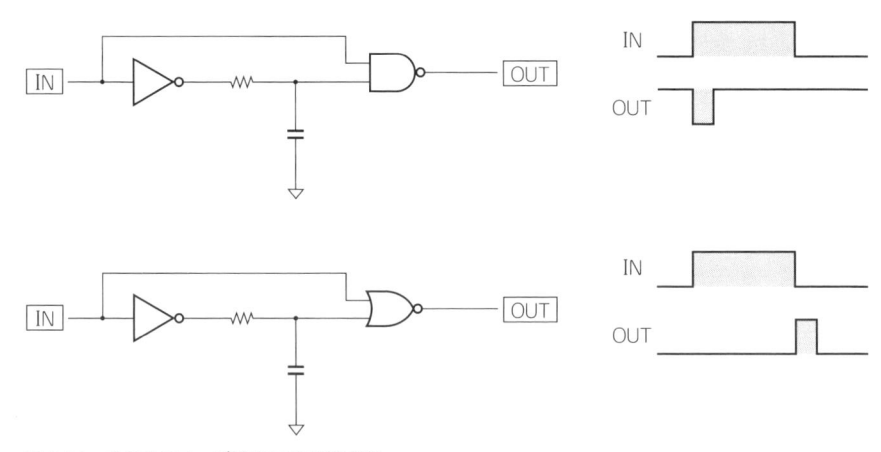

図6.14 その他のエッジ検出回路の構成例

6.3 ワンショット・マルチバイブレータ

　CRのディレイ回路とゲートを組み合わせると，前述したように簡単にタイミング回路を作ることができますが，紹介した例では入力パルスそのものを加工して出力パルスを得るようにしているため，出力のパルス幅が入力のパルス幅の制約を受けるという欠点があります．そのため，どのような入力信号なのかがわかっていれば，その信号からタイミングを生成する場合は問題ありませんが，そうでない用途では目的とする波形が得られないという欠点があります．

　そこで，一般には図6.15のように入力パルス幅の制約をうけないタイミング回路が好まれています．この回路は入力(パルス)信号によって，一定幅のタイミングを得ることからワンショット・マルチバイブレータ(モノステーブル・マルチバイブレータ，単安定マルチバイブレータともいう)と呼ばれています．一部には，6.2項で紹介したようなタイミング回路もワンショット・マルチバイブレータの仲間に入れる場合がありますが，ここでは入力パルス幅の影響を受けないということで区別しておきたいと思います．

　このワンショット・マルチバイブレータは，当然ゲートICとディレイ回路を組み合わせて作ることができますが，一般には専用に用意されたICを使用することが多いようです．

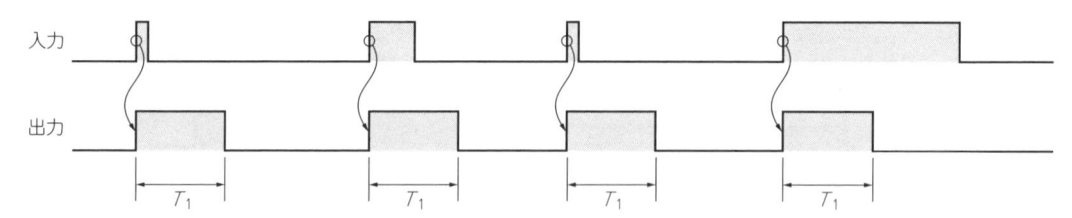

図6.15　入力パルス幅の影響を受けないワンショット・マルチバイブレータ

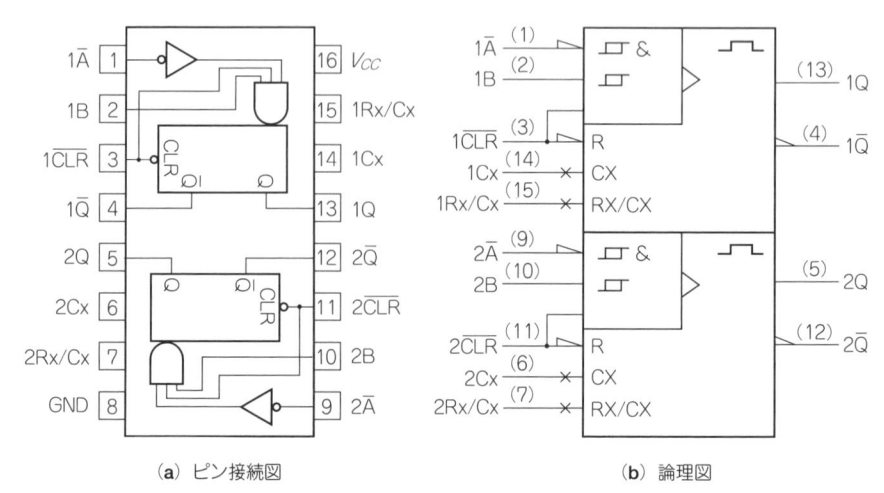

（a）ピン接続図　　　　　　　　　　　　　（b）論理図

図6.16　74LS123の内部ブロック図

6.3 ワンショット・マルチバイブレータ

● ワンショット・マルチバイブレータ 74LS123

ワンショット・マルチバイブレータの代表的なICは，74LS123です．ほかにもこれをアレンジしたものがいくつかありますが，基本的な使い方は変わりません．まず，このICの使い方から紹介しましょう．図6.16に，74LS123の内部ブロック図を示します．二つの同一回路が入っています．

74LS123には，AとBの二つのトリガ入力があり，それぞれ立ち上がり入力と立ち下がり入力になっています．A入力は，入力パルスが"H"→"L"になった時点よりRとCで決まる時間だけQが"H"となり，その後"L"の状態で安定になります．B入力は，入力パルスが"L"→"H"になった時点よりQが一定時間"H"となります．

図6.17に，基本的な接続図を示します．また，写真6.8が動作波形です．A入力を使うかB入力を使うかは用途によって選択し，使用しない場合はA入力→"L"（=0V），B入力→"H"（=V_{CC}）に固定しておきます．

出力パルスの幅はR_{ext}とC_{ext}の時定数で決まりますが，74LS123の場合の概略計算式は，

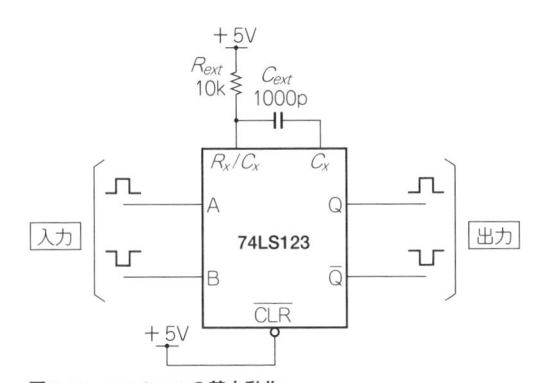

図6.17 74LS123の基本動作

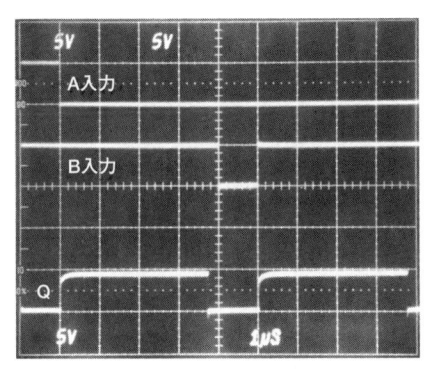

写真6.8 74LS123の動作波形

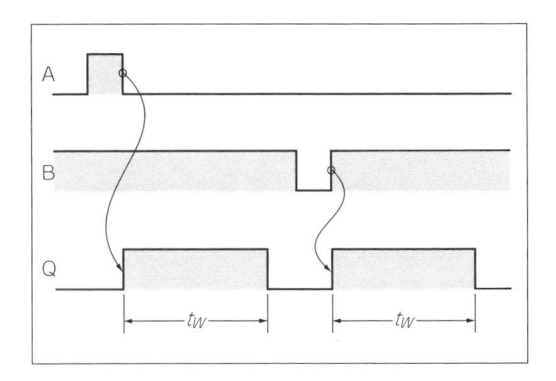

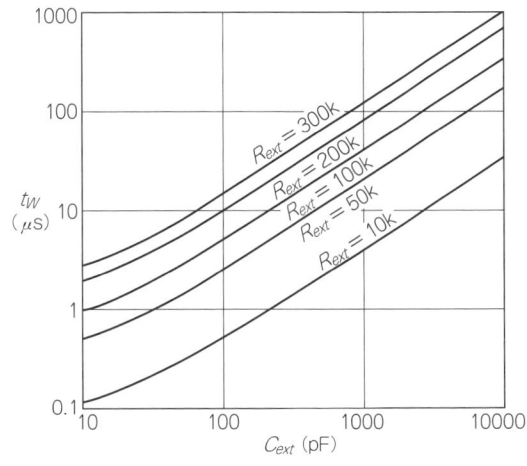

図6.18 74LS123の外付けC_{ext}，R_{ext}の値とt_Wとの関係

第6章

$$t_W = 0.45 \times R_{ext} \times C_{ext}$$

ただし，$C_{ext} > 1000 \text{ pF}$

で求めることができます．図6.18がR_{ext}とC_{ext}と出力パルス幅の関係です．

写真6.8の例では，$R_{ext} = 10 \text{ k}\Omega$，$C_{ext} = 1000 \text{ pF}$を使用しており，そのときの出力パルス幅は約3.8

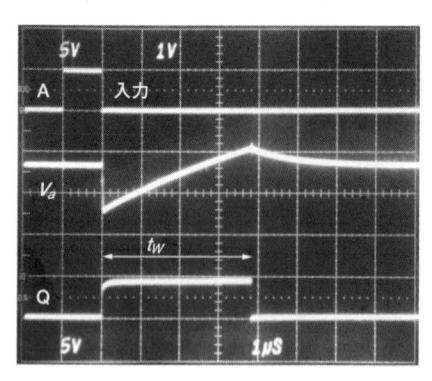

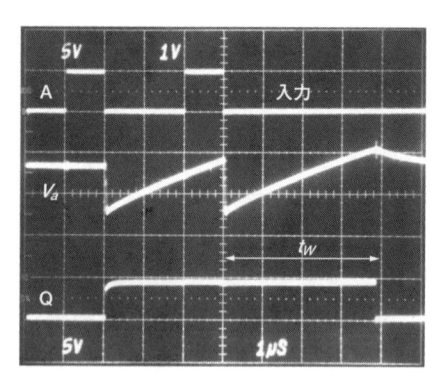

　(a) 通常の入力の場合　　　　　　　　　(b) 充電時間中に再トリガした場合

写真6.9　再トリガ機能の動作波形

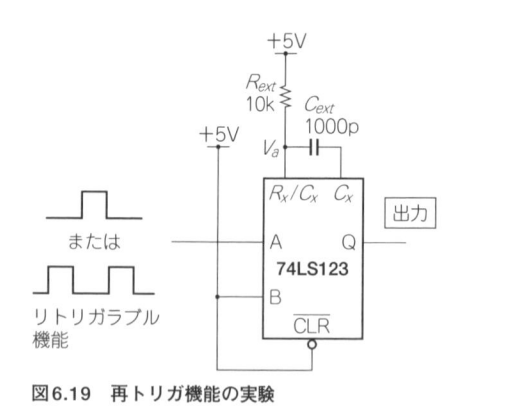

図6.19　再トリガ機能の実験

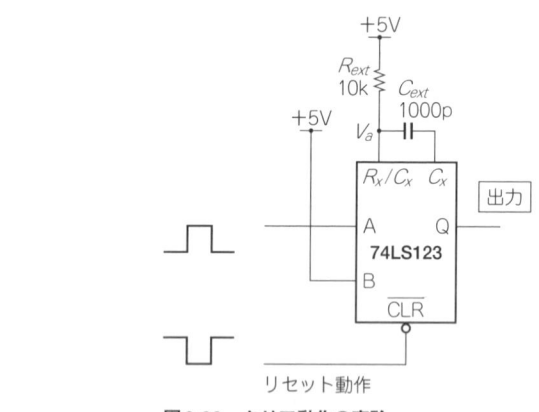

図6.20　クリア動作の実験

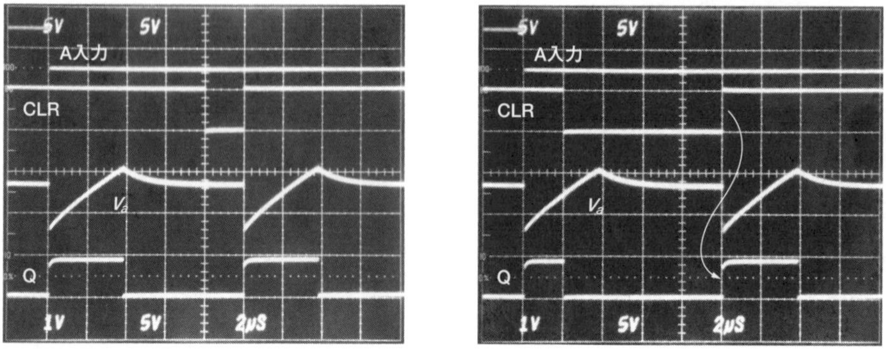

　(a) $\overline{\text{CLR}}$入力によるワンショット出力　　　(b) $\overline{\text{CLR}}$入力による出力のリセットと再出力

写真6.10　クリア動作の波形

μsとなっています.

● 再トリガ機能と強制リセット

74LS123には,このほかにもいろいろな特徴があります.その一つはリトリガラブル(再トリガ)機能です.リトリガラブルとは,その名のとおり,トリガを何回でも受けつけるということです.

図6.19に,その実験の例を示します.この回路で出力パルスが"H"の間に再び入力を入れると,前回のパルス出力の有無に関係なく2回目のパルスが入った時点からR_{ext}とC_{ext}で決められるパルス幅が発生するわけです.このようすを**写真6.9**に示します.

次に,ワンショットの動作中にCLR(クリア)端子に入力を加えるとどうなるでしょうか.図6.20に示す回路で,Aに"H"のパルス,CLRに"L"のパルスを加えたときの動作波形を**写真6.10**に示します.写真(a)は,CLRのパルスをトリガ・パルスとして利用した場合で,CLRが"L"→"H"になったときがトリガ点となっています.

一方,写真(b)では,出力パルスが"H"のときにCLR端子を"L"にした場合で,CLR端子が"L"になると同時に出力パルスも"L"となります.そして,CLRが"L"→"H"になったときに出力パルスが発生します.

● 遅延型のパルス発生回路

ではここで,ワンショット・マルチバイブレータの応用例を紹介します.たとえば,ある入力信号に対して一定時間遅れてパルスを発生させたいという要求に対しては,ワンショット・マルチバイブレータを2個使うことによって実現することができます.

ワンショット・マルチバイブレータは外付けのCRの値によって出力パルスの幅が決まるので,遅延型のパルスを発生させるには,遅らせたい時間のパルスを発生させるワンショット・マルチバイブレータと,その後に必要なパルス幅を発生させるワンショット・マルチバイブレータを組み合わせればよいわけです.

実験に使った回路を**図6.21**に示します.この場合,遅らせたい時間T_1(約$8\,\mu s$)はR_1とC_1によって

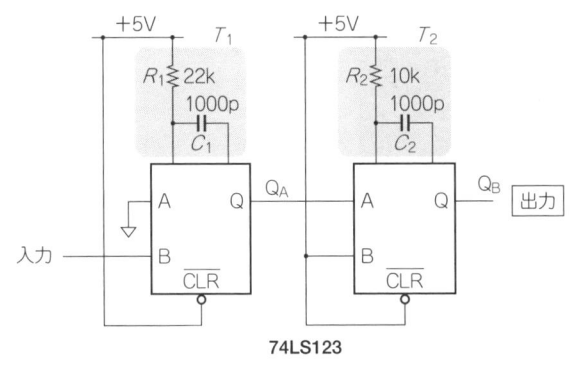

図6.21 遅延型のパルス発生回路

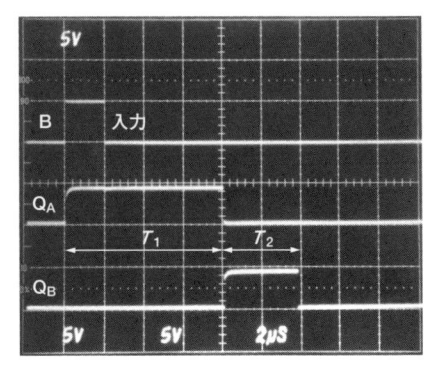

写真6.11 図6.21の動作波形

決まり，出力パルスの幅 T_2（約 $4\,\mu s$）は，R_2 と C_2 によって決まります．そして，トリガ入力は T_1 を決めるワンショット・マルチバイブレータのB入力に加えられているので，入力信号の立ち上がりによって動作することになります．そして，Q_A の出力は2段目のワンショット・マルチバイブレータのA入力に加えられていますから，Q_A の立ち下がりによって出力パルスがトリガされるわけです．**写真6.11**に，実験波形を示します．

また，T_1 を決めている R_1 を可変抵抗にすれば，出力パルスの発生する時間（入力トリガ信号からの遅れ時間）を任意に調整することができます．

このような機能をもった回路は，外部機器とのインターフェースなどでよく使用されています．キーボードやプリンタなどの機械接点をもっている装置では，それぞれの機器ごとにある決まったタイミングが要求されるので，そのようなときに使用すると便利です．

● **CMOSを使ったワンショット・マルチバイブレータ**

ワンショット・マルチバイブレータは，基本的にはゲートを組み合わせて作ることもできます．とくに，CMOSであれば入力に高い抵抗値を挿入することができるので，実用的な使い方が可能です．ここでは，その一例について実験してみましょう．

図6.22 は，4001のNORゲートを用いた一般的な回路です．この回路において，入力が"L"レベルのときは NR_1 の出力は"H"レベルになっており，C_T は非充電状態になっています．ここでは，入力にパルスが入ると NR_1 の出力は"H"→"L"に立ち下がり，Ⓔ点の電圧は瞬間的に0Vへ下げられます．

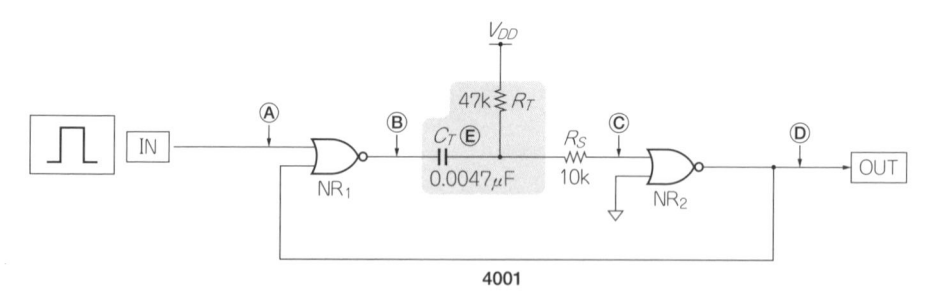

図6.22 ゲートによるワンショット・マルチバイブレータの実験

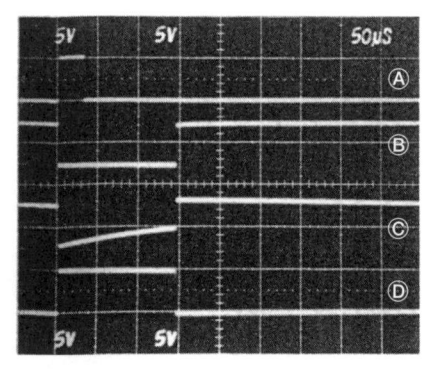

写真6.12 短い入力パルスの場合

Ⓔ点の電圧が0Vに下がるとNR₂の出力は"H"レベルとなり，NR₁出力にフィードバックがかけられて，入力に無関係に出力を"H"にホールドさせます．

Ⓔ点の電圧は，その後C_TがR_Tを通じて充電されるため，$C_T \cdot R_T$の定数で積分されていきます．そして，Ⓔ点の電圧がNR₂のスレッショルド電圧V_{TH}を越えると，出力を反転させワンショット・マルチバイブレータの動作が終了します．

このとき，V_{TH}が$1/2\ V_{DD}$であるとすると出力パルス幅t_Wは，

$t_W = 0.69 C_T R_T$

となります．

写真6.12は，短いパルスを入力した場合の各部の波形です．Ⓔ点（Ⓒと同じ）の電圧は，入力が入るとすぐに0Vになり，後は$C_T \cdot R_T$の時定数で上昇しますが，Ⓓの出力がOFFすると〔Ⓔ点の電圧は約$1/2\ V_{DD}$〕，V_{DD}が加算されて$3/2\ V_{DD}$となり，電源電圧をオーバしてしまいます．このため，NR₂の入力には保護用として10kΩ程度の抵抗を必ず入れてください．

写真6.13は入力のパルス幅が出力時定数以上に長い場合ですが，出力のパルス幅はまったく変動しません．

写真6.14は，**写真6.12**の動作開始部分の拡大写真です．Ⓐの入力が入ると，Ⓑの出力はNORゲート（NR₁）のディレイ分だけ遅れて出力を反転させますが，このときコンデンサを通したⒺ点の波形である

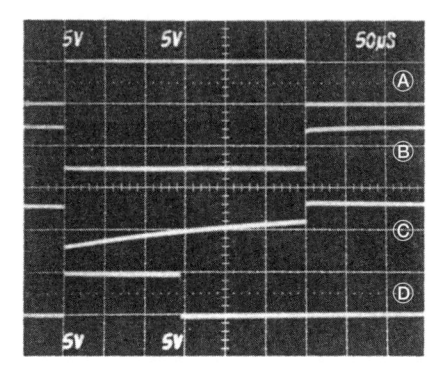

写真6.13　長い入力パルスの場合

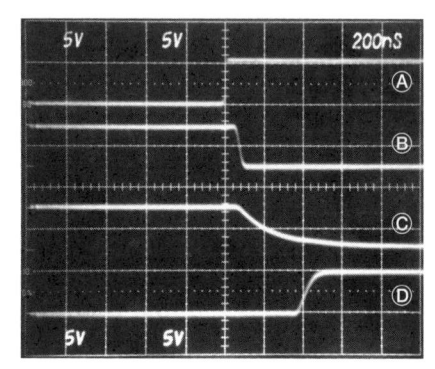

写真6.14　立ち上がり時の時間拡大

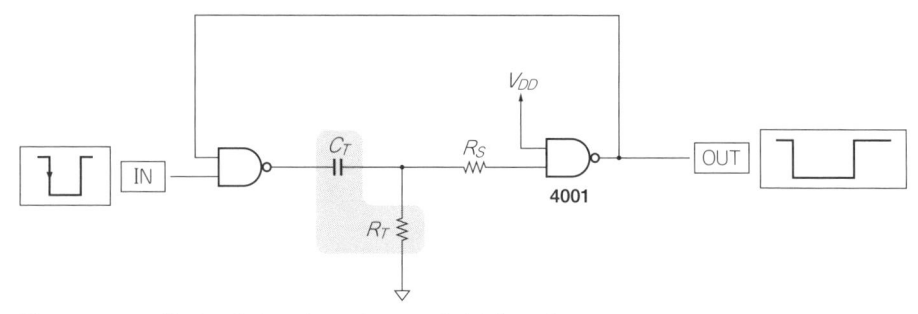

図6.23　NANDゲートによるワンショット・マルチバイブレータ

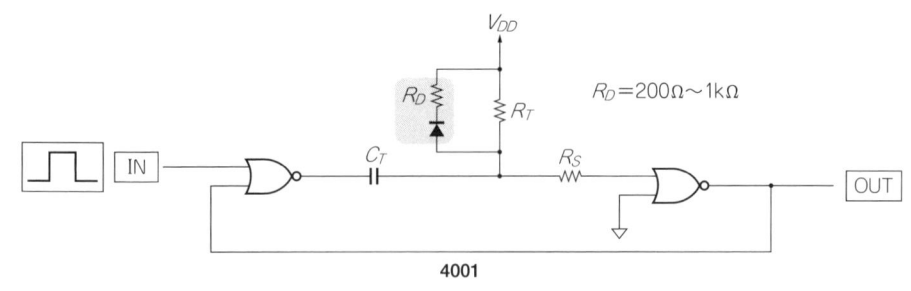

図6.24 放電のスピードアップ回路

Ⓒはほとんど同時に立ち下がっています．そして，出力であるⒹの波形はNORゲート（NR$_2$）のディレイ分だけ遅れて立ち上がりますので，この実験回路の最小入力動作パルス幅はNORゲート2段分のディレイ（NR$_1$ + NR$_2$ + CRの遅れ）となることがわかります．つまり，約200 nsと，非常に細いパルスで動作させることが確認できます．ここでの回路はNORゲートで構成してみましたが，同じ原理でNANDゲートでも構成できます．その例を図6.23に示します．

● **CMOSによるワンショットの問題点**

CMOSによるワンショット回路は，次に示すような制限があるので使用する際には注意が必要です．
(1) 入力をパルスで連続的に入れても，出力が出ている間の入力はまったく無視される（無視せずに，またその時点から再び動作するのは前述したリトリガラブル・マルチバイブレータ）．
(2) 出力が終了した後にすぐにパルスを入力すると，出力パルス幅は短くなる．

これは，**写真6.12**ⒸのようにC_Tが逆充電（約$1/2 V_{DD}$）されているために，入力が入っても0 Vまで下がらないため．
(3) 出力パルス幅以上の長い入力を入れた後の再入力でも，出力パルス幅は短くなる．

上記の(2)と(3)の現象を防止する方法として，**図6.24**のようにR_Tに放電用のダイオードを入れることにより，C_Tの逆放電を速くして改善することができます．

なお，このような問題が起こるような用途では，専用の74LS123や4528/4538を使うほうがよいでしょう．

本章で述べたように，パルス幅をコントロールするには，CRを使ったディレイ回路を使用すると少ない素子で簡単に実現することができます．しかし，ノイズの影響を受けやすい点など，安定性に欠けるという要素もあります．そこで最近では，ゲート規模の大きなロジック素子を自由に使えるようになってきたため，安定しているメイン・クロックを分周してタイミングを作る方法が一般的になってきました．

第7章 クロックを作る回路

ディジタル回路の中で演算などを実行させるためには，必ずディジタル・データの移動や保存を行わなければなりません．そして，このときに重要な役目を果たすのが，タイミング回路です．タイミング回路のことを，一般にはクロック（基準時計という意味）と呼んでいます．このクロックは，人間でいえば心臓の鼓動みたいなもので非常に重要です．ディジタル・システムの中では，このクロックが止まってしまえばたいていのディジタル・システムは止まってしまいます．

図7.1がクロック波形の代表的なものです．クロックとは一定の周期をもったディジタル信号であり，回路的にいえば図7.2に示すように，各機能をもった回路の間でのデータのやりとりや信号のタイミング調整などに使用されています．また，図7.2のように，クロックによって一連のデータのやりとりが

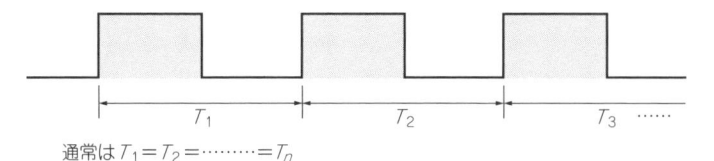

通常は $T_1=T_2=\cdots\cdots=T_n$

図7.1 ディジタル・システムのクロック
同じ周期の繰り返し波形（方形波と呼ぶ）．

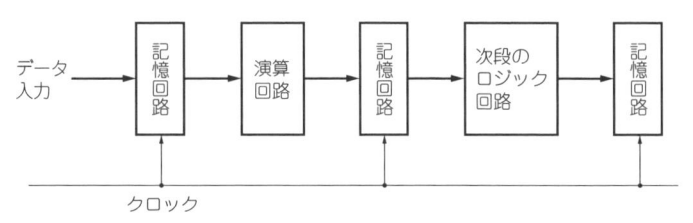

図7.2 クロックの働き
記憶するきっかけのタイミングをクロックがコントロールしている．

制御されている回路のことを同期回路と呼ぶことがあります．逆に，データのやりとりがクロックを介さずに逐次行われるような回路は非同期回路と呼ばれています．

ここでは，ディジタル・システムの中でクロックとして使用できる方形波の発生方法について実験していくことにしましょう．

7.1　CRのディレイを利用した発振回路

方形波のクロックを作る回路は，同じ波形を連続して発生するため発振回路と呼ばれています．もっとも簡単な回路は，反転増幅器としての機能をもったインバータを二組と，コンデンサ(C)と抵抗(R)とを組み合わせたものです．一般には，CR発振回路とも呼ばれています．

● CR発振回路の原理

CR発振回路の原形を図7.3に示します．インバータG_1の出力は，電源を投入したときは"H"レベルか"L"レベルになるはずです（どちらかはわからない）．仮に"H"レベルになったとすると，抵抗R_Tを介してコンデンサC_Tに電荷を充電します．ところが，コンデンサC_Tが充電されていくと，コンデンサの片側の電位はインバータG_1のスレッショルド電圧V_{TH}を越えることになります．すると，今度は抵抗R_Tを介して，C_Tに蓄えられた電荷を放電する，…ということを繰り返すことになるわけです．

このとき，回路の電源電圧をV_{DD}とし，二つのインバータが理想的な反転増幅器としての機能（入力電流が流れない，出力電流が無限にとれる，ゲインが無限に大きい）をもっているとすれば，コンデンサC_Tの片側がV_{TH}になるたびに極性反転することにより，C_Tの充電は$V_{DD}+V_{TH}$が瞬間的に行われ，放電はR_Tにより行われるので，回路の発振周期は，

$$T = -C_T R_T \left\{ \ln\left(\frac{V_{TH}}{V_{DD}+V_{TH}}\right) + \ln\left(\frac{V_{DD}-V_{TH}}{2V_{DD}-V_{TH}}\right) \right\}$$

となるはずです．

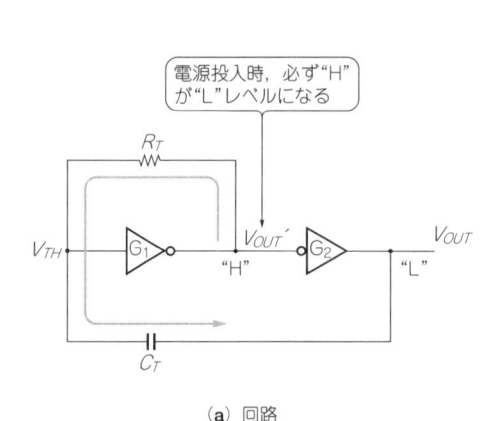

(a) 回路　　　　(b) 動作波形

図7.3　CR発振回路の原形と動作波形

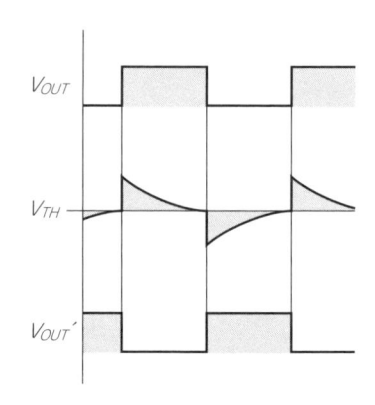

7.1 CRのディレイを利用した発振回路

● **TTL回路では計算どおりにならない**

　TTLでCR発振回路を組む場合は，TTLの入出力特性を増幅回路に向くように少しアレンジする必要があります．それには，インバータ間の結合を交流結合(コンデンサ結合)にし，インバータ自身のゲインを安定させるために帰還ループにダイオードや抵抗(1 kΩ)を挿入します．**図7.4**に，TTLによるCR発振回路の例を示します．

　TTLの場合はICの入力電流(I_{IL}, I_{IH})がかなり大きく，またファミリによってそれぞれ入力電流が異なるため，計算どおりの発振周波数は得られません．**図7.4**の回路でC_Tの値を1000 pFと10000 pFに設定し，インバータに74LS04と74S04を使用したときのそれぞれの発振波形を，**写真7.1**に示します．74LS04と74S04とでは入力電流がかなり異なるため，発振回路のC_TとR_Tの定数が同じでも**表7.1**に示すように発振周波数が異なっています．

　一般的に，TTLのCR発振回路では，ゲートに流れ込む入力電流の影響でC_TとR_Tの値を自由に選ぶことはできません．それぞれ使用するICに合わせて，安定に動作する値を選ぶ必要がありますが，**図7.5**に目安としてのC_T，R_Tの定数と発振周波数の関係を示します．

　なお，TTLによるCR発振回路を実際にクロックとして使用する場合は，**図7.4**に示したⒹの出力にもう1段インバータを追加したほうがよいでしょう．これは，もしⒹの出力に接続される負荷(容量分)が大きく変化(Ⓓに接続されるゲートの数が1個であったり10個であったりする場合)すると，発振周波数が変化してしまうためで，それを防ぐ意味でバッファとなるインバータが必要になるわけです．

● **CMOS 2段で構成する発振回路は要注意**

　これに対してCMOSを使ったCR発振回路は，TTLに比べてもっと広範囲にCRの値を選ぶことができます．**図7.6**に，CMOSを使ったCR発振回路の例を示します．この回路は，TTLに比べると少ない部品で回路を作ることができます．発振周期を決めるのは，R_TとC_Tです．

　ところで，**図7.6**の回路は**図7.3**の原理図とまったく同じです．つまり，CMOSは理想的な増幅器と

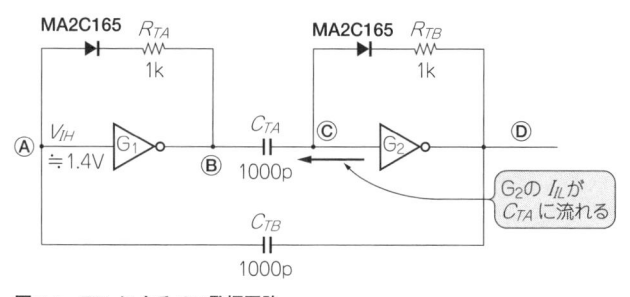

図7.4　TTLによるCR発振回路

表7.1　74LS04と74S04の発振周波数

C_Tの値	74LS04	74S04
1000 pF	約590 kHz	約2.9 MHz
10000 pF	約78 kHz	約350 kHz

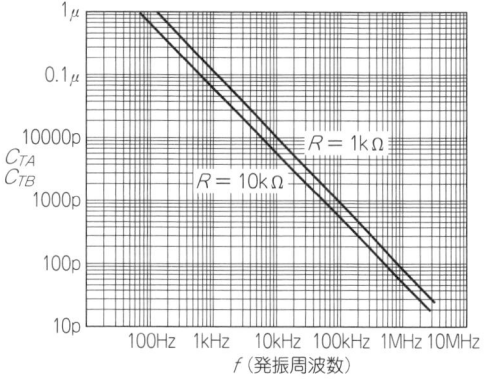

図7.5　74LS04を使った発振回路の周波数選定の目安

第7章

(a) 74LS04 ($C_T = 1000$pF)

(b) 74S04 ($C_T = 1000$pF)

(c) 74LS04 ($C_T = 10000$pF)

(d) 74S04 ($C_T = 10000$pF)

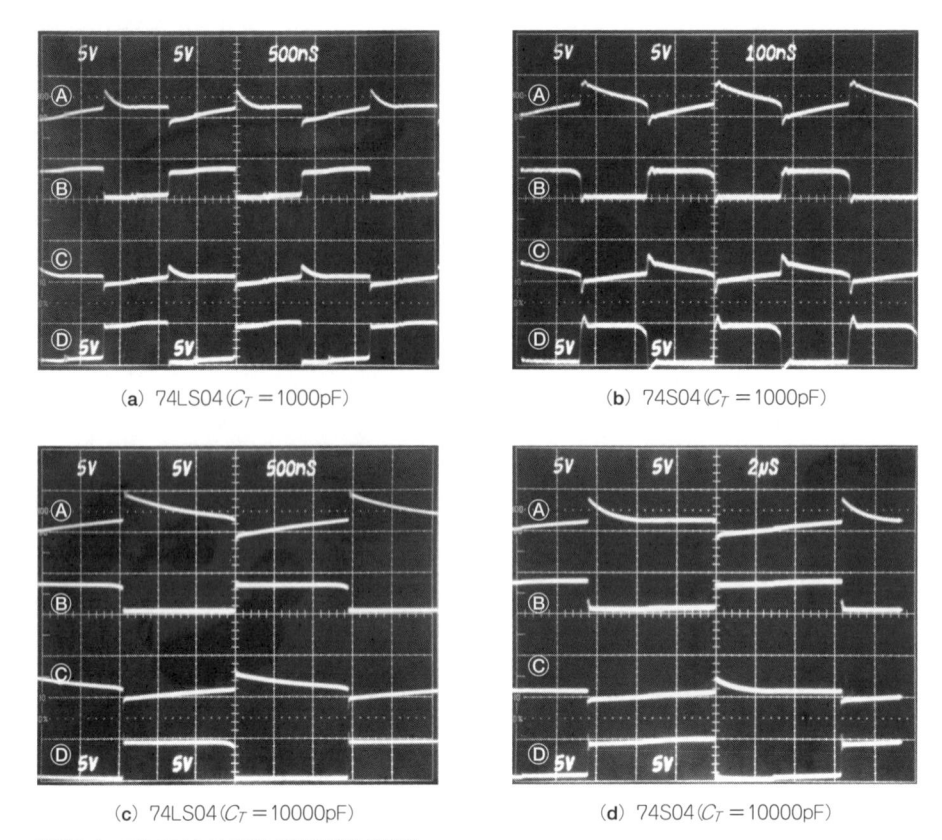

写真7.1　74LS04と74S04の発振波形の比較

しての性質をもっているわけです．**写真7.2**に，**図7.6**における発振波形を示します．

ところが，このCR発振回路には問題点が二つほどあるのです．一つは，インバータの入力Ⓐ点に電源電圧 V_{DD} よりも高い電圧や，GNDレベルより低い電圧が直接加えられてしまうということです．CMOSに限らず，ICやLSIにはGNDレベルよりも低い電圧や，電源電圧よりも高い電圧を加えることは禁じられています．それはICの内部構造によるもので，ICやLSI内部のダイオード接合(PN接合)を壊してしまう可能性があるからです．これを防ぐためには，入力に保護回路を入れる必要があります．入れる場所はⒶ点とインバータの入力との間で，その値は R_T の1〜10倍ぐらいが適当でしょう．保護抵抗の値は多少ラフでも，発振周波数の変動はほとんどありません．

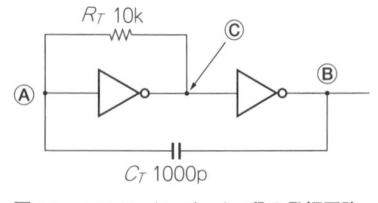

図7.6　CMOSインバータ2段の発振回路

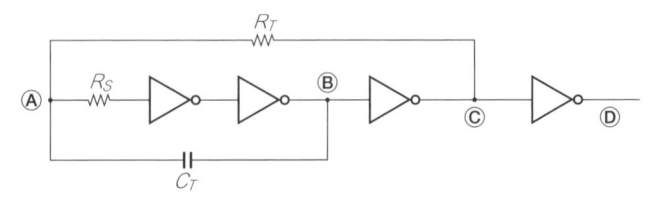

図7.7　CMOSインバータ3段の発振回路

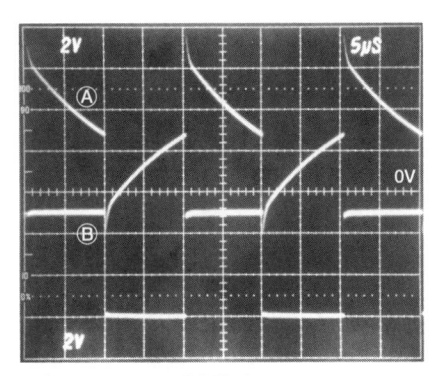

写真7.2 図7.6の動作波形

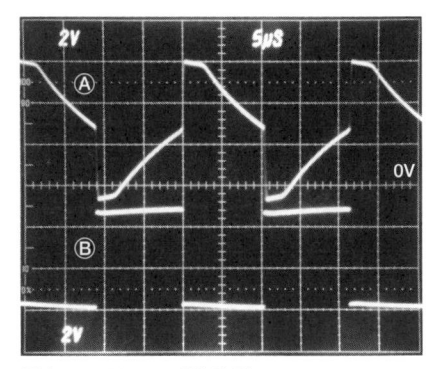

写真7.3 図7.7の動作波形
($R_T = 1\,\text{k}\Omega$, $R_S = 10\,\text{k}\Omega$, $C_T = 0.01\,\mu\text{F}$)

二つ目の問題は，インバータの特性によるものです．インバータはディジタルICですが，完全に理想的なものとはいえません．それは，インバータの動作電圧レベルが0V("L")や5V("H")以外の電圧状態も取り得るということです．たとえば，発振回路に使用しているインバータが二つともまったく同じ特性であったとすると，Ⓐ点がスレッショルド電圧V_{TH}になったときにⒸ点もV_{TH}の電圧となり，またⒷ点もV_{TH}となってしまうのです．このような状態では回路は発振せず，出力電圧がV_{TH}のまま安定してしまう可能性があります．

発振回路に使うインバータを同じICパッケージ内のものを使用すると，このような現象が起こることがよくあります．同一パッケージ内の各ゲートは一つのチップの中に収められているため，その特性，つまりV_{TH}などが非常によく似ているのです．

● CMOS 3段で構成する発振回路

前述のようなトラブルをさけるため，CMOSの発振回路では，インバータを3段にした回路がよく使用されています．この構成を**図7.7**に示します．

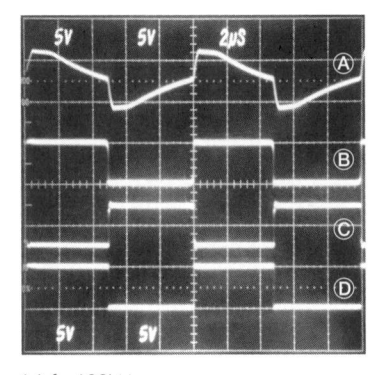

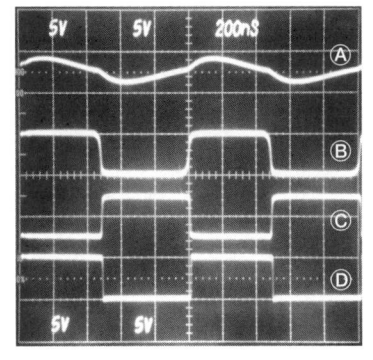

(a) $f=100\,\text{kHz}$
($R_T = 2.25\,\text{k}\Omega$, $R_S = 10\,\text{k}\Omega$, $C_T = 1000\,\text{pF}$)

(b) $f=1\,\text{MHz}$
($R_T = 2.25\,\text{k}\Omega$, $R_S = 10\,\text{k}\Omega$, $C_T = 100\,\text{pF}$)

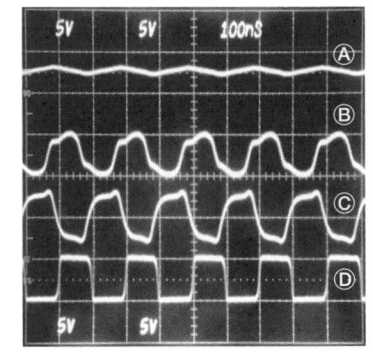

(c) $f=5\,\text{MHz}$
($R_T = 100\,\Omega$, $R_S = 10\,\text{k}\Omega$, $C_T = 100\,\text{pF}$)

写真7.4　74HC04インバータによる100 kHz, 1 MHz, 5 MHzの発振波形

また，R_Tに1kΩ，C_Tに0.01μFを使用したときの発振波形を**写真7.3**に示します．**図7.7**の回路では，出力にバッファ用のインバータが入っているので，Ⓓの出力はそのままシステムのクロックとして使用することが可能です．CMOSによるCR発振回路は，数百kHz以下の発振であれば，前述した式に近い計算どおりの発振周波数が得られます．

実際にシステムで使用されるクロックは，100kHzとか1MHzの周波数がよく使われるので，その場合の発振波形を**写真7.4**に示します．写真(a)は100kHz，写真(b)は1MHz，写真(c)は5MHzです．

発振波形を比べてみるとわかるように，発振周波数が高くなるとⒶの部分の振幅はだんだん小さくなっています．ICの配線容量や入力容量などの影響で，CR発振回路はあまり高い周波数を安定に発振させることはできません．高い周波数のクロックが必要な場合は，後に述べる水晶発振回路を使用したほうがよいでしょう．

図7.8に，CMOSによるC，Rの定数と発振周波数の目安を示します．

● **発振回路を制御する方法**

システムを設計する際，非同期で入力される信号（システムの内部クロックとまったく同期しない信号）に対して，それに同期させて発振させる場合があります．ここでは，CRによる発振回路に発振のコントロール端子をつけた場合の動作を実験します．

発振をコントロールする方法はいろいろありますが，発振回路初段のインバータをNANDゲートにしてコントロールする回路を**図7.9**に示します．

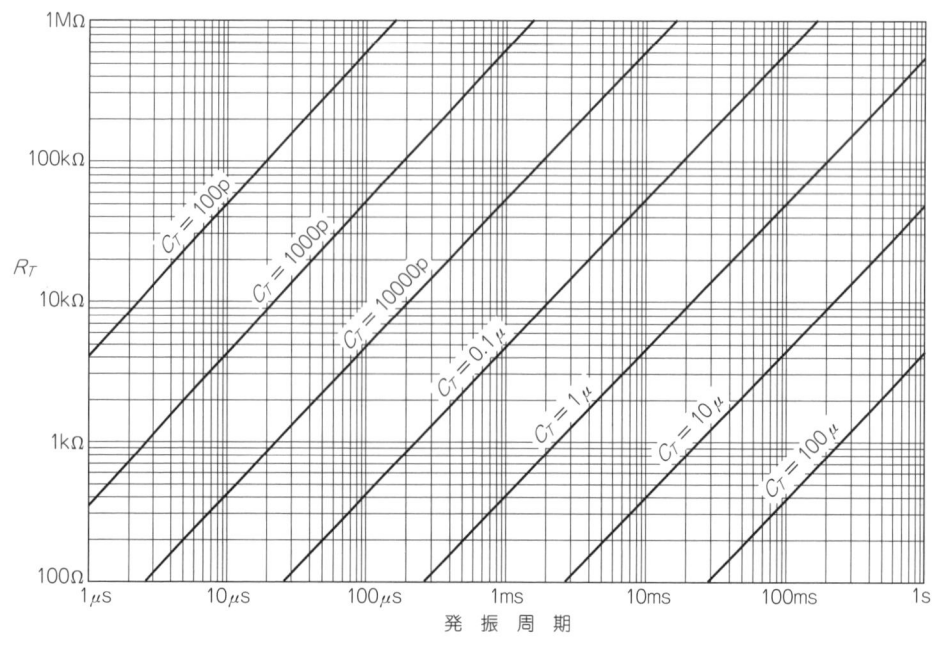

図7.8 74HC04を使った発振回路の周波数選定の目安

この回路において，入力が"L"レベルのときはNANDの出力は常時"H"であり，発振はしません．そして，出力も"H"状態となります．入力を"L"→"H"にすると，INV_1の出力は同様に"L"→"H"となり，Ⓑ点の電圧は発振停止時V_{DD}であったために$2V_{DD}$となります．このⒷ点は，2回目の発振以降は$V_{DD}+V_{TH}$にしかなりませんので，V_{TH}分だけ放電に時間がかかり，2回目以降の発振に比べて，$0.29C_TR_T$秒だけ長く出力されます．

この回路の動作波形を**写真7.5**に示します．1発目のパルス幅は，電流制限用に入れたR_Sの抵抗が$10\,\mathrm{k\Omega}$と低すぎたために，差は出てきませんでした．しかし，Ⓑ点の電圧は2発目のパルスのときより高い電圧（$2V_{DD}$）になっていることが確認できます．

● **LCによる発振回路**

CMOSのインバータを用いた発振回路にはいろいろな形式がありますが，ここでは発振の可変が容易で，かつ適当な安定度のあるLC発振回路を実験してみることにしましょう．

図7.10が，標準的なLCの発振回路です．この回路の発振周波数はLとC_1，C_2で決まりますが，支配的なのはL_1とC_1であり，

$$f \fallingdotseq \frac{1}{2\pi\sqrt{L_1C_1}}$$

となります．

図7.11は，NANDゲートによる発振制御の回路であり，コントロール入力を"H"レベルにすることにより発振を制御することができます．

写真7.6は，**図7.10**のインバータ発振回路の波形です．Ⓐは入力波形を示していますが，C_1とC_2の値の比により入力のスイング・レベルが決まります．しかし，いずれもV_{DD}とV_{SS}よりも振り切れているので，電流制限用のR_Sが必要です．

また，出力は方形波にはならないので，もう一度インバータまたはシュミット・トリガで波形を整形する必要があります．

写真7.7は，**図7.11**のNANDによる発振回路であり，コントロール入力により発振のスタート／スト

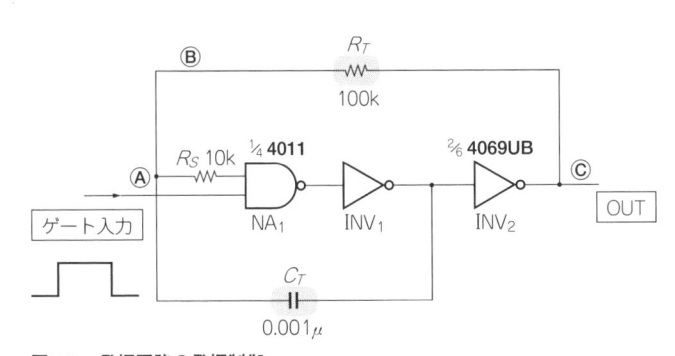

図7.9　発振回路の発振制御

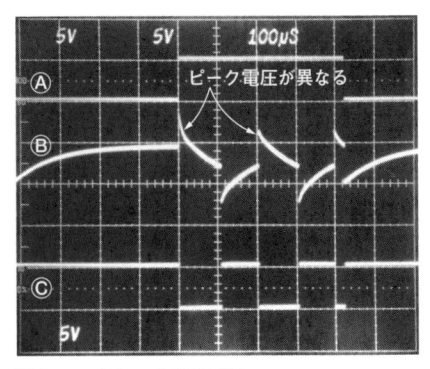

写真7.5　図7.9の動作波形

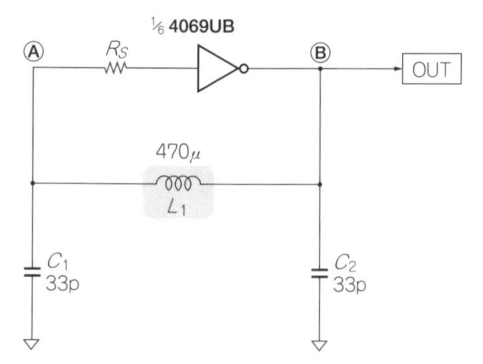

図7.10　LC発振の実験回路

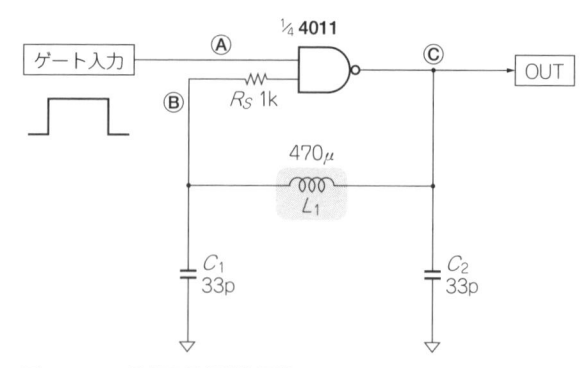

図7.11　LC発振の発振制御回路

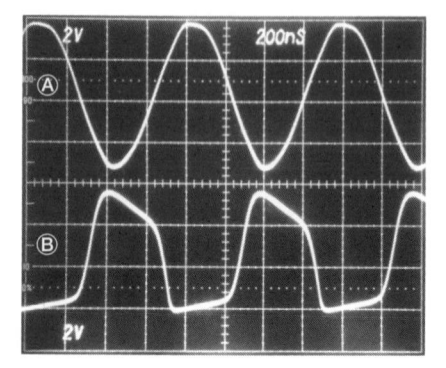

写真7.6　図7.10の動作波形

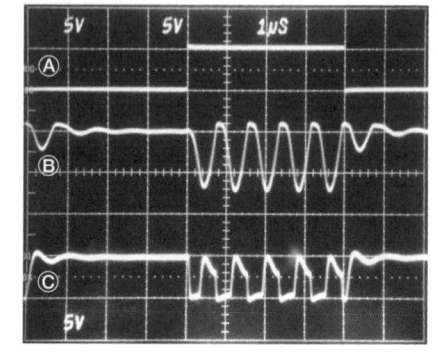

写真7.7　図7.11の動作波形

(a) 一般のゲート　　(b) シュミット・トリガ

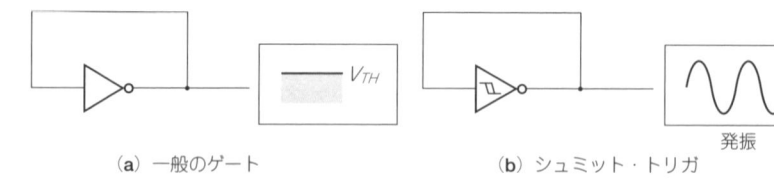

図7.12　ゲートの出力を入力に接続すると

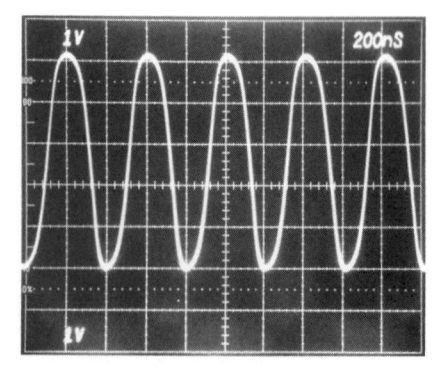

写真7.8　図7.12(b)の動作波形

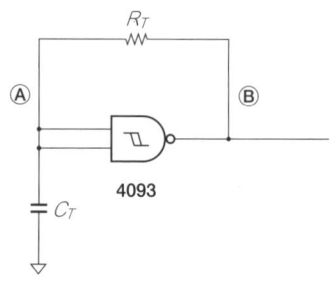

図7.13　シュミット・トリガによる発振回路

ップさせたときの発振の開始と終了の波形です．

写真のように，4μs幅のコントロール・パルス幅でも正確にスタート/ストップを行うことができますので，安定な発振でかつ正確なスタート/ストップ特性を要求される場合には最適な回路といえます．

● シュミット・トリガを利用する発振回路

CRによるディレイを利用する方法の一つとして，回路を小さくしたい場合に役立つのがシュミット・トリガICです．

一般のインバータやゲートで図7.12のように入出力間を接続すると，出力電圧は自分自身のもつスレッショルド電圧V_{TH}に固定されてしまいますが，シュミット・トリガICは，すでに第6章で紹介したように，スレッショルド電圧が2点(V_{TN}，V_{TP})あるため，その電圧差によって出力電圧は自分自身の遅延時間による発振を起こしてしまいます．写真7.8がその発振例です．

そこで，この性質を利用して，シュミット・トリガの入出力間にCRによるディレイ回路を挿入すると，そのディレイ時間とスレッショルド電圧の差によって任意の周波数の発振回路を作ることができます．図7.13が，実際の回路構成です．写真7.9に発振波形を示します．Ⓐの波形が右上がりになっている期間は，ゲートの出力Ⓑから抵抗R_Tを通してコンデンサC_Tに電流が流れ，Ⓐ点の電位が徐々に上昇していきます．そして，V_{TP}＝約3.1Vになったときに出力Ⓑは"L"となります．

Ⓑが"L"になると，今度はコンデンサに蓄えられていた電荷がR_Tを通して徐々に放電していきます．そして，Ⓐ点の電位がV_{TN}になるとⒷが反転して出力が"H"レベルとなり，最初の状態にもどります．このようにして，発振を繰り返すわけです．

なお，NANDシュミットの片方の入力をV_{DD}に接続した場合と両入力を一緒に接続した場合とでは，すでに第6章の写真6.3と写真6.4で示したようにV_{TP}とV_{TN}が変化するため，使用するR_T，C_Tの値が同じでも発振周期は異なってきます．

図7.14に，シュミット・ゲートを使ったCR発振回路の発振周期と抵抗，コンデンサの値との関係を示します．この図では，周期の短いところ（周波数の高い部分）でICのゲート・ディレイによると思われる非直線部分が現れています．したがって，発振周期の短いほうは10μsぐらいが限度と思われます

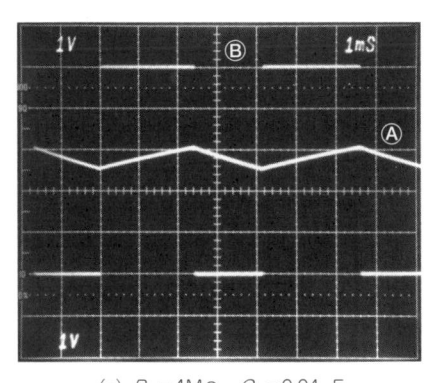

(a) R_T＝1MΩ，C_T＝0.01μF　　　(b) R_T＝10kΩ，C_T＝0.01μF

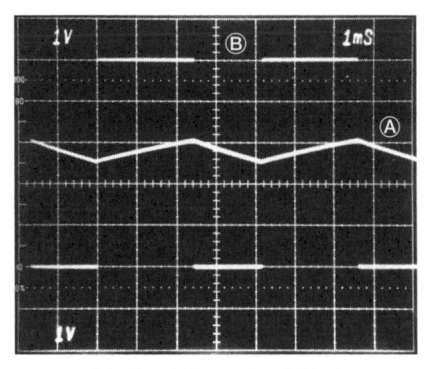

写真7.9　図7.13の動作波形

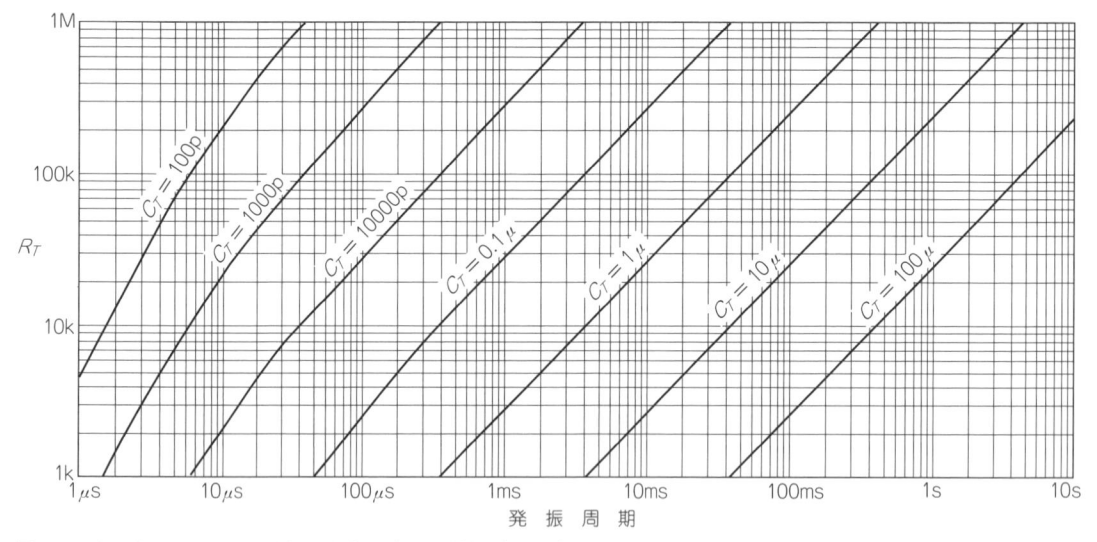

図7.14 シュミット・トリガを使った発振回路の周波数選定の目安

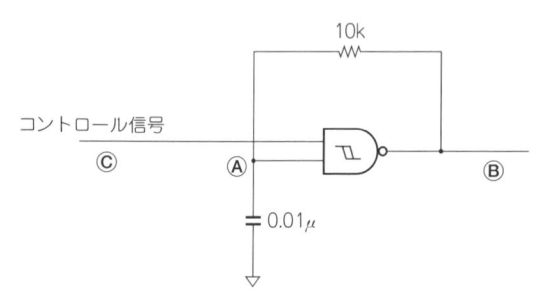

図7.15 シュミット・トリガ発振の発振制御回路

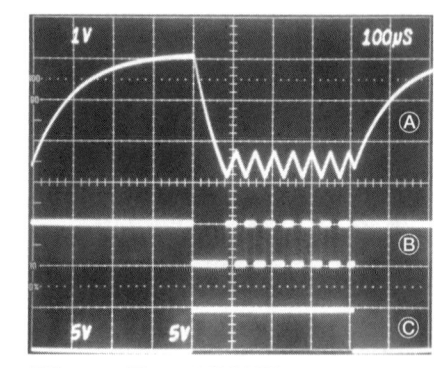

写真7.10 図7.15の動作波形

(4093の場合). また, 長いほうは何秒でも大丈夫ですが, あまり長い周期の発振は外来ノイズの影響が出てくるので10秒ぐらいが実用限界と考えたほうがよいでしょう.

シュミット・ゲートを使ったCR発振回路で, 発振を制御する場合の回路を**図7.15**に示します. この回路の場合, **写真7.10**に示すようにコントロール信号が"H"のときに発振し, "L"のときに発振が停止するようになっていますが, 正常な発振周期になるには少し時間が必要ですので注意してください.

7.2 安定度の高い発振回路

CRのディレイを使った発振回路は手軽でよいのですが, 唯一の欠点として発振周波数の安定度の限界があります. この安定度は, 比較的低い周波数(数十kHz以下)の場合でも0～70℃の温度範囲において2～5%ほどになります. これはCR自身の温度変動のほかに, ICのスレッショルド電圧の変動な

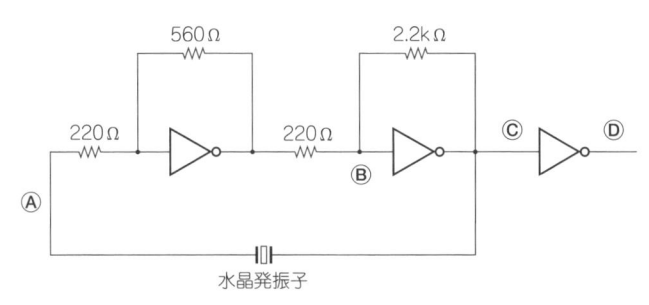

図7.16　74LS04による水晶発振回路

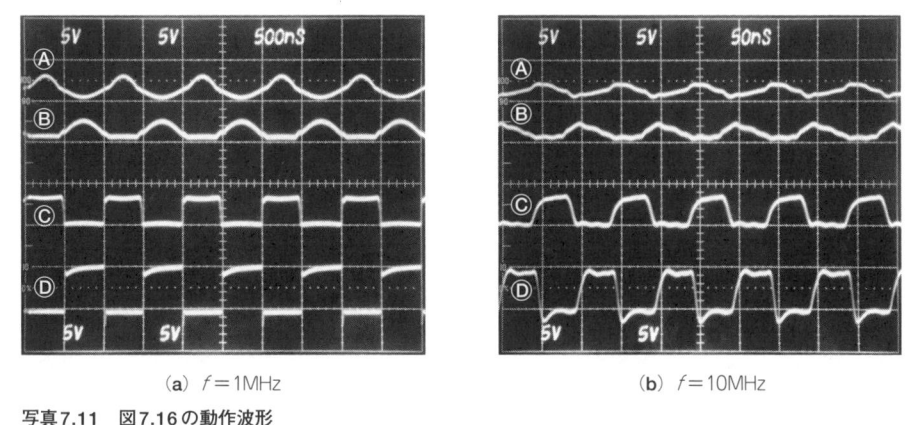

(a) $f=1\text{MHz}$

(b) $f=10\text{MHz}$

写真7.11　図7.16の動作波形

どが原因です．そこで，より安定なクロックを必要とする場合には，水晶発振子などを使った回路を構成することになります．

● **TTL水晶発振回路**

　水晶発振回路は，腕時計などの基準クロックとして有名ですが，その安定度は50 ppm以内（0～70℃において）といわれています．ppmは100万分の1のことですから，大変な安定度です．

　図7.16に，TTLによる水晶発振回路の例を示します．この発振回路は，高い利得をもった増幅器の出力から，ある一定の周波数だけを通すフィルタを通して，入力に信号を返してやると，その選択された周波数が増幅されて出力に現れます．そして，その増幅された信号がまた入力に入り，増幅されて出力となります．この繰り返しを行うことによって発振が続くわけです．そのときに使用されるフィルタに水晶片を用いるのが，水晶発振回路と呼ばれているものです．

　インバータに74LS04を使用したときの発振波形を**写真7.11**に示します．写真(a)は1 MHzの水晶を使用したとき，写真(b)は10 MHzの水晶を使用したときのそれぞれの発振波形です．

　水晶発振回路では，製作上とくに注意することはありませんが，TTLを用いた場合は抵抗は**図7.16**の値を使用するようにしてください．とくに560 Ωと2.2 kΩは，あまり大きく異なった値のものを使用すると，発振しない場合もあります．

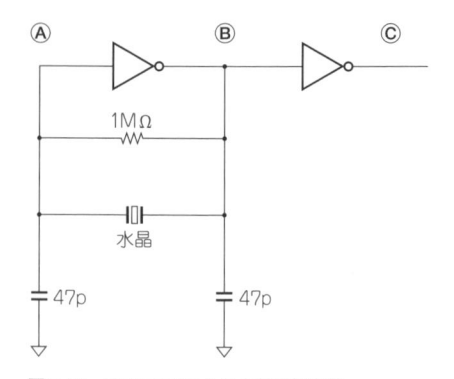

図7.17　74HC04による水晶発振回路

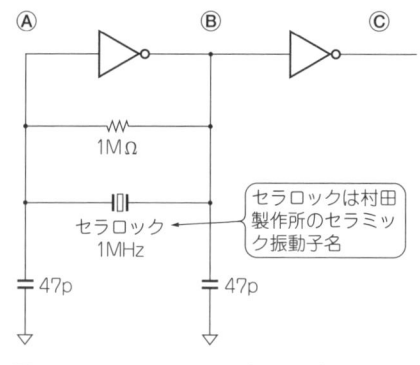

図7.18　CMOSによるセラミック発振回路

（セラロックは村田製作所のセラミック振動子名）

(a) $f=1$MHz

(b) $f=10$MHz

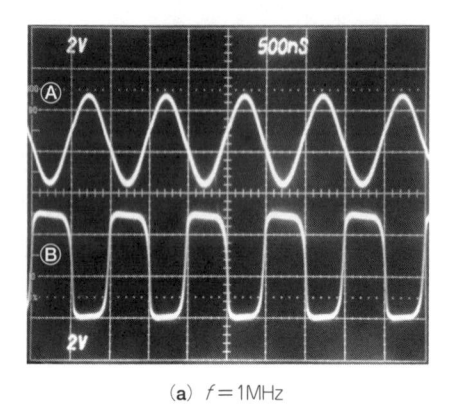

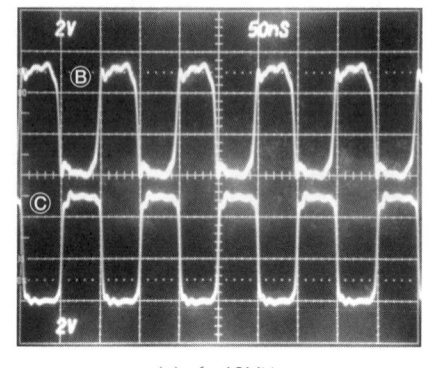

写真7.12　図7.17の動作波形

● CMOS水晶発振回路

　CMOSの場合は，TTLに比べると簡単に水晶発振回路を構成できます．図7.17に，CMOS水晶発振回路を示します．インバータに74HC04を使用し，1 MHzと10 MHzの水晶を使った場合の発振波形を写真7.12に示します．1 MΩの抵抗はかなりラフでよく，数百kΩ～数MΩまで発振します．インバータの入力と出力につながっている47 pFのコンデンサは，発振周波数により最適な値がありメーカから推奨値が公表されています．10 MHz程度までの周波数で安定度をそれほど求めないのであれば，20～50 pFぐらいの値で発振するはずです．

● セラミック発振子による発振回路

　水晶発振回路は安定度の面で非常に優れていますが，価格的にはよほど量産されている周波数以外は高価です．そこで，水晶発振子の代わりにセラミック発振子を使用することもあります．

　セラミック発振子は，水晶発振子と基本的には同じように使用することができます．また，電気的等価回路も水晶と同じです．水晶発振子と大きく異なる点は，発振の安定度と価格です．

　価格はセラミック発振子のほうが安く，使用周波数によっても異なりますが，水晶の約1/10～1/15ぐらいです．ただし，安定度は水晶に比べて悪く，0～70℃の範囲で3000 ppm～5000 ppm（0.3％～

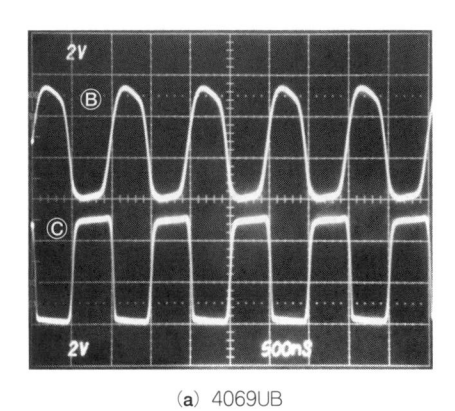

(a) 4069UB

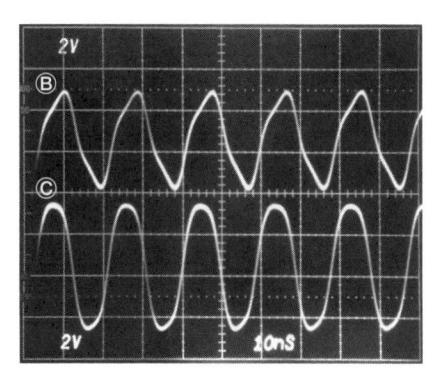

(b) 74HC04（異常発振）

写真7.13　図7.18の動作波形

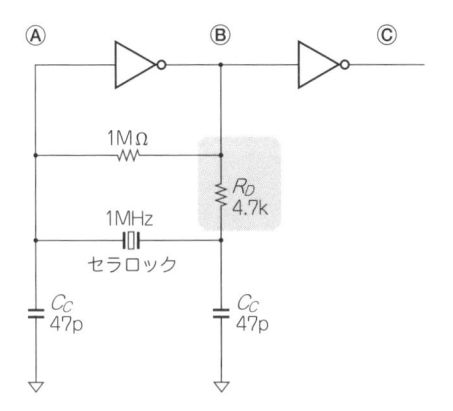

図7.19　セラミック発振回路の改善

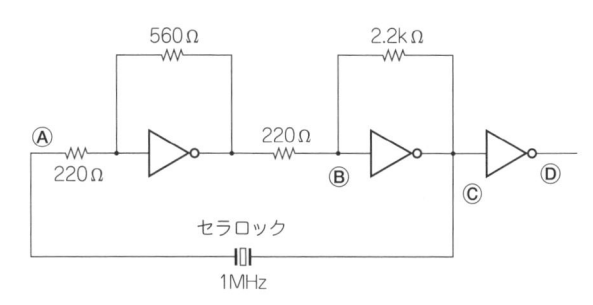

図7.20　TTLによるセラミック発振回路

0.5％）です．水晶は普通50 ppmぐらいですから，安定度の面ではかなり劣っていることがわかります．しかし，それでもCR発振に比べると問題にならないくらい安定なので，手軽に使用できるという点では便利なものといえるでしょう．

図7.18に実験に使用した回路を示します．回路定数は水晶の場合とまったく同一です．**写真7.13**に動作波形を示します．写真(**a**)は4069UBを使用したものですが，発振波形もきれいで安定した動作をしています．写真(**b**)は，ちょっと異常な動作をしていることがわかると思います．使用したインバータは74HC04です．発振周波数がなんと50 MHzになっているのです．これはセラミック発振子の発振周波数とは無関係に，回路が異常発振をしているためです．

水晶の場合は同じ条件でもまったく問題はなかったので，これはセラミック発振子の発振安定性およびICのゲインの問題だと思われます．水晶と電気的等価回路が同じでも，各部の定数が異なるためでしょう．このような異常発振を止めるためには，**図7.19**のようにセラミック発振子とインバータの出力の間に抵抗R_Dを入れるとよくなります．このときの発振波形を**写真7.14**に示します．

TTLを使ったセラミック発振回路も水晶の場合と同様です．**図7.20**に動作回路を，**写真7.15**に74LS04と74S04を使った場合の動作波形を示します．TTLの場合はインバータの動作スピードによる

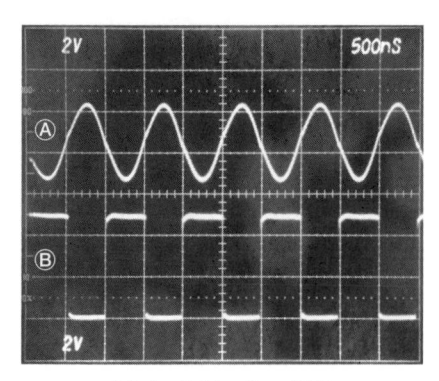

(a) $f=1$MHz, $C_C=47$pF

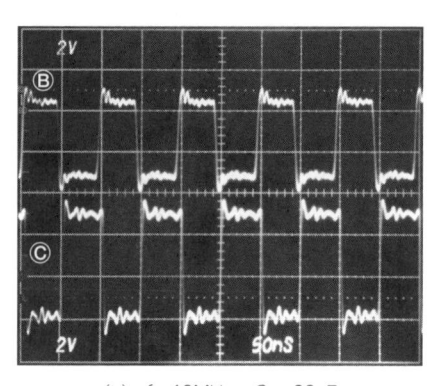

(b) $f=10$MHz, $C_C=22$pF

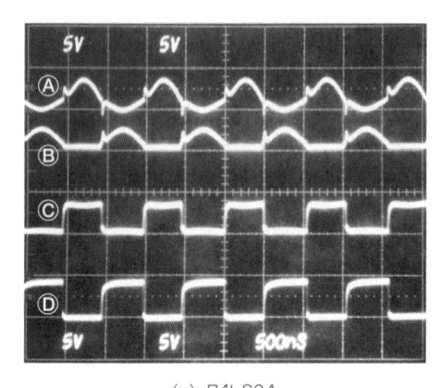

写真7.14 図7.19の動作波形(74HC04)

(a) 74LS04

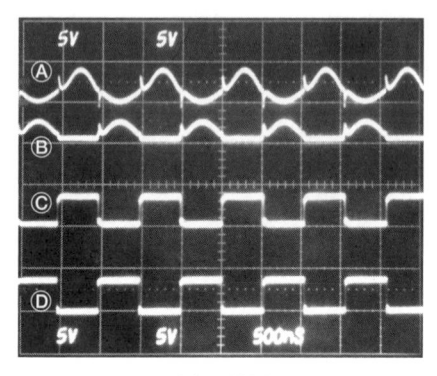

(b) 74S04

写真7.15 図7.20の動作波形($f=1$ MHz)

差は見られず,どの場合も安定した出力波形が得られています.

なお,水晶やセラミックによる発振回路も,基本的には図7.11のように発振の制御を行うことができます.しかし,発振が開始するまでに,

　　セラミック発振子…1～5 ms

　　水晶発振子…………10 ms～100 ms

の起動時間がかかるので注意が必要です.

第8章 シフトレジスタ

　コンピュータなどでデータを一時的に記憶する装置を，一般にレジスタと呼んでいます．そして，第4章で示したように2進1ビットのデータは，一個のラッチあるいはフリップフロップで記憶させることができます．すなわち，レジスタはフリップフロップによって構成されています．

　また，記憶しているデータをクロックごとに1ビットずつ移動させる機能を持ったレジスタは，シフトレジスタと呼ばれます．シフトレジスタの働きは，単にデータを移動させるだけでなく，シリアル（直列）データをパラレル（並列）データに変換したり，パラレル・データをシリアル・データに変換したりする機能をもっており，いろいろな用途に使用できます．

8.1 シフトレジスタの基本機能

　フリップフロップを多段接続するという点では，シフトレジスタとカウンタはよく似ていますが，機能はかなり異なっています．シフトレジスタの基本動作は，入力データがクロックによって順次フリップフロップの後段のほうに移動していくというものです．したがって，入力データはあらかじめクロックと同期しているのが前提です．

● フリップフロップの直列接続

　シフトレジスタの動作を説明するために，フリップフロップを使用した基本的なシフトレジスタを作ってみましょう．

　まず，Dフリップフロップを使用して，4ビットのシフトレジスタを構成することを考えてみます．シフトレジスタの基本は各フリップフロップのクロックを共通にし，データの入力と出力を直列に接続していくというもので，図8.1がその基本回路です．

第8章

　Dフリップフロップ7474を使用すると，入力Dに加えられるデータはクロックの立ち上がり時にフリップフロップに読み込まれ，その前に蓄えられていたデータは次段のフリップフロップに読み込まれます．すなわち，データは順次後段へ移動（シフト）して，最後段のフリップフロップに蓄えられていたデータは，1個目のクロックで消えてしまうことになります．つまり，4ビットのシフトレジスタではクロックを4個加えることで，それまでに蓄えられていたデータは全部なくなってしまうわけです．このデータの時間的な流れを示したものが，図8.2です．

● 入力データがシリアルに移動する効果

　図8.2を見ると，入力データはクロックによって後段へシフトしていきますが，入力データと各フリップフロップの出力の関係に注目すると，入力のシリアル・データはそのデータのシフトが終了した時点で並列データに変換されているのです．図8.2の場合は4ビットのシフトレジスタですから，4個目のクロックが終了した後を注目すると，シリアル・データからパラレル・データへの変換が完了していることがわかると思います．

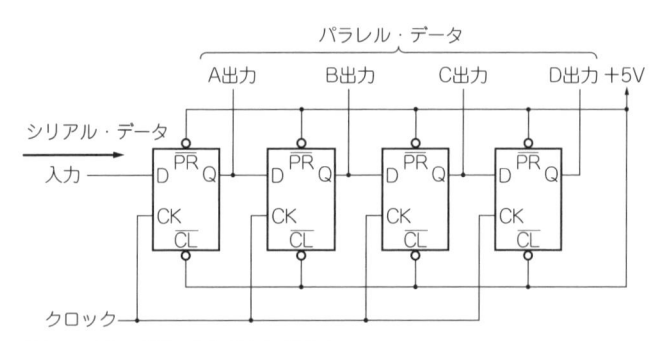

図8.1　7474を使ったシフトレジスタ

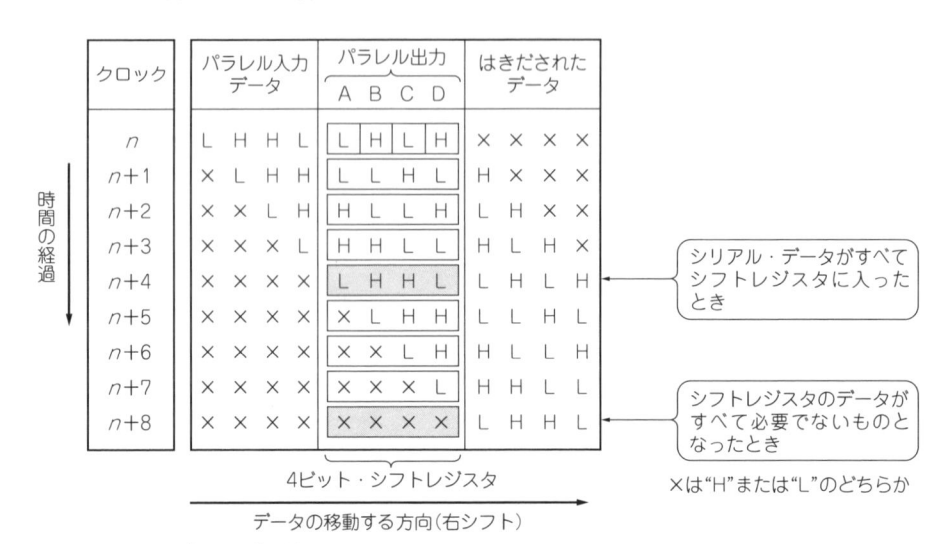

図8.2　シフトレジスタの基本機能

そして，さらにクロックが4個入力されると，それまでに入ったデータはDフリップフロップの中から完全に出されてしまいます．実際には，次のデータが入っているわけですが，必要な部分だけに注目すると入力データはなくなってしまいます．図8.2で×印のデータは，とりあえず注目していない入力データです．

図8.2の関係をタイムチャートにすると，図8.3のようになります．シリアル・データは，クロックの立ち上がりに同期して，"L""H""H""L"という順に入力されるものとします．最初の"L"(①のデータ)はCK_2のクロックで1段目のフリップフロップに取り込まれ，A出力は"L"となります．そして，CK_3のクロックでA出力の"L"はB出力へ移動し，A出力は次のデータ"H"(②のデータ)が取り込まれます．

このように，順次データが移動し，①の"L"データはCK_5のクロックによりD出力まで移動しています．この時点で，シリアル・データ"L""H""H""L"(①，②，③，④の各データ)は，それぞれD出力，C出力，B出力，A出力の順に並ぶことになります．つまり，シリアル-パラレル変換が行われたことになっているのです．

シフトレジスタのもう一つの機能に，データ遅延があります．シリアル・データ入力とD出力のデータについて注目してみると，D出力はシリアル・データ入力に対して正確に4クロック分だけずれていることがわかります．

フリップフロップが4個のシフトレジスタ，すなわち4ビットのシフトレジスタは，入力したデータが最後の出力に現れるのに4クロック必要になります．したがって，データを一定の時間遅らせて使いたいときにシフトレジスタを利用すると大変便利です．データの遅れる時間は「クロックの周期」×「シフトレジスタのビット数」となりますから，簡単に計算で求めることが可能です．

たとえば，データを正確に10 ms遅らせたいときは，1 ms(1 kHz)のクロックを使えば，10ビットのシフトレジスタでその遅れが実現できるわけです．

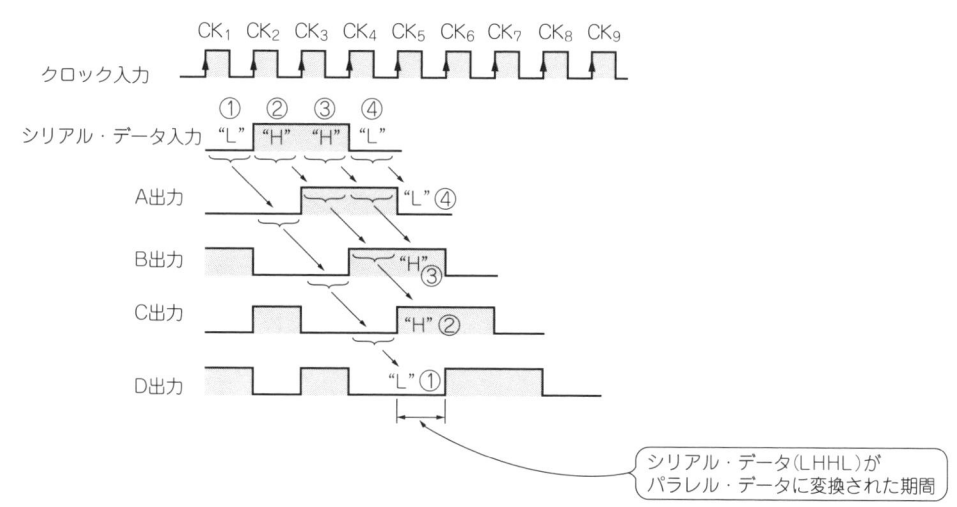

図8.3　シフトレジスタのタイムチャート(7474を使用した場合)

第8章

8.2 カウンタ機能の利用法

シフトレジスタもカウンタと同様に，専用ICがたくさん用意されています．ここではその代表的なものを紹介しながら，シフトレジスタの応用について実験していくことにしましょう．

● シリアル入力パラレル出力8ビット・シフトレジスタ74164

74164は，図8.1に紹介した回路と同じような構成の基本的なシフトレジスタです．図8.4に内部構成とピン接続図を示します．74164は8ビットのシフトレジスタで，各フリップフロップをリセットできるダイレクト・クリア端子をもっています．データ入力はAとBの二つがありNAND構成になっています．したがって，一つのデータ入力を，入力制御のゲートとして使用することが可能です．つまり，B入力をコントロール入力とし，A入力をデータ入力とすると，データ入力を禁止する場合はB入力を"L"にすることで，データは74164の中に取り込まれません("L"入力状態となる)．B入力を"H"にすると，A入力に加えられるデータによって"H"と"L"のデータが74164の内部に取り込まれることになるわけです．

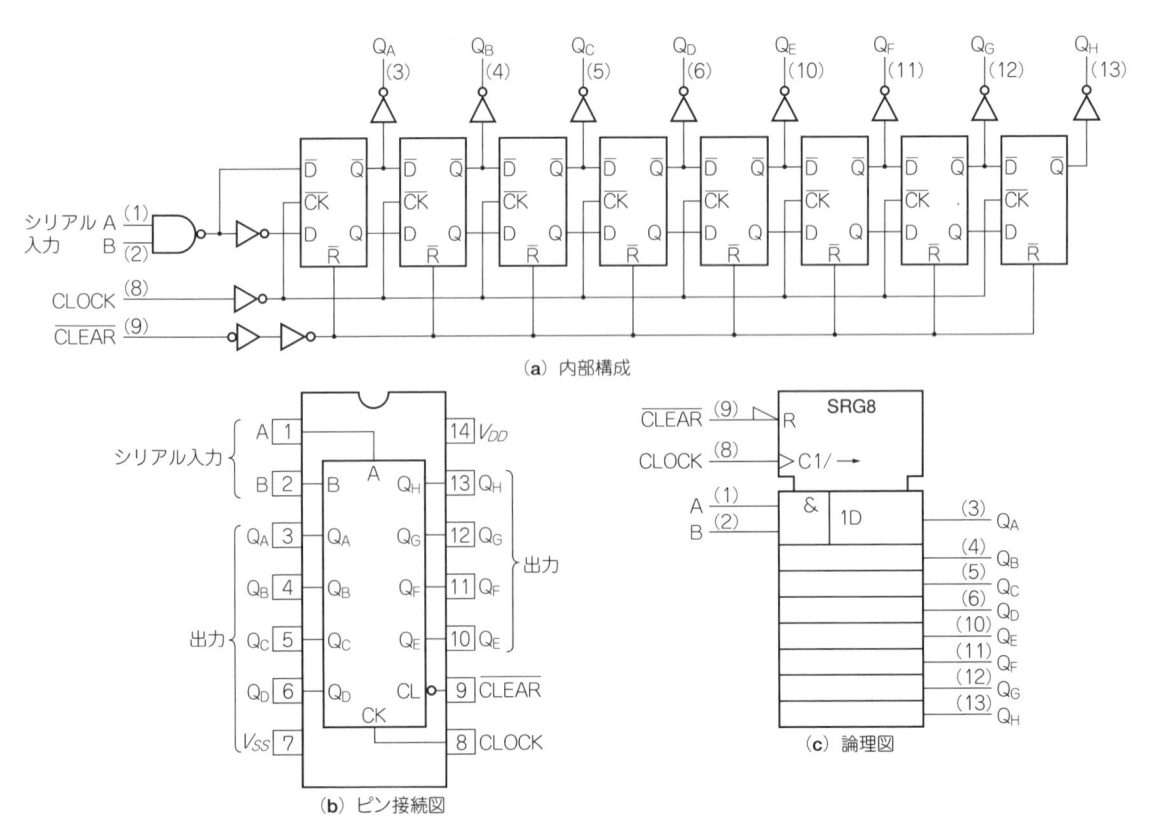

図8.4 74164の内部構成とピン接続図

出力端子は，Q_A〜Q_Hまで8個あります．そして，それらの出力は各フリップフロップの出力Qに接続されているので，常に8ビットのパラレル出力が得られます．また，出力Q_Hは最終段の出力となっているため，シリアル出力端子としても使用されます．

● ジョンソン・カウンタへの応用

カウンタの基本形については第5章で説明しましたが，ディジタル・システムの中でタイミングを発生させる場合などに使用する特殊なカウンタとして，ジョンソン・カウンタと呼ばれるものがあります．これは，一定のパルス周期(デューティ・サイクル50％．"H"の期間と"L"の期間が同じ長さ)をもち，かつ規則的に位相がずれた波形を発生するものです．

このジョンソン・カウンタは，シフトレジスタのシリアル入力と任意のシフト出力とを接続して閉ループにすると実現することができます．74164を使用した実験回路を図8.5に示します．

図8.5では，Q_Hの出力を反転してA入力に加えています．また，B入力は"H"に接続されているために，データはA入力より74LS164の内部に常に取り込まれることになります．

まず，$\overline{\text{CLEAR}}$端子に"L"を加え，74LS164の内部フリップフロップをすべて"L"にクリアします．この状態で出力Q_Hは"L"ですから，入力Aには"H"レベルが加えられることになり，$\overline{\text{CLEAR}}$端子が"L"→"H"になった後，クロックの立ち上がりで"H"データを取り込んでいくわけです．次に，"H"データはQ_Aから順次Q_B，Q_Cとクロックの立ち上がりごとに取り込まれ，Q_Hまで移動します．そして，"H"データがQ_Hに達すると，A入力には"L"が加えられますから，今度はQ_A，Q_B，Q_Cと順次"L"データを取り込むことになります．そして，"L"データがQ_Hに達すると初期状態と同じになり，A入力より"H"データが取り込まれることになります．このような動作を繰り返すことによってクロックが分周されるわけです．

この場合の出力Q_Hとクロックの関係は1/16になっているので，16分周カウンタになります．インバータ1個を用いたこのようなジョンソン・カウンタは，分周された出力波形は"H"と"L"の比が50％になっています．

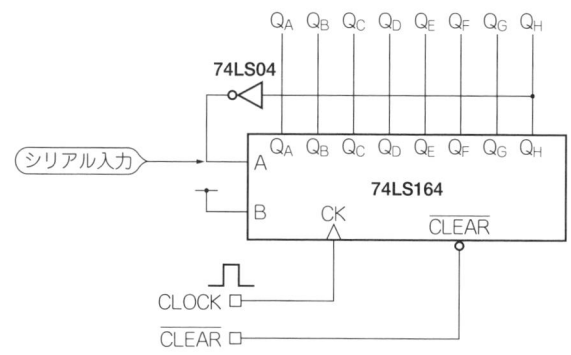

図8.5 ジョンソン・カウンタの回路

第8章

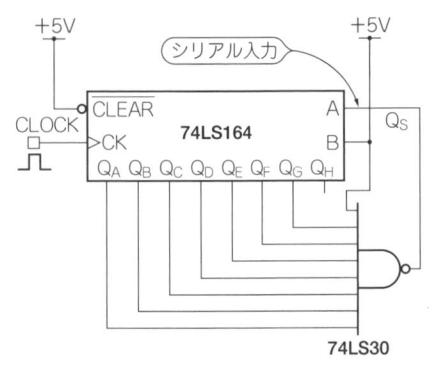

図8.6 "L"データが移動するリング・カウンタ

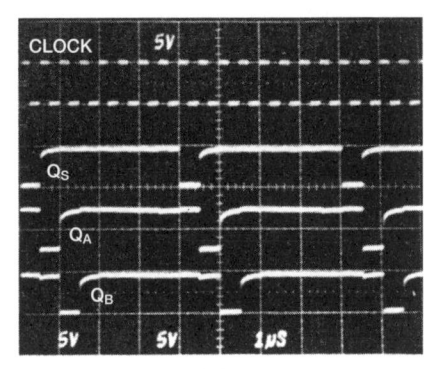

写真8.1 図8.6の動作波形

● リング・カウンタへの応用

　前述したジョンソン・カウンタと似たものに，パルス幅は同じで位相が異なった出力波形を得ることのできるリング・カウンタと呼ばれるものがあります．リング・カウンタがよく使われる回路は，ダイナミック動作を行うようなシステム，たとえばLEDやLCDの表示回路，CPUの内部処理回路などです．

　リング・カウンタは，シフトレジスタを使って構成することができます．8ビットのシフトレジスタ74LS164を用いた回路例を**図8.6**に示します．この動作波形は，**写真8.1**に示すように"L"データが順次移動するようになっています．回路構成としては，B入力を"H"，$\overline{\text{CLEAR}}$端子を"H"とし，8入力NANDゲート74LS30の入力をそれぞれ$Q_A \sim Q_G$の出力に接続します．74LS30は8入力ですから，残った入力の1本は"H"にしておきます．そして，74LS30の出力は74LS164のA入力に接続します．

　このように接続した回路にクロックを入れると動作を開始します．リング・カウンタはジョンソン・カウンタとは異なり，リセットは必要ありません．**図8.6**の回路に電源を入れると，74LS164の内部フリップフロップは"H"か"L"か定まりません．もし仮にQ_Dが"L"で，ほかはすべて"H"になっていたとすると，74LS30の出力は"H"となります．したがって，74LS164のA入力には"H"レベルが加えられるため，次のクロックではQ_Aに"H"が取り込まれることになります．同時に，Q_Dの"L"データはQ_Eに移動します．

　Q_Eに移動した"L"データが順次Q_F，Q_G，Q_Hと移動することによって，74LS30の入力は8本とも"H"となります．すると，74LS164のA入力には"L"のデータが加えられるため，次のクロックでQ_Aに"L"のデータが取り込まれます．Q_Aに"L"が出力されると74LS30の出力は"H"となり，74LS164は"H"データを取り込むことになります．

　以上の動作を繰り返すことで，**写真8.1**のような動作波形が得られるわけです．**図8.6**の場合，"L"データはクロック1ビット幅ですが，2ビット幅の"L"データを移動させたいときは，Q_Gの出力に接続されている74LS30の入力を"H"とすればよいわけです．

　次に，"H"データの移動するリング・カウンタを考えてみましょう．これは，**図8.6**のリング・カウンタの出力$Q_A \sim Q_H$に，すべてインバータを付加することで"H"データの移動するリング・カウンタを実現することも可能ですが，**図8.7**のような回路を考えることができます．**図8.6**の場合は，$Q_A \sim$

図8.7 "H" データが移動するリング・カウンタ

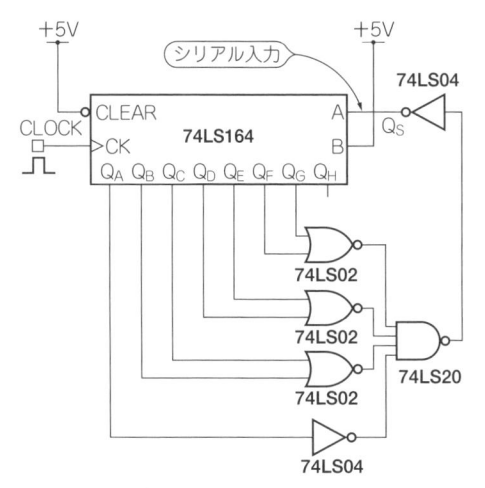

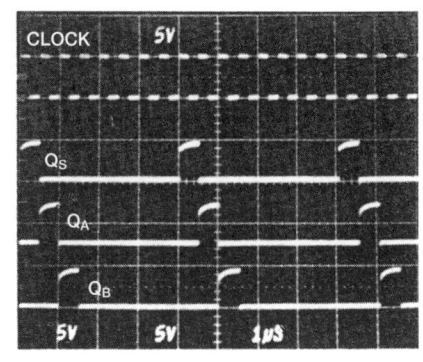

写真8.2 図8.7の動作波形

Q_G すべてが "H" となるタイミングを検出しているのに対し，図8.7の場合は，Q_A 〜 Q_G がすべて "L" となるタイミングを検出しているわけです．すなわち，74LS164のA入力に加えるデータを，どのタイミングで "H" にするか，または "L" にするかということがリング・カウンタの動作を決めてしまうことになるわけです．写真8.2に，図8.7の動作波形を示します．

8.3 シリアル伝送回路への応用

コンピュータのデータの情報量は，一般に1バイト（8ビット）単位で扱われていることが多いのですが，1バイト分をそのまま伝送しようとすると図8.8(a)のように8組（8ビット分）の電線が必要になります．距離が短い場合，たとえば同じプリント基板やシャーシの中であれば電線のコストなど問題にならないでしょうが，伝送距離が長くなると電線のコストがバカになりません．

そこで，一般に長距離でのディジタル・データ伝送には電線の数を減らすために，図8.8(b)のようにシリアル信号による伝送が行われています．たとえば，電話回線を使用してコンピュータのデータのやりとりを行う場合，電線はたいてい1組（2本）ですませています．

このようなときに役立っているのがシフトレジスタです．先に説明したように，シフトレジスタはシリアル信号をパラレル信号に変換する機能をもっているからです．ここでは，そのような回路への応用について実験しながら調べていくことにしましょう．

● シリアル・データのパターン検出回路

シリアル・データの中から図8.9のように，ある特定のコード（信号パターン）を検出するときに使用する回路として，シリアル・データのパターン検出回路があります．回路構成は，シフトレジスタによるシリアル-パラレル変換回路と，ディジタル・コンパレータを組み合わせます．ここでは，シリアル・データの中の任意の8ビットのデータ列が，あらかじめ決められたパターンと一致したことを検出

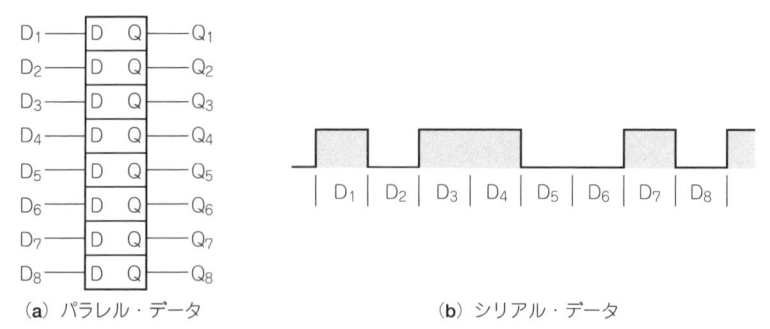

図8.8 パラレル信号とシリアル信号
(a)は8ビットのパラレル・データを示す．D_1〜D_8，Q_1〜Q_8が同一時刻に同期して動く．
(b)のようにD_1〜D_8のデータを時間分割して直列に配置したデータをシリアル・データという．
何ビットであってもデータ線は一組ですむ．

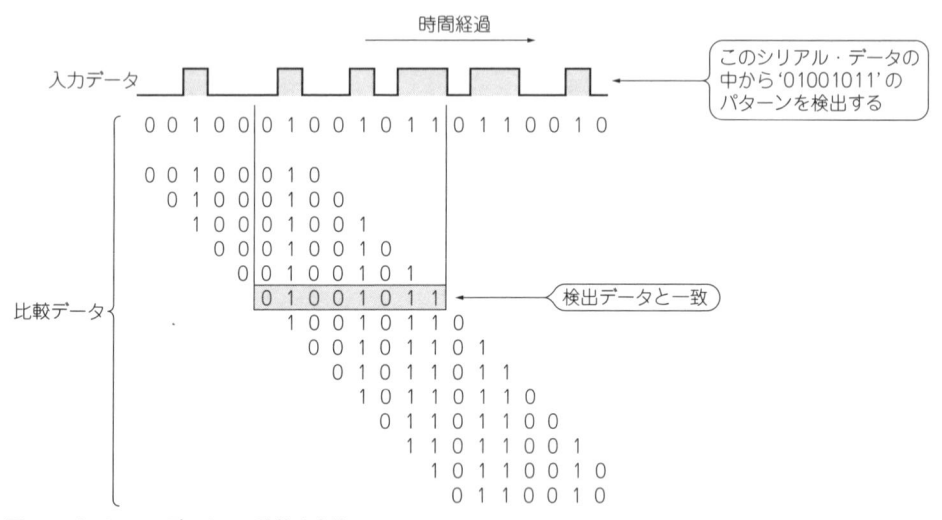

図8.9 シリアル・データの一致検出方法
それぞれのクロックごとに8ビットのデータと検出データ(8ビット)を比較し，一致したら一致出力を出す．

する回路について実験します．

実験に使用した回路を**図8.10**に示します．シリアル-パラレル変換にはシフトレジスタ74LS164を使い，データの比較にはディジタル・コンパレータ74LS85を使用しています．74LS164は，通常のシフトレジスタとして使っています．

シリアル入力はクロックと同期をとり，データ入力Aに加えられています．したがって，74LS164の出力Q_A〜Q_Hには，常に8ビットのパラレル・データ(シリアル・データの一部)が得られることになります．

74LS85はディジタル・コンパレータと呼ばれているもので，4ビットのディジタル信号を扱うことができます．入力はA_0〜A_3と，B_0〜B_3という2組の4ビット・データ入力に分けられます．そして，A_0

8.3 シリアル伝送回路への応用

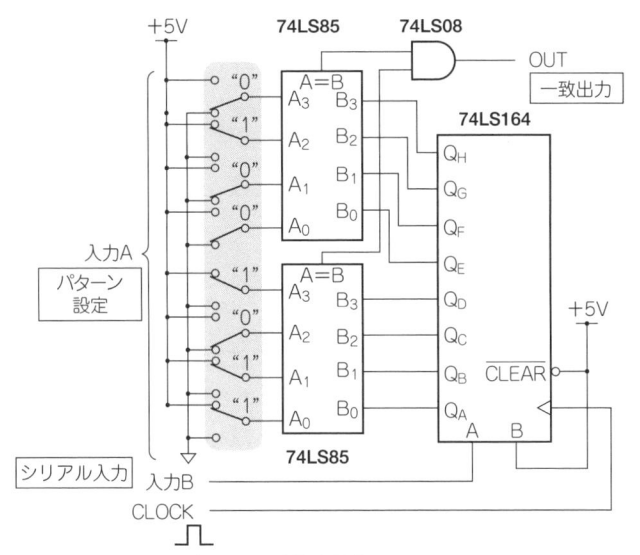

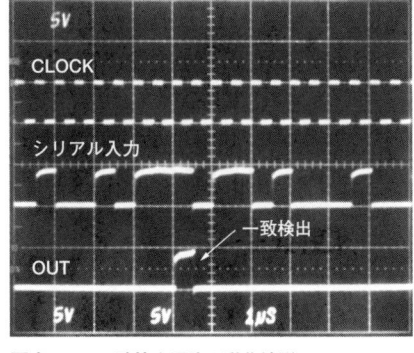

図8.10 シリアル・データの一致検出回路

写真8.3 一致検出回路の動作波形

表8.1 ディジタル・コンパレータ74LS85の真理値表

コンパレート入力				カスケード入力			出力		
				A＞B	A＜B	A＝B	A＞B	A＜B	A＝B
$A_3 > B_3$	×	×	×	×	×	×	H	L	L
$A_3 = B_3$	$A_2 > B_2$	×	×	×	×	×	H	L	L
$A_3 = B_3$	$A_2 = B_2$	$A_1 > B_1$	×	×	×	×	H	L	L
$A_3 = B_3$	$A_2 = B_2$	$A_1 = B_1$	$A_0 > B_0$	×	×	×	H	L	L
$A_3 = B_3$,	$A_2 = B_2$,	$A_1 = B_1$,	$A_0 = B_0$	L	L	L	H	H	L
				×	×	H	L	L	H
				L	H	L	L	H	L
				H	L	L	H	L	L
				H	H	L	L	L	L
$A_3 = B_3$	$A_3 = B_3$	$A_1 = B_1$	$A_0 < B_0$	×	×	×	L	H	L
$A_3 = B_3$	$A_2 = B_2$	$A_1 < B_1$	×	×	×	×	L	H	L
$A_3 = B_3$	$A_2 < B_2$	×	×	×	×	×	L	H	L
$A_3 < B_3$	×	×	×	×	×	×	L	H	L

×：Don't Care

～A_3に加えられるデータと，B_0～B_3に加えられるデータとの大小によってA＞B，A＝B，A＜Bという状態を検出します．そして，検出したそれぞれの出力端子が"H"となります．入力データに対する出力は，**表8.1**に示す真理値表のとおりです．

74LS85には，ほかにA＞B，A＝B，A＜Bそれぞれの入力端子があります．これらの入力端子は，4ビット以上のデータを比較するときに使用するもので，ほかにゲートを使用せずに4×nビットのデータ比較器が構成できます．**図8.10**の場合には，74LS85単体の動作が理解しやすいように，それぞれのA＝Bという出力をANDして一致出力としています．

したがって，下側の74LS85のA＝B出力を，上側の74LS85のA＝B入力に接続すれば74LS08を省略することができます．

第8章

検出したデータのパターンはスイッチによって設定され，$A_0 \sim A_3$の入力に加えられています．スイッチの設定データを変えることで，検出パターンを変更することが可能です．

一致出力はクロックの1ビット分しかありませんから，必要に応じて一致出力をフリップフロップなどで記憶することになります．

写真8.3に動作波形を示しますが，一致出力はシリアル・データがシフトレジスタにセットされてから次のクロックまでが有効です．

● パラレル入力をもったユニバーサル・シフトレジスタ 74194

データ伝送回路を構成するには，シリアル信号を受けるシリアル-パラレル変換だけでなく，信号を送るためのパラレル-シリアル変換回路も必要となります．このパラレル-シリアル変換に適したICがユニバーサル・シフトレジスタ 74194です．4ビットのシフトレジスタですが，パラレル-シリアル変換動作ができるようにパラレル入力端子をもっています．また，クロックによるシフト動作が右シフ

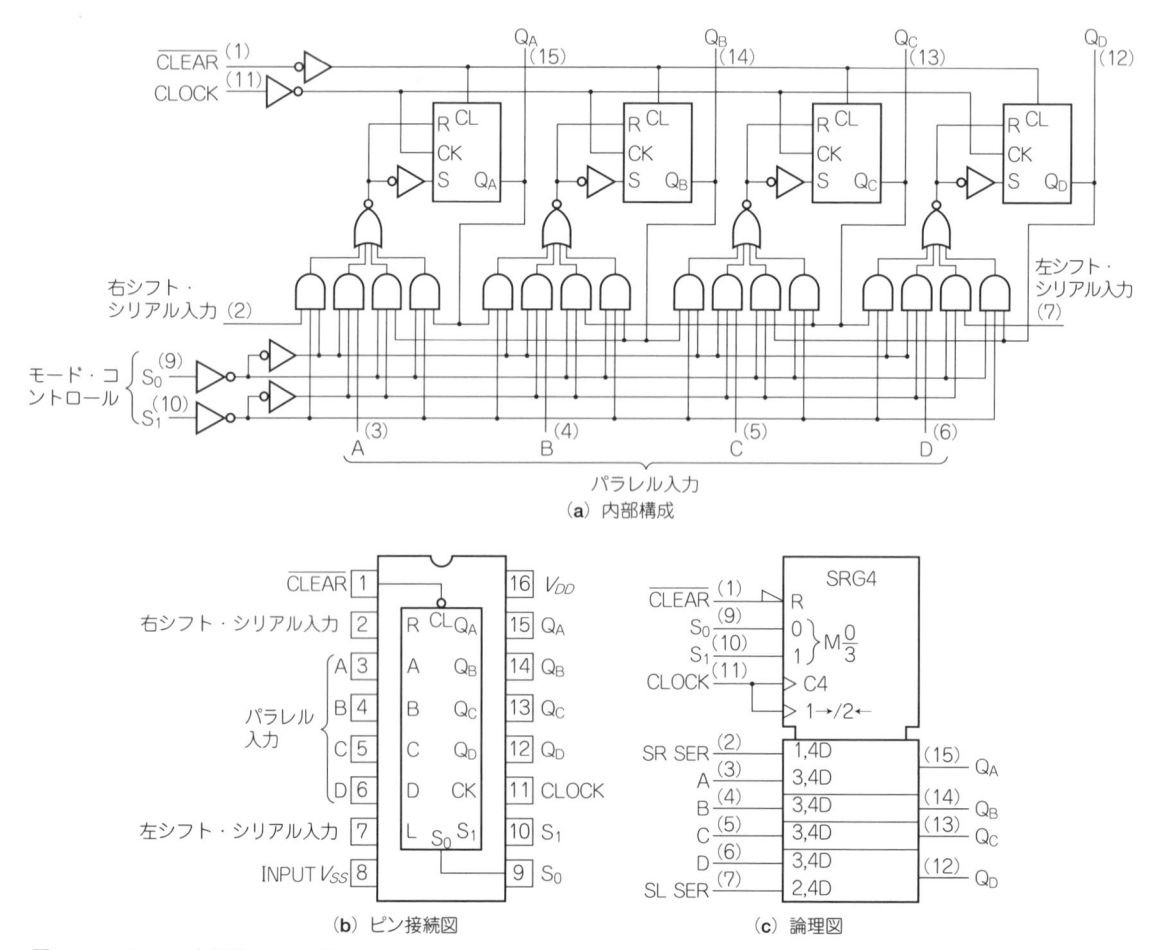

(a) 内部構成

(b) ピン接続図

(c) 論理図

図8.11 74194の内部構成とピン接続図

ト（Q_AからQ_D）と左シフト（Q_DからQ_A）の両方向にできるという特徴ももっています．

図8.11に，74194の構成とピン接続図を示します．このICは，いろいろな動作モードをもっています．モード制御端子の使い方を，表8.2に示します．

表8.2　74194の動作モード

モード端子		動　作　機　能
S_1	S_0	
H	H	クロックの立ち上がりでパラレル入力A～D信号がQ_A～Q_Dに記憶される
L	H	クロックの立ち上がりで右シフト・シリアル入力がQ_Aに記憶される．クロックにより右シフトレジスタとして働く
H	L	クロックの立ち上がりで左シフト・シリアル入力がQ_Dに記憶される．クロックによる左シフトレジスタとして働く
L	L	Q_A～Q_Dが変化しない

(a) 回路図

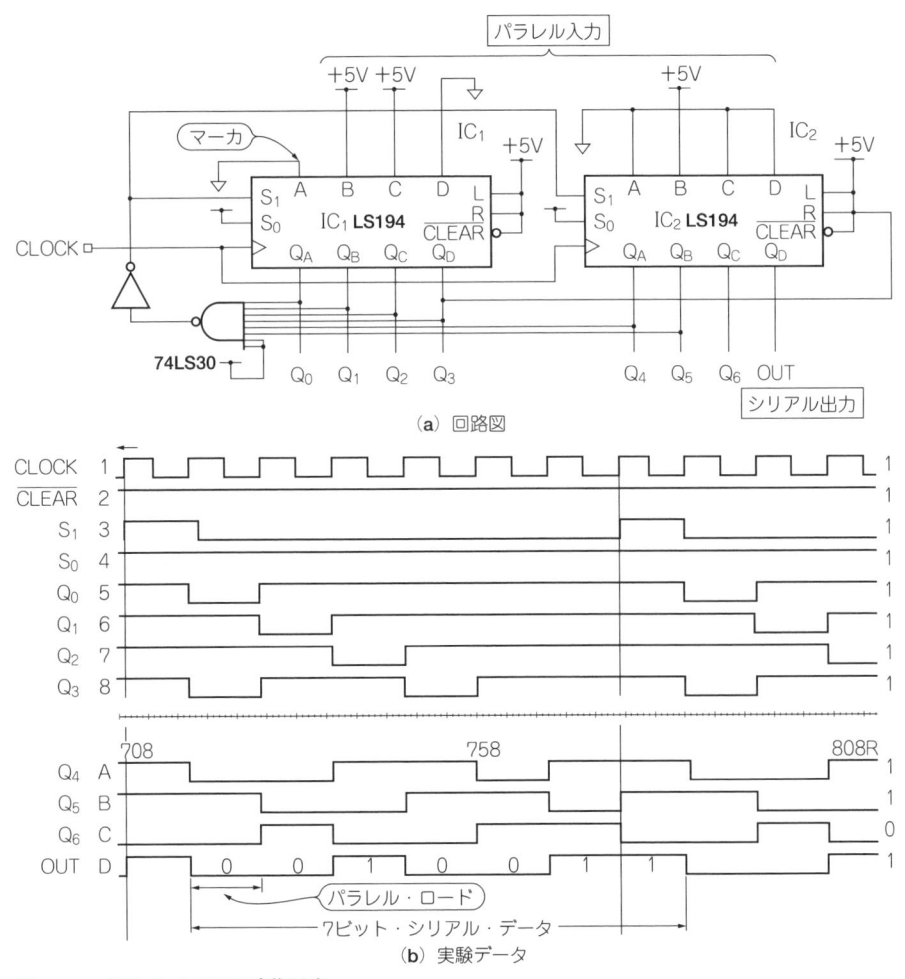

(b) 実験データ

図8.12　パラレル-シリアル変換回路

第8章

● パラレル-シリアル変換回路

　74LS194を使ったパラレル-シリアル変換回路を，**図8.12**に示します．ここでは動作原理を理解しやすいように，7ビットの固定データをシリアル・データに変換する実験を行ってみます．7ビットですから74LS194は2個使うことになります．実際にデータ伝送などに使用するには，固定データではなくいろいろなデータを送るわけですが，この場合には入力にラッチなどを設けます．

　一見複雑な動作をしているように見えますが，動作原理は簡単です．回路図中のマーカと書かれているA入力とQ_0～Q_5のゲート回路がポイントです．一般に，シフトレジスタを用いてパラレル-シリアルの変換を行う場合には，そのビット数に応じて別にカウンタなどが必要となります．そして，そのカウンタによってパラレル・データを記憶させるパルスを発生させることになります．しかし，**図8.12**の回路ではカウンタを用いずに，出力信号をゲートを介させることによってロード・パルスを発

(a) 回路図

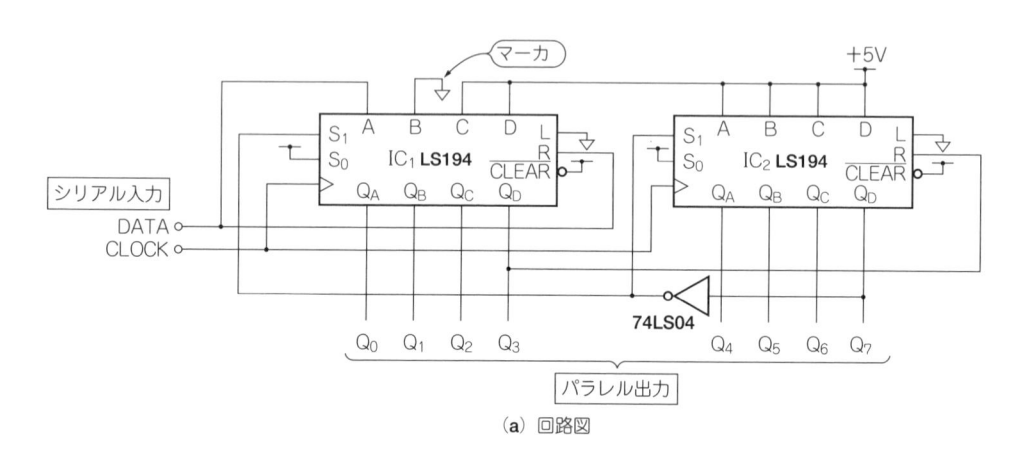

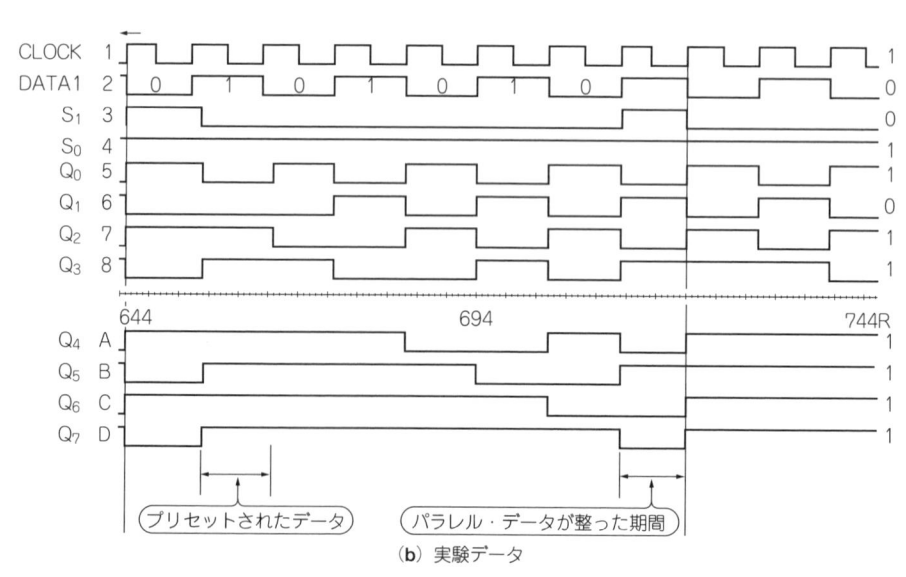

(b) 実験データ

図8.13　シリアル-パラレル変換回路

生しているわけです．

　変換する7ビットのデータは，IC_1のB，C，D入力とIC_2のA，B，C，D入力に加えます．シリアル・データの先頭はIC_2のD入力で，最後のデータはIC_1のB入力です．したがって，この実験回路のパラレル・データは"0010011"という7ビットになっています．

　図8.12(b)の動作波形の中で，最初の部分はQ_0〜Q_5まで"H"となっているので，74LS30の出力は"L"となり，74LS194のS_1には"H"が入力されることになります．そして，S_0は常に"H"レベルになっているので，**表8.2**より74LS194はパラレル・ロードのモードになります．

　ここでクロックが1個入力された時点で，パラレル・データが74LS194の中に記憶されるわけです．それと同時に，IC_1のA入力(マーカ信号＝"L")より"L"のデータがQ_1に出力されます．したがって，74LS30の出力は"H"となり，S_1には"L"が入力されることになります．S_0＝"H"，S_1＝"L"は右シフト・モードであるため，次のクロックよりシフト動作を行うわけです．

　シリアル・データはIC_2のQ_Dより出力されます．クロックがパラレル・モードから6個入力されると，マーカ信号の"L"はIC_2のQ_C(Q_6)まで移動してきます．IC_1のR入力は"H"が加えられているため，右シフト・モードではマーカ信号の後はすべて"H"データがシフトされることになるので，Q_0〜Q_5はすべて"H"となります．この状態は一番はじめと同じですから，74LS194はパラレル・ロード・モードとなり，同じ動作を繰り返します．

● **シリアル-パラレル変換回路**

　では次に，前述とは逆の動作になるシリアル-パラレル変換回路について実験してみることにしましょう．データ長も前述と同じく7ビットです．

　図8.13に実験回路を示します．ここでも，カウンタなどを使わずにシリアル-パラレル変換のタイミングを自動的に作るようにしています．

　図8.13(b)のタイムチャートを使って動作の説明をします．シリアル・データは，IC_1の74LS194のA入力(パラレル入力の一部)とR入力(右シフト入力)に加えられます．そして，IC_1のQ_D(Q_3)からIC_2のR入力へデータが移動します．今，Q_7が"L"(タイムチャートの最初)となっているので，IC_1とIC_2のS_1には"H"が加えられます．S_0＝"H"，S_1＝"H"はパラレル・ロード状態となるので，Q_0にはシリアル・データが，Q_1には"L"が，そのほかQ_2〜Q_7には"H"が加えられ，次のクロックの立ち上がりでそれぞれデータが記憶されます．

　この状態ではQ_7が"H"となるため，S_1は"L"となり，74LS194は右シフト状態となります．そして，この状態で6クロック入力されると，マーカの"L"信号がQ_1→Q_2→Q_3→Q_4→Q_5→Q_6→Q_7と移動します．Q_7が"L"となった状態はタイムチャートの最初の部分と同じであり，そのときにQ_0〜Q_6に7ビットのパラレル・データがセットされていることになるのです．

　なお，ここで実験した回路は，7ビットのシリアル・データがいつ送られてくるかわからないような場合には使用できません．

　図8.12のパラレル-シリアル変換回路と組み合わせてシリアル・データの転送を行う場合には，クロックのほかにリセット・ラインを追加して，イニシャル・クリアなどで同期をとる必要があります．

第9章 高機能な組み合わせ回路

ディジタル・システムの中でもっとも多く使用されるのはNANDゲートやNORゲートであり，これらを組み合わせることによって実現できないディジタル回路はありません．しかし，実際のシステムではゲートを組み合わせて複雑なディジタル回路を構成するのは効率的ではありません．

そこで，TTLやCMOSの各ファミリには，システムの中で使用するICの数を減らすため，さまざまな機能をもった組み合わせ回路がIC化されています．たとえば，デコーダやデータ・セレクタ/マルチプレクサなどです．本章では，それらの機能と使い方について調べていくことにしましょう．

9.1 デコーダ

デコーダは，本来は「暗号を解読するもの」という意味があります．しかし，ディジタル回路では，複数のデータ信号の中から特定のデータ（数字や記号を含む）を検出する回路のことをデコーダと呼びます．また，このような作業をすることを「デコードする」と言います．

● 組み合わせロジックによるデコーダ

一般に，デコーダという言葉は意識せずに使用している場合が多くあります．たとえば，**図9.1**のようにA，B，Cの三つの信号があって，AとBが同時に"H"になっているときに①のランプを点灯し，AとCが同時に"H"のときに②のランプを点灯するという機能が必要な場合，**図9.1**のような回路で実現することができます．2入力NANDゲートが2個だけですが，これもデコーダです．

また，**図9.2**のように4ビットのデータ線の中から，このデータが10進で"15"になったら信号を出すというような回路もデコーダと呼びます．また，このとき「15をデコードしたら信号を出す」というような言い方をします．

9.1 デコーダ

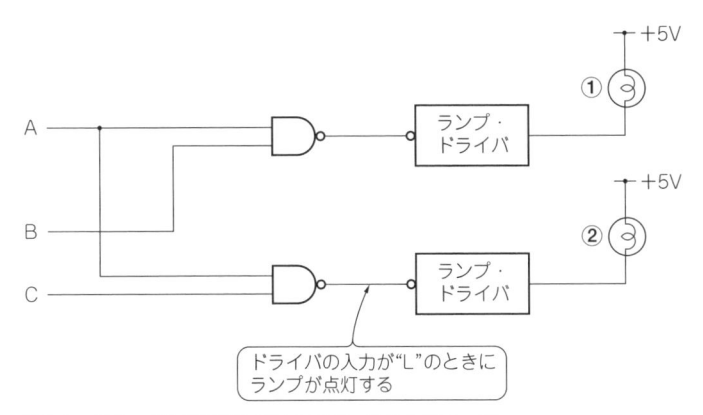

図9.1 デコーダとは意識していないが，これもデコーダ

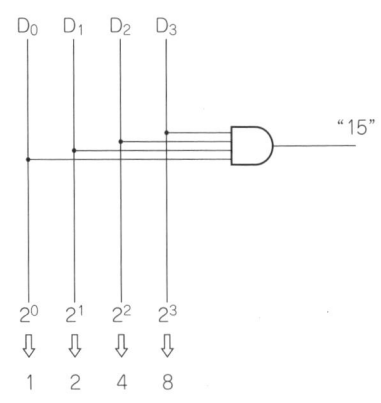

図9.2 "15"をデコードする回路

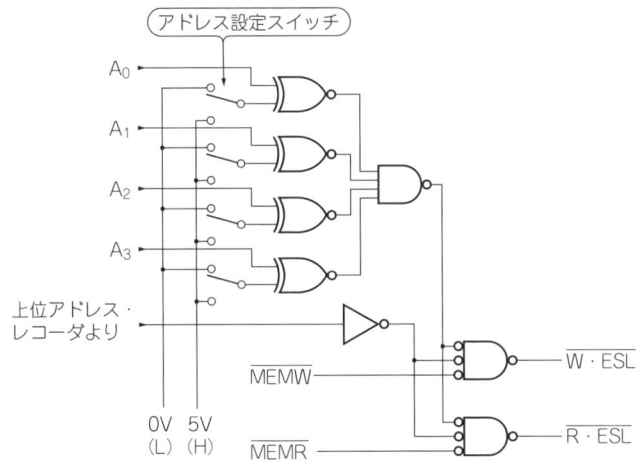

図9.3 アドレス・デコーダの回路例

マイコン・システムではアドレス・デコーダという言葉がよく使われますが，これはマイコン・システムの中のたくさんあるメモリを順序よく，また同じメモリを同時に使用することのないように割り振る機能をもっています．

図9.3はそのようなアドレス・デコーダの例で，特定のアドレスが指定されたことを検出する回路です．アドレスの設定をスイッチで行い，そのスイッチのデータとEXNORをとることによって，任意のアドレスをデコードすることができます．EXNORは，二つの入力が等しいとき"H"が出力されるので，これらの出力のANDをとればアドレスをデコードできます．

● BCD-10進デコーダ 7442

扱うデータ数が少ない場合には，図9.2のようにゲートを適当に組み合わせることで任意のデコーダを構成することができますが，データ数(信号線の数)が多くなると大変です．

7442は，BCD(4ビット)符号を10進にデコードするICです．入力されたBCDデータを，10進データ

第9章

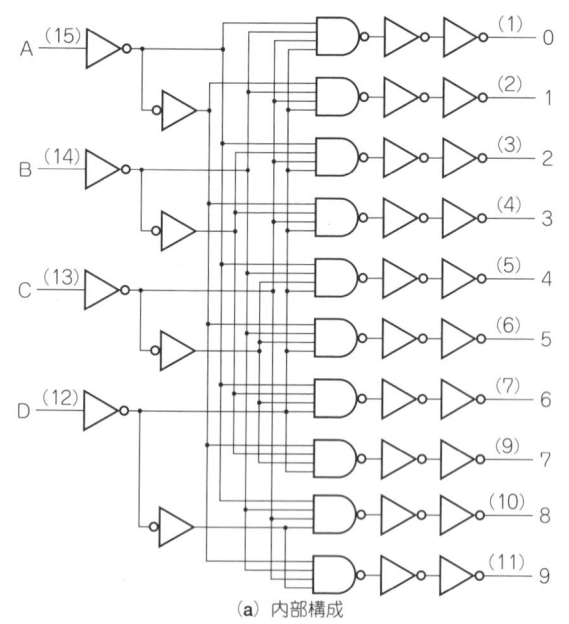

図9.4 デコーダ7442の内部構成と真理値表

(a) 内部構成

(b) 真理値表

No.	BCD入力				10進出力									
	A	B	C	D	0	1	2	3	4	5	6	7	8	9
0	L	L	L	L	L	H	H	H	H	H	H	H	H	H
1	H	L	L	L	H	L	H	H	H	H	H	H	H	H
2	L	H	L	L	H	H	L	H	H	H	H	H	H	H
3	H	H	L	L	H	H	H	L	H	H	H	H	H	H
4	L	L	H	L	H	H	H	H	L	H	H	H	H	H
5	H	L	H	L	H	H	H	H	H	L	H	H	H	H
6	L	H	H	L	H	H	H	H	H	H	L	H	H	H
7	H	H	H	L	H	H	H	H	H	H	H	L	H	H
8	L	L	L	H	H	H	H	H	H	H	H	H	L	H
9	H	L	L	H	H	H	H	H	H	H	H	H	H	L
10〜15	X	H	X	H	H	H	H	H	H	H	H	H	H	H
	X	X	H	H										

X：Don't care

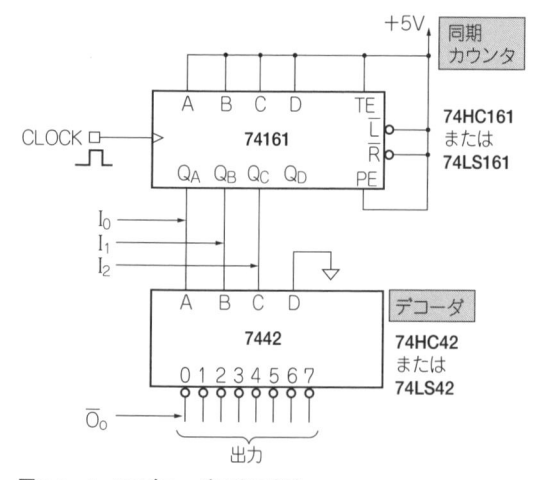

図9.5 1 of 8デコーダ回路の実験

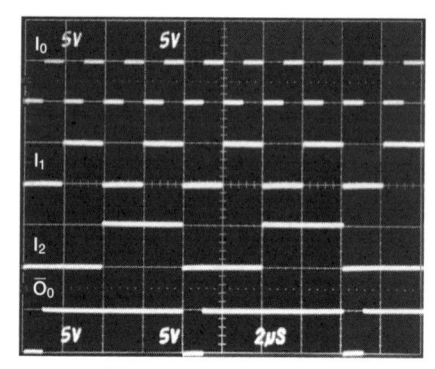

写真9.1 図9.5の動作波形

に変換して出力するものです．図9.4に，7442の構成と真理値表を示します．

デコーダの出力に○印がついていますが，これはその出力が選択されたときに"L"出力になるということを意味しています．選択されていない出力は，すべて"H"となっているのです．このように，信号が検出されたようなときに"L"出力になるようなロジックのことをアクティブLと呼んでいます．また，この逆はアクティブHと言います．

では，この7442の働きをカウンタICと組み合わせて実験で確かめてみることにしましょう．

図9.5に，カウンタとデコーダを組み合わせた回路例を示します．この回路は，バイナリ3ビット（=

(a) 74HC42　　　　　　　　　　　　　(b) 74LS42

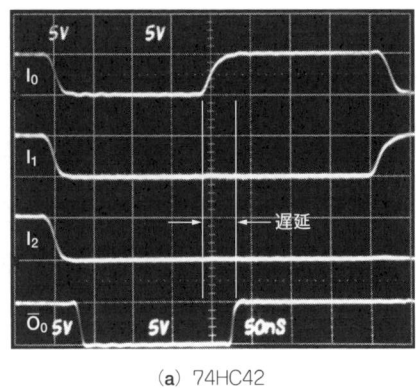

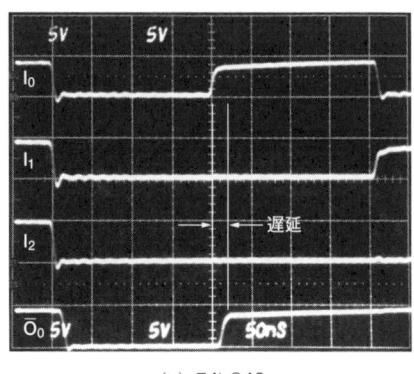

写真9.2　1 of 8デコーダの遅延時間

2^3，10進で0～7)のデータの中から特定の一つの数字をデコードするので，1 of 8デコーダという呼び名がついています．

74161は，同期式のバイナリ・カウンタです．クロック(CLOCK)に信号が入ると，74161は**写真9.1**に示すようにバイナリ・カウントをします．7442には，A，B，Cの入力に74161からデータが入ってきます．

7442のD入力は"L"になったままなので，7442の8出力と9出力は出てきません("H"のまま)．クロックが入ると，出力には0から順に7まで"L"の信号が出ます．また，出力の幅はクロック1個分になります．出力の変化をよく見ると，これは第8章で紹介したリング・カウンタの出力とまったく同じであることがわかります．

写真9.2に，**図9.5**の回路における74HC42と74LS42との遅延時間の比較を示します．デコーダでは，入力データのわずかなタイミングのずれや内部の遅延などが原因で，出力に位相差が生じることが多いようです．したがって，デコーダの出力を，直接フリップフロップやカウンタなどのクロック入力に接続するような回路は避けたほうがよいと思います．

● デコーダの拡張方法

デコーダICを使用する場合，用途によってはビット数が足りなくなることがあります．その場合には，デコーダICをいくつか組み合わせてビット数を増やすことができます．ここでは，4ビット入力を16出力にデコードする回路と，6ビット入力を64出力にデコードする回路を実験してみました．

図9.6は4ビット-16出力のデコーダ回路で，1 of 16デコーダと呼ばれます．デコーダには7442を使用しています．7442はBCD 4ビット・データを10進出力にデコードするものですから，16出力にするには2個必要になります．74161は，4ビットのバイナリ・カウンタです．

写真9.3に動作波形を示します．この例では，O_0出力のみを表示しています．I_0～I_3すべてが"L"のときにQ_0が"L"で，ほかのO_1～O_{15}は"H"となっています．

6ビット-64出力のデコーダの回路を**図9.7**に示します．この回路は，1 of 64デコーダと呼ばれます．7442は，それぞれ3ビット入力で8出力のデコーダとして使用しています．したがって，(64/8) = 8個

図9.6 1 of 16 デコーダ回路の実験

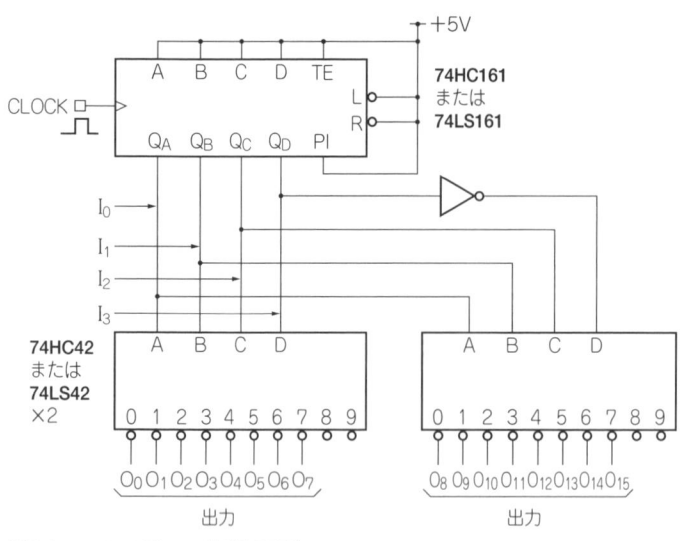

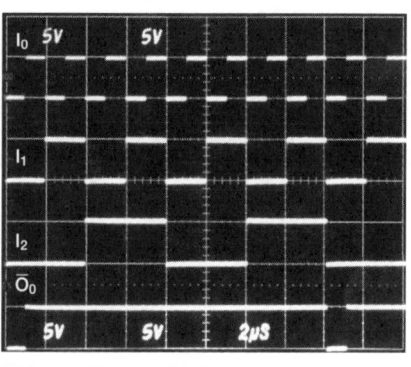

写真9.3 図9.6の動作波形

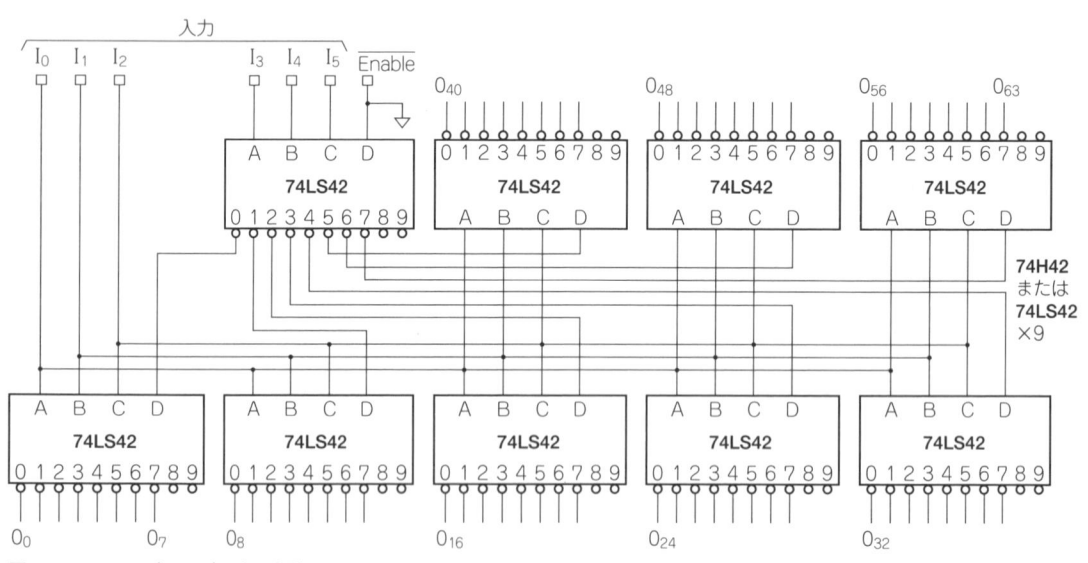

図9.7 1 of 64 デコーダ回路の実験

のICを使用しています．そして，その8個のICのうちどれを動作させるかも，デコーダの7442を使用して制御しています．すなわち，個々のデコーダのD入力に制御用のデコーダ出力を加えることで，使用するデコーダを決めているわけです．

D入力が"H"となっているデコーダは，そのセレクト可能な出力は8または9だけです．個々のデコーダの8と9の出力は使用していないので，回路動作とは無関係になります．そして，D入力が"L"となっているデコーダだけがA，B，C入力により，出力0〜7のうち一つの出力が選択されるわけです．したがって，I_0〜I_5の入力に対して，O_0〜O_{63}のうち一つだけ"L"となり，ほかの出力はすべて"H"

9.1 デコーダ

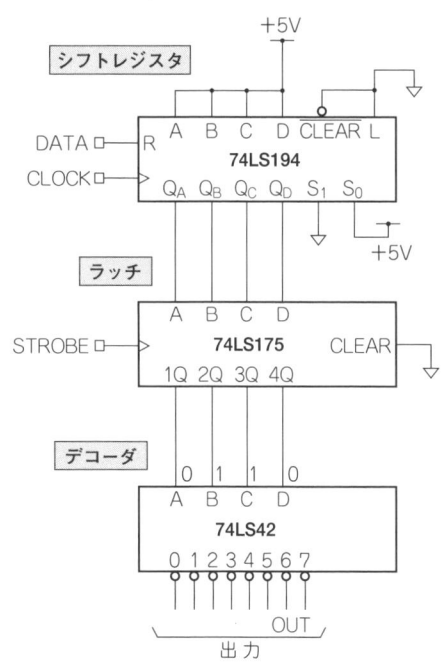

図9.8 シリアル・データ-バイナリ変換3ビット・デコーダ

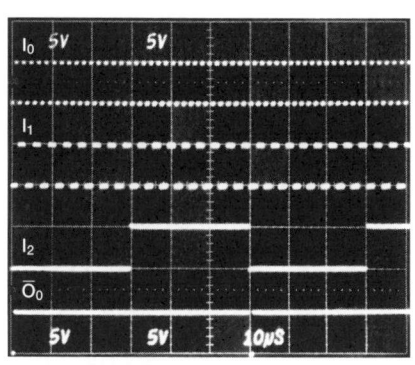

写真9.4 図9.7の動作波形

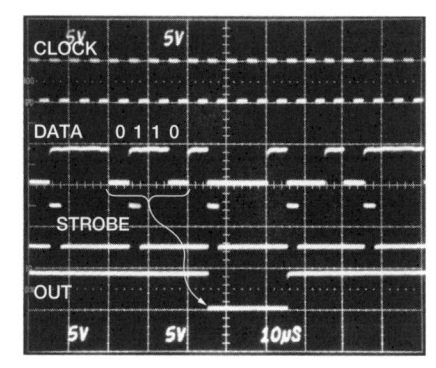

写真9.5 図9.8の動作波形

となります．

動作波形を**写真9.4**に示します．I_0〜I_5すべてが"L"のときに，O_0が"L"になっているのがわかります．

● シリアル・データのデコード

次に，シフトレジスタとラッチを組み合わせて，シリアル・データをデコードする場合を考えてみます．**図9.8**に，その回路図を示します．

デコードされるシリアル・データは，クロックと共にシフトレジスタ74LS194に入力されてきます．そして，4ビットのシリアル・データが74LS194のQ_AからQ_Dに格納されたときに，Dラッチ74LS175にストローブ（データを取り込むためのパルス）信号を加えます．

74LS175は，ストローブ信号の立ち上がりのエッジで入力データを取り込み，次のストローブ信号が来るまでデータを保持するという動作をします．したがって，あるストローブ信号から次のストローブ信号までの間，74LS42にはシリアル-パラレル変換されたデータが加えられていることになります．

74LS42のOUT(6)の端子を見てみると，シリアル・データで 0 1 1 0（10進の6に相当）というデータが来たとき"L"になっていることがわかります．**写真9.5**に，そのときの動作波形を示します．

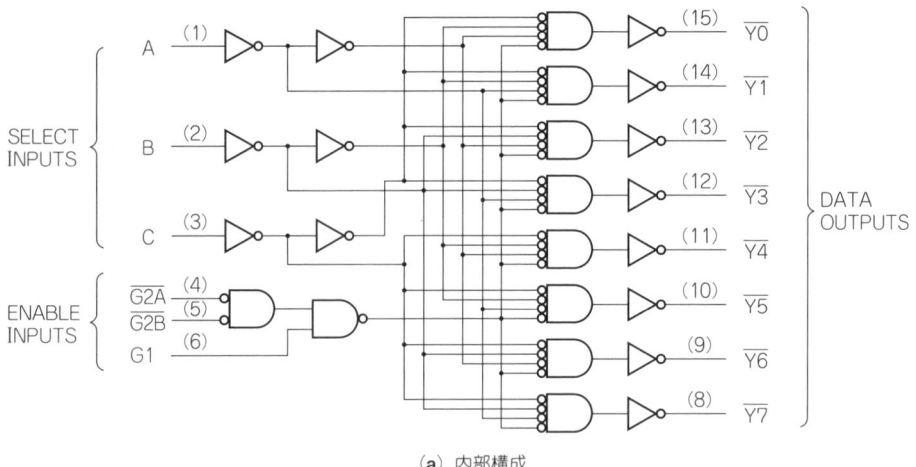

(a) 内部構成

入力						出力							
ENABLE			SELECT										
G1	$\overline{G2A}$	$\overline{G2B}$	A	B	C	$\overline{Y0}$	$\overline{Y1}$	$\overline{Y2}$	$\overline{Y3}$	$\overline{Y4}$	$\overline{Y5}$	$\overline{Y6}$	$\overline{Y7}$
L	X	X	X	X	X	H	H	H	H	H	H	H	H
X	H	X	X	X	X	H	H	H	H	H	H	H	H
X	X	H	X	X	X	H	H	H	H	H	H	H	H
H	L	L	L	L	L	L	H	H	H	H	H	H	H
H	L	L	H	L	L	H	L	H	H	H	H	H	H
H	L	L	L	H	L	H	H	L	H	H	H	H	H
H	L	L	H	H	L	H	H	H	L	H	H	H	H
H	L	L	L	L	H	H	H	H	H	L	H	H	H
H	L	L	H	L	H	H	H	H	H	H	L	H	H
H	L	L	L	H	H	H	H	H	H	H	H	L	H
H	L	L	H	H	H	H	H	H	H	H	H	H	L

X：Don't care

(b) 真理値表

図 9.9　3 to 8 Line Decoder 74138 の内部構成と真理値表

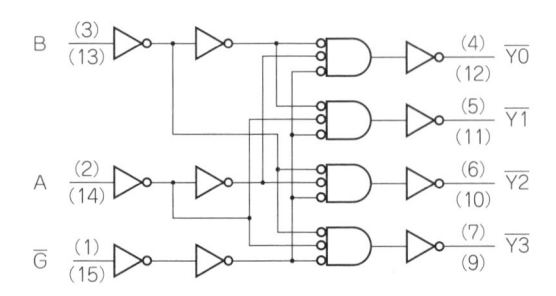

(a) 内部構成

入力			出力			
ENABLE	SELECT					
$\overline{G}$	A	B	$\overline{Y0}$	$\overline{Y1}$	$\overline{Y2}$	$\overline{Y3}$
H	X	X	H	H	H	H
L	L	L	L	H	H	H
L	H	L	H	L	H	H
L	L	H	H	H	L	H
L	H	H	H	H	H	L

X：Don't care

(b) 真理値表

図 9.10　デュアル 2 to 4 Line Decoder 74139 の内部構成と真理値表

● そのほかのデコーダIC

デコーダには，7442のほかに次のようなICがあります．

　74138──3 to 8 Line Decoder

　74139──デュアル2 to 4 Line Decoder

　74155──デュアル2 to 4 Line Decoder

74139と74155の違いは，74155のほうは簡単に3 to 8 Line Decoderにアレンジできるという点です．図9.9〜図9.11に，これらのデコーダの機能をまとめて示します．

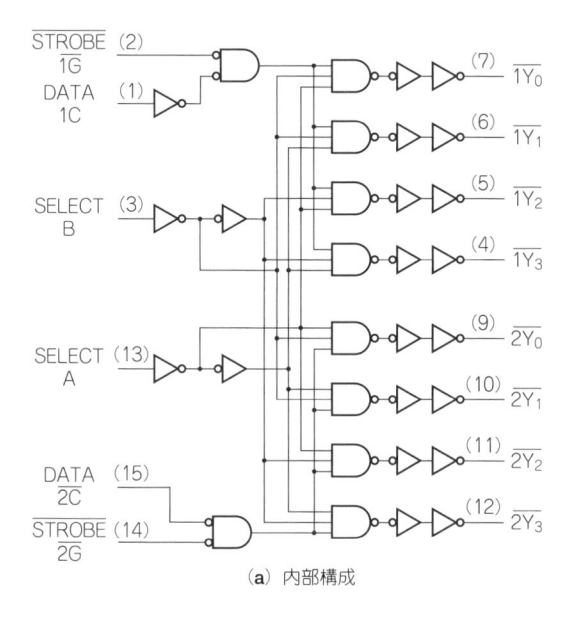

(a) 内部構成

(b) 2 to 4 Line Decoder の真理値表

入力				出力			
SELECT		DATA	STROBE	$\overline{1Y0}$	$\overline{1Y1}$	$\overline{1Y2}$	$\overline{1Y3}$
A	B	1C	$\overline{1G}$				
X	X	X	H	H	H	H	H
L	L	L	L	L	H	H	H
H	L	H	L	H	L	H	H
L	H	H	L	H	H	L	H
H	H	H	L	H	H	H	L
X	X	L	X	H	H	H	H

(c) 1 to 4 Line Decoder の真理値表

入力				出力			
SELECT		DATA	STROBE	$\overline{2Y0}$	$\overline{2Y1}$	$\overline{2Y2}$	$\overline{2Y3}$
A	B	$\overline{2C}$	$\overline{2G}$				
X	X	X	H	H	H	H	H
L	L	L	L	L	H	H	H
H	L	L	L	H	L	H	H
L	H	L	L	H	H	L	H
H	H	L	L	H	H	H	L
X	X	H	X	H	H	H	H

X：Don't care

入力				出力							
SELECT		DATA	STROBE	(0)	(1)	(2)	(3)	(4)	(5)	(6)	(7)
A	B	C注1	G注2	$\overline{2Y0}$	$\overline{2Y1}$	$\overline{2Y2}$	$\overline{2Y3}$	$\overline{1Y0}$	$\overline{1Y1}$	$\overline{1Y2}$	$\overline{1Y3}$
X	X	X	H	H	H	H	H	H	H	H	H
L	L	L	L	L	H	H	H	H	H	H	H
H	L	L	L	H	L	H	H	H	H	H	H
L	H	L	L	H	H	L	H	H	H	H	H
H	H	L	L	H	H	H	L	H	H	H	H
L	L	H	L	H	H	H	H	L	H	H	H
H	L	H	L	H	H	H	H	H	L	H	H
L	H	H	L	H	H	H	H	H	H	L	H
H	H	H	L	H	H	H	H	H	H	H	L

注1：Cは$\overline{1C}$と$\overline{2C}$を接続　注2：Gは$\overline{1G}$と$\overline{2G}$を接続　X：Don't care

(d) 3 to 8 Line Decoder or 1 to 8 Line Demultiplexer の真理値表

図9.11　デュアル2 to 4 Line Decoder 74155の内部構成と真理値表

9.2 エンコーダ

エンコーダは，前述したデコーダの逆の機能をもったもので，本来は「符号を暗号化するもの」という意味です．

ディジタル・システムでは，数をカウントしたり四則演算を行う場合には，一般にBCDコードやバイナリ・コードが用いられます．たとえば，一つの10進数を記憶する場合を考えてみます．10進数をそのまま記憶すれば，フリップフロップが10個必要となるのに対して，10進数をBCDコードに直して記憶すれば，フリップフロップは4個で済むわけです．このように，いろいろな情報をコード（暗号）に直して使用すると便利なことがたくさんあります．

そこで，ディジタル信号をコードに直すことがよく行われますが，これをエンコードするといい，それに用いられる回路をエンコーダと呼んでいます．エンコーダの回路はゲートで組むとかなり複雑になるので，ほとんどの場合，専用ICが使用されます．

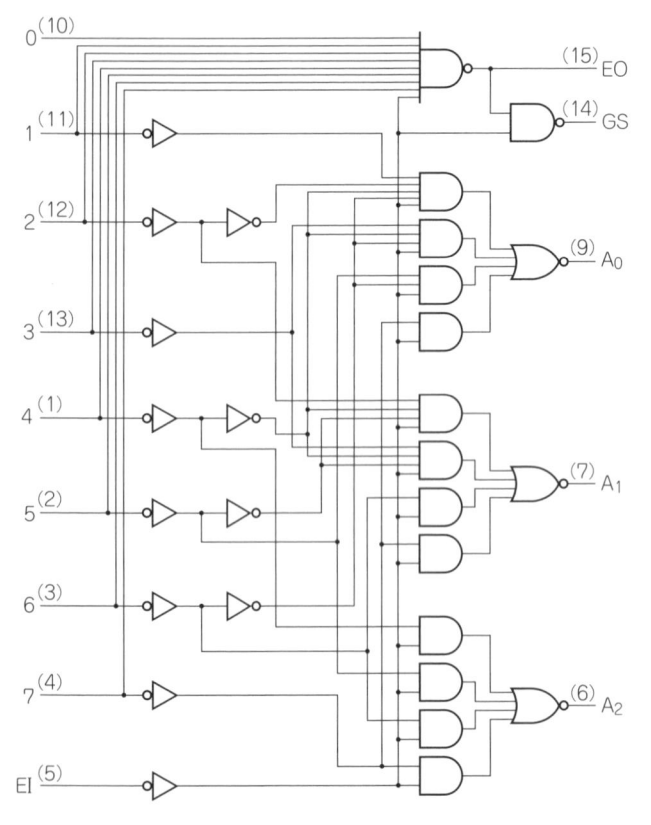

入力									出力				
EI	0	1	2	3	4	5	6	7	A_0	A_1	A_2	GS	EO
L	L	H	H	H	H	H	H	H	H	H	H	H	L
L	X	L	H	H	H	H	H	H	L	H	H	L	H
L	X	X	L	H	H	H	H	H	H	L	H	L	H
L	X	X	X	L	H	H	H	H	L	L	H	L	H
L	X	X	X	X	L	H	H	H	H	H	L	L	H
L	X	X	X	X	X	L	H	H	L	H	L	L	H
L	X	X	X	X	X	X	L	H	H	L	L	L	H
L	X	X	X	X	X	X	X	L	L	L	L	L	H
L	H	H	H	H	H	H	H	H	H	H	H	H	L
H	X	X	X	X	X	X	X	X	H	H	H	H	H

X：Don't care

（b）真理値表

（a）内部構成

図9.12 エンコーダ74148の内部構成と真理値表

● 8 to 3 Line プライオリティ・エンコーダ 74148

74148は，8本のデータ入力のうち最上位の入力("L")を検出し，その値を3ビットのバイナリ・コードにエンコードするICです．74148の内部構成および真理値表を図9.12に示します．74148は，8本のデータ入力および出力を制御するためのイネーブル(EI)入力をもっています．出力は，データ出力 A_0，A_1，A_2 と EO，GS の五つがあります．EO はイネーブル出力で，74148を拡張して使用するときに次段のEI(イネーブル入力)に接続します．

GSはストローブ出力で，EIが"L"でかつ入力0～7のどれか一つでも"L"になると"L"を出力します．したがって，入力0～7がすべて"H"であればGS出力は"H"のままです．GSの使用法は，キー入力などで"いずれかのキーが押されている"といった情報を確認するための信号として用いられます．

写真9.6に，エンコーダの入力から出力への遅れのようすを示します．データ入力 I_6 と I_7 の変化に対して，出力 A_0 と A_1 が遅れていることがわかります．写真(a)は74HC148の動作波形で，約30 nsの遅れがあることがわかります．また，写真(b)は74LS148の動作波形で約15 nsぐらいの遅れです．入力から出力へのデータ遅延は，入力ピンによって異なっていますので，コード化された出力を用いるタイミングは，入力の変化する時点から十分に余裕をみるようにします．

● 10進-BCDエンコーダ

前述した74148を使って，ディジタル信号のコードとしてよく用いられるBCDコード変換の実験をしてみることにします．

BCDコード変換とは，10個の入力信号を0(0 0 0 0)～9(1 0 0 1)の4ビット符号に変えることです．74148は8入力しか使用できないので，ほかにゲートを追加してBCDコード変換器を作ることにします．

図9.13に，その回路例を示します．イネーブル入力をうまく利用して回路を構成しています．I_8 と I_9 に"L"入力があると，74148の出力はすべて"H"となります．したがって，O_1 と O_2 は必ず"L"です．O_3 出力は I_8 と I_9 のNAND出力そのものですから，I_8 または I_9 が"L"であれば"H"となります．O_0 は I_9 が"L"のときに"H"となり，そのとき O_0～O_3 は 1 0 0 1 となります．

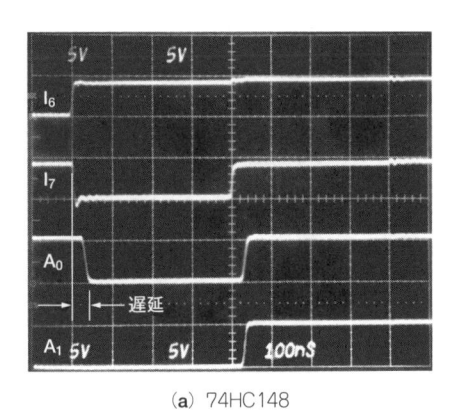

(a) 74HC148 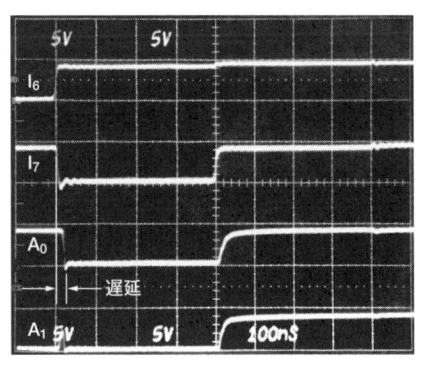　　　(b) 74LS148

写真9.6　エンコーダ74148の動作時間の遅れ

第9章

$I_0 \sim I_9$の各入力に対する動作波形を**写真9.7**に示します．I_0からI_9まで順にそれぞれ"L"を加えていくと，$O_0 \sim O_3$の出力はちょうどBCDカウンタの出力と同じになります．

● 16入力のエンコーダ

4ビットのバイナリ・コードは，16個のデータを表すことが可能です．ここでは16個のデータから4ビットのバイナリ・コードを作るエンコーダを実験してみることにします．

入力は16本必要ですから，74148を2個使用します．そして，2個の出力を適当に組み合わせること

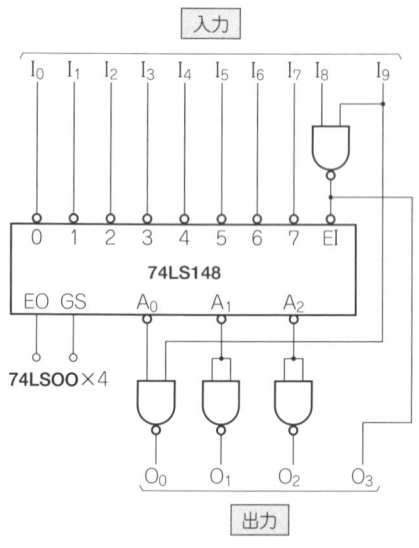

図9.13 10進-BCDエンコーダの回路例

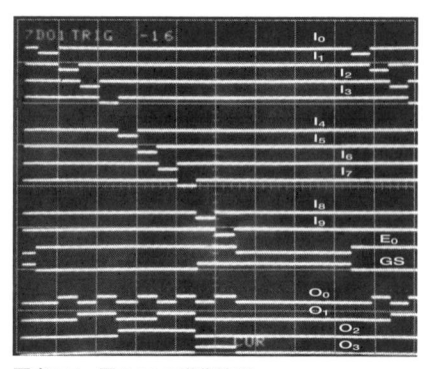

写真9.7 図9.13の動作波形
（ロジック・アナライザを使用）

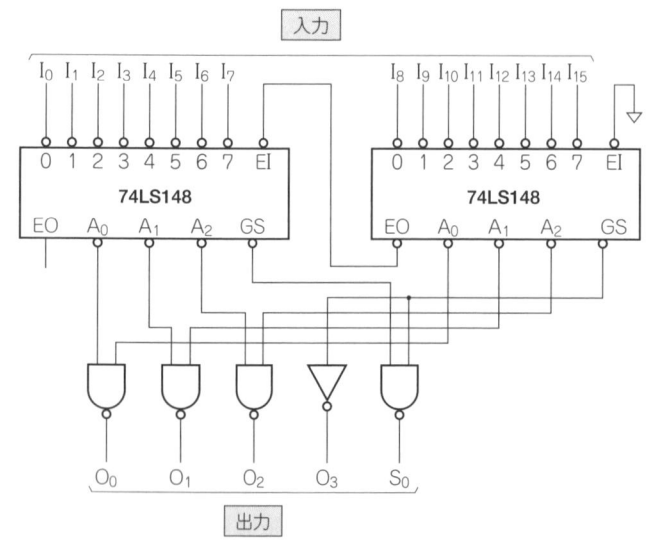

図9.14 16入力エンコーダの回路例

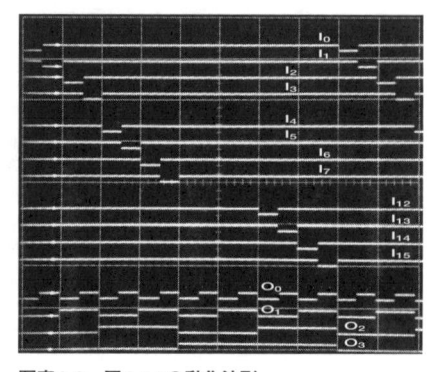

写真9.8 図9.14の動作波形
（ロジック・アナライザを使用）

9.3 データ・セレクタ/マルチプレクサ

でバイナリ・コード化するわけです．図9.14に，回路構成を示します．

今，入力が I_0〜I_7 のうちのどれか一つであったとします（ほかはすべて"H"）．I_8〜I_{15} の入力は"H"となっているので，EOは"L"になります．したがって，I_0〜I_7 の入力が接続されている74148は動作が可能な状態になります．そして，入力データにしたがって A_0〜A_3 が"L"となり，出力 O_0〜O_2 にコード化された信号が現れます．

次に，I_8〜I_{15} までの入力のいずれかに"L"が加わった場合は，そのEOは"H"となり，I_0〜I_7 の74148は出力がすべて"H"となってしまいます．I_8〜I_{15} の入力がつながっている74148のGS出力は，I_8〜I_{15} のどれか一つに"L"が入力されると"L"となるため，それを反転して4ビット目の出力としています．O_0〜O_3 は，それぞれ I_0 と I_8，I_1 と I_9，…I_7 と I_{15} というように対応して O_0〜O_3 に出力されるわけです．S_0 は，全体のストローブ信号として使用することができます．

写真9.8に動作を示します．

9.3 データ・セレクタ/マルチプレクサ

多くのデータの中から，一つのデータを選択して利用するといった場合はマルチプレクサを利用すると便利です．データ・セレクタとも呼ばれており，ちょうど鉄道のポイントと同じような動作をします．すなわち，「たくさんの列車が出発を待っていて，それらが一度にぶつからないように同じ線路上に出て行くようにする」ものです．それと同じような働きをもったものが，マルチプレクサというわけです．

● 8 to 1 Lineデータ・セレクタ/マルチプレクサ 74151

図9.15に，マルチプレクサの基本機能を示します．マルチプレクサには，データ入力とセレクタ入力，およびデータ出力とがあります．データ入力はその名のとおり，いろいろなデータを入力する端子，セレクタ入力はどの入力データを使うかを選択するための端子，データ出力は選択されたデータ

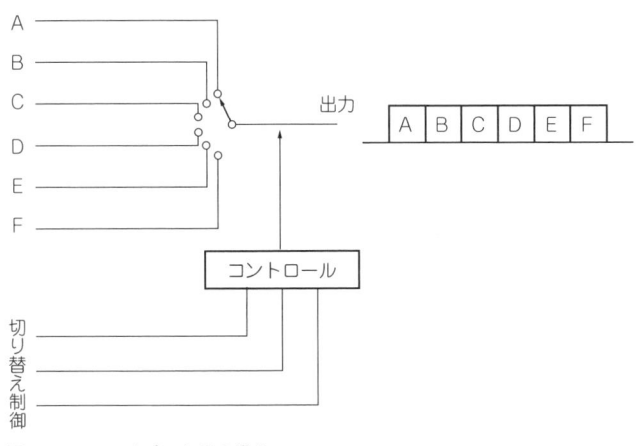

図9.15 マルチプレクサの働き

第9章

を出力する端子となっています.

この回路も,一般には専用ICが使用されます.図9.16に,8入力をもったマルチプレクサ74151の構成と真理値表を示します.このICは8ビットのデータ入力とそれらをセレクトするための3本のセレクト入力,そして出力を固定するストローブ入力をもっています.出力は,Y出力とW出力の二つがあり,Y出力はデータ入力と同相,W出力はデータ入力に対して逆相の信号が出るようになっています.

● パラレル-シリアル・データ変換回路

パラレル-シリアルのデータ変換はシフトレジスタが得意とするところですが,システムとしてのわかりやすさからすると,マルチプレクサのほうがすっきりとした構成で実現することができます.

マルチプレクサはデータを選択して,その中の1本を出力に出すという機能をもっているので,その応用はデータ・セレクトをどんな順序で行うかがポイントになります.ここでは,マルチプレクサに

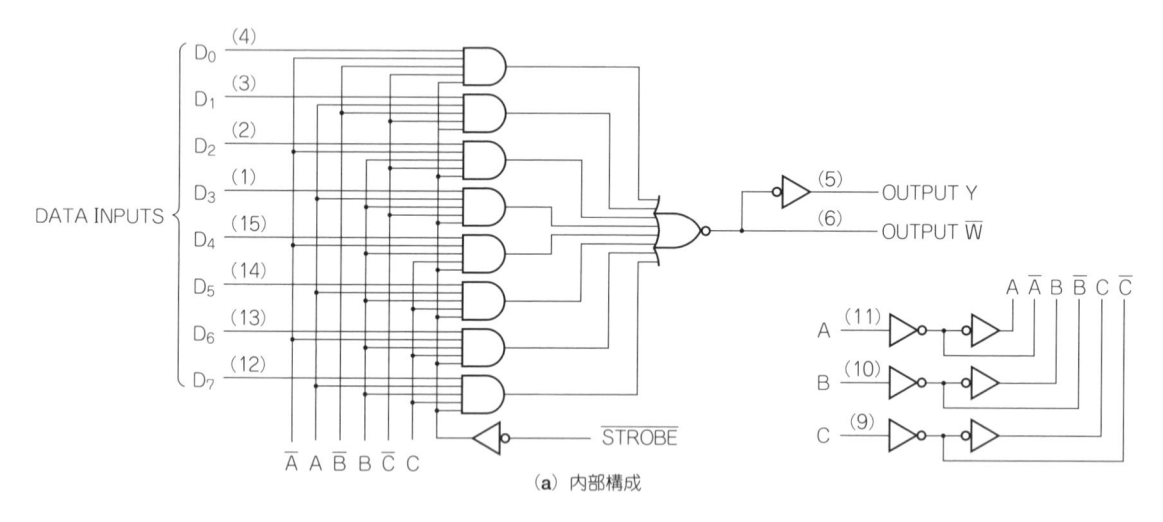

(a) 内部構成

入力				出力	
SELECT			$\overline{\text{STROBE}}$		
A	B	C	$\overline{S}$	$\overline{W}$	Y
X	X	X	H	H	L
L	L	L	L	$\overline{D_0}$	D_0
H	L	L	L	$\overline{D_1}$	D_1
L	H	L	L	$\overline{D_2}$	D_2
H	H	L	L	$\overline{D_3}$	D_3
L	L	H	L	$\overline{D_4}$	D_4
H	L	H	L	$\overline{D_5}$	D_5
L	H	H	L	$\overline{D_6}$	D_6
H	H	H	L	$\overline{D_7}$	D_7

X:Don't care

(b) 真理値表

図9.16 8 to 1 Lineデータ・セレクタ/マルチプレクサ74151の内部構成と真理値表

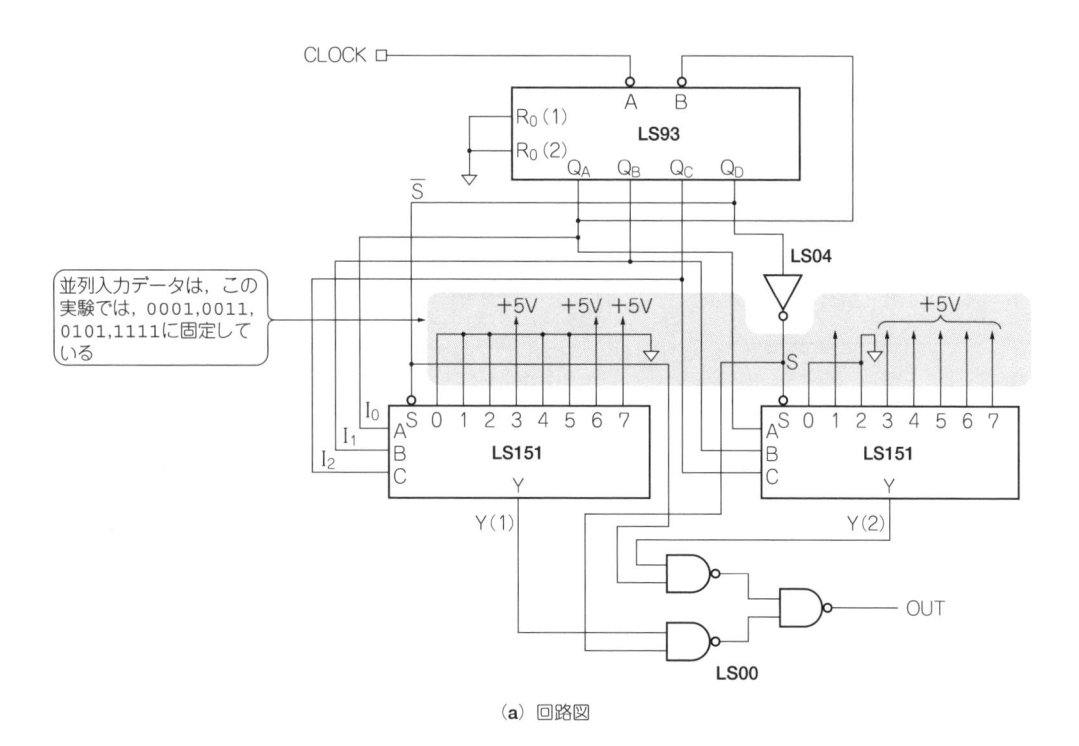

9.3 データ・セレクタ/マルチプレクサ

(a) 回路図

並列入力データは，この実験では，0001,0011,0101,1111に固定している

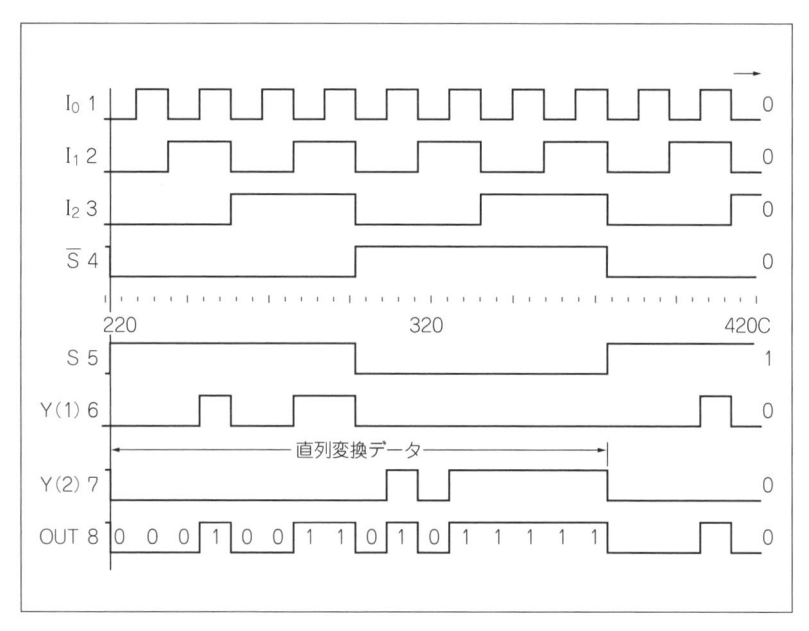

(b) 実験データ

図9.17 パラレル-シリアル変換回路

第9章

(a) 回路図

(b) 実験データ

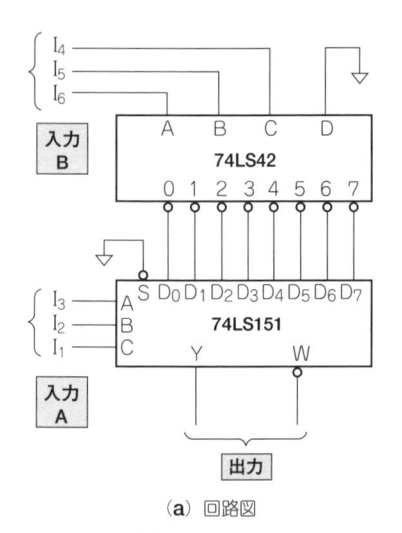

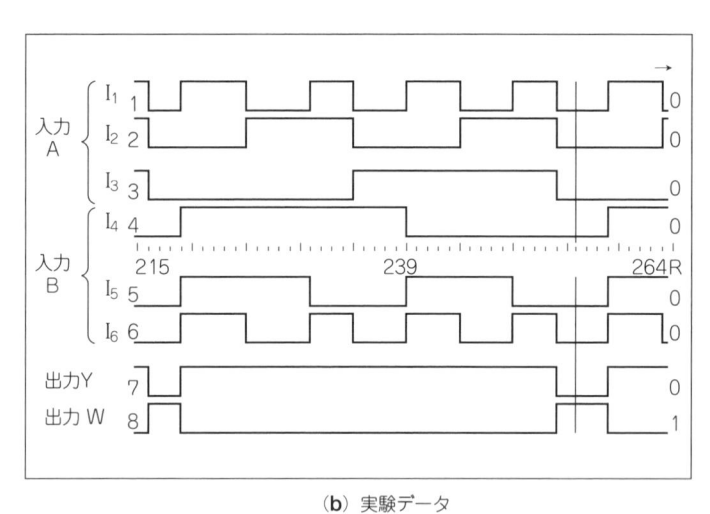

図9.18　一致検出回路

(a) 回路図

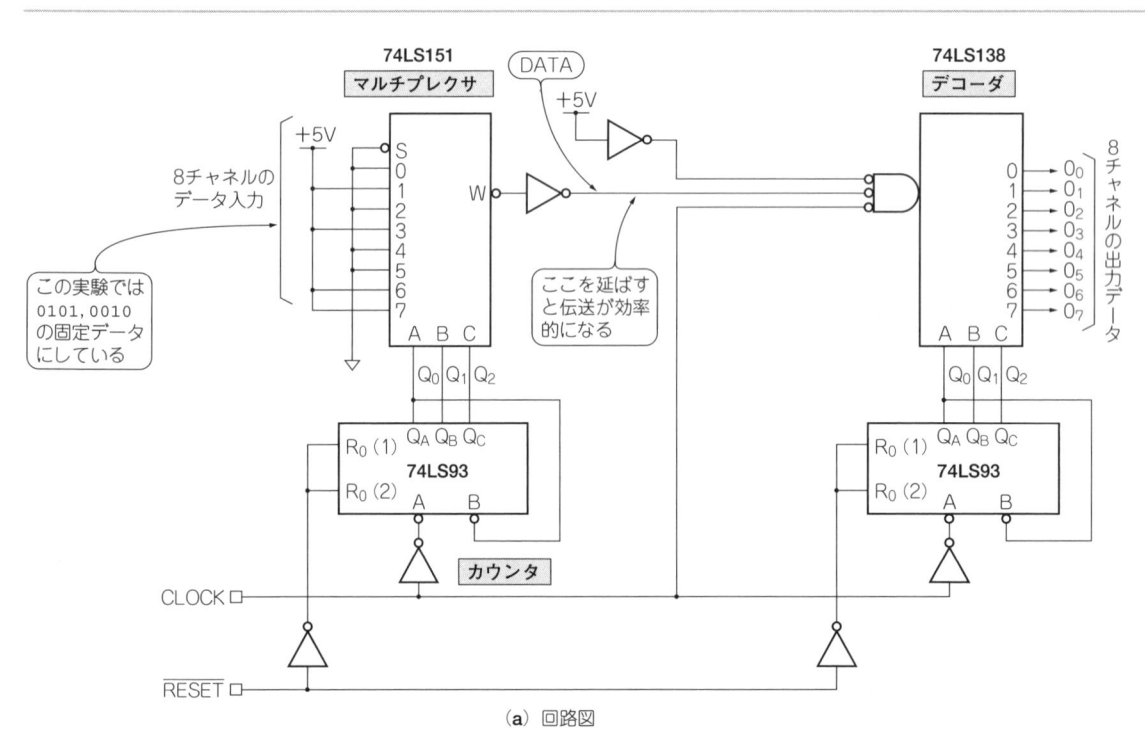

図9.19　マルチプレクサによるデータ伝送回路

9.3 データ・セレクタ/マルチプレクサ

加えられるデータをカウンタで順次切り替えて，シリアル・データを作る回路を実験してみることにします．

図9.17に，マルチプレクサ74151を用いたパラレル-シリアル・データ変換回路を示します．この回路は，16ビットのパラレル・データをシリアル・データに変換するものです．74151は8ビットのマルチプレクサですから，2個使用して16ビットにしています．74151をコントロールしているのはバイナリ・カウンタ7493です．

今，16ビットのデータ "0001,0011,0101,1111" を，連続したシリアル・データとして送り出す場合を考えてみます．74151のデータ入力には，先の16ビットのデータを二つに分割して加えてあります．そして，これらのデータを順に出力するようにセレクタ入力にデータを加えます．このデータには，7493の出力をそのまま使用します．

7493は，**図9.17**に示す結線をしてクロックを加えると，出力 $Q_A \sim Q_D$ にバイナリ・コードの出力が現れます．74151は，バイナリ・コードで入力を選択するようになっているので，出力には順にデータ0〜データ7まで，そして次段の74151の出力もデータ0〜データ7までの計16ビットのデータが作られます．

なお，データの変化するタイミングは7493のクロックと同期しているので，シリアル・データの転送レートはクロック周期を変えることで自由に選ぶことが可能です．

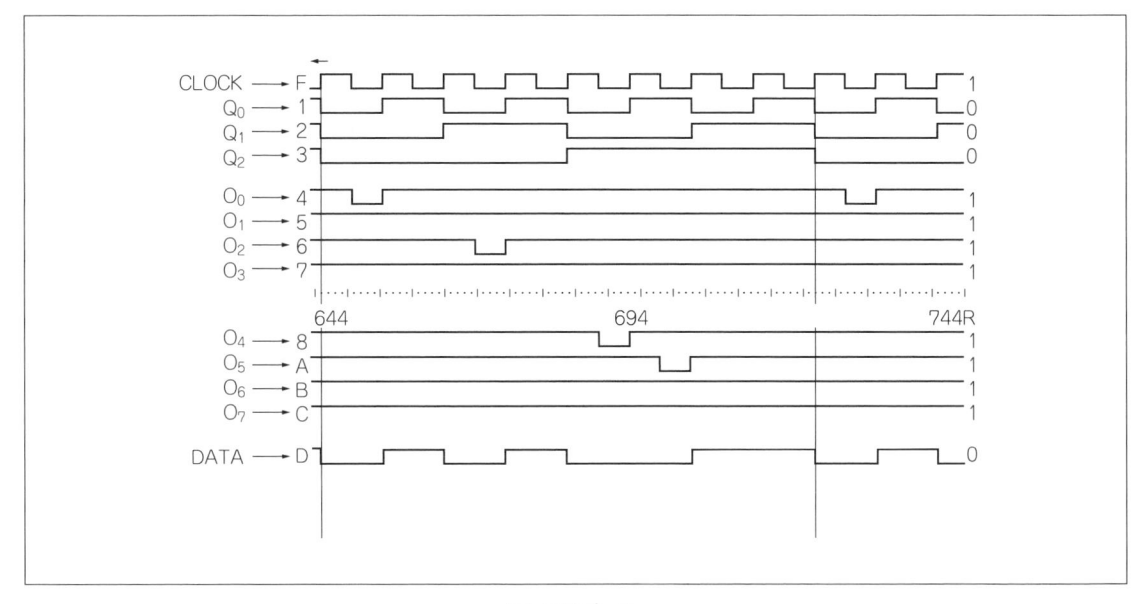

(b) 実験データ

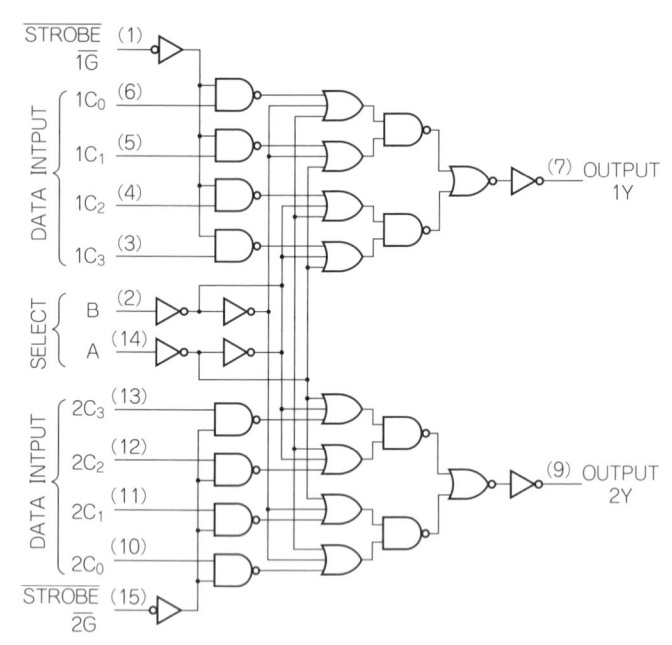

入力						出力
SELECT		DATA			STROBE	Y
A	B	C_0	C_1	C_2	C_3	$\overline{G}$	
X	X	X	X	X	X	H	L
L	L	L	X	X	X	L	L
L	L	H	X	X	X	L	H
H	L	X	L	X	X	L	L
H	L	X	H	X	X	L	H
L	H	X	X	L	X	L	L
L	H	X	X	H	X	L	H
H	H	X	X	X	L	L	L
H	H	X	X	X	H	L	H

X：Don't care

(a) 内部構成　　　　　　　　　　　　　　　(b) 真理値表

図9.20　4 to 1 Lineデータ・セレクタ/マルチプレクサ74153の内部構成と真理値表

　実験では，データ入力を＋5V("H")と0V("L")に固定してありますが，ここにレジスタやラッチなどを接続することで種々のデータを扱うことができます．

● 一致検出回路への応用

　少し変わった構成ですが，デコーダとマルチプレクサを用いて一致検出回路を構成することができます．一致検出回路とは，二組のディジタル信号のならびが同じかどうかを検出するものです．図9.18に，実験した一致検出回路を示します．

　比較するデータは入力A(I_1，I_2，I_3)と，入力B(I_4，I_5，I_6)のそれぞれ3ビットのデータです．デコーダには7442を使用し，マルチプレクサには74151を用いています．そして，入力Aはマルチプレクサのセレクト入力に加え，入力Bはデコーダのデータ入力に加えます．図9.18(b)の実験データでは，I_1〜I_3およびI_4〜I_6がともに"0 0 0"となったときに検出信号Yが"L"となっています．

　I_1，I_2，I_3が"0 0 0"となると，74151はD_0が選択されます．したがって，Y出力にはD_0入力に加えられる信号が出てくるわけです．ここで，I_4，I_5，I_6が"0 0 0"以外の数，例えば"0 1 0"とすると，デコーダの出力は2の出力のみ"L"となり，ほかはすべて"H"となります．したがって，D_0には"H"が入力され，Y出力は"H"となります．I_4，I_5，I_6が"0 0 0"となったときだけデコーダの0出力が"L"となるので，D_0に"L"が加えられてY出力も"L"となるわけです．すなわち，デコーダで"L"が出力され，それをマルチプレクサが選んだときにY出力が"L"となるわけです．

9.3 データ・セレクタ/マルチプレクサ

(a) 内部構成

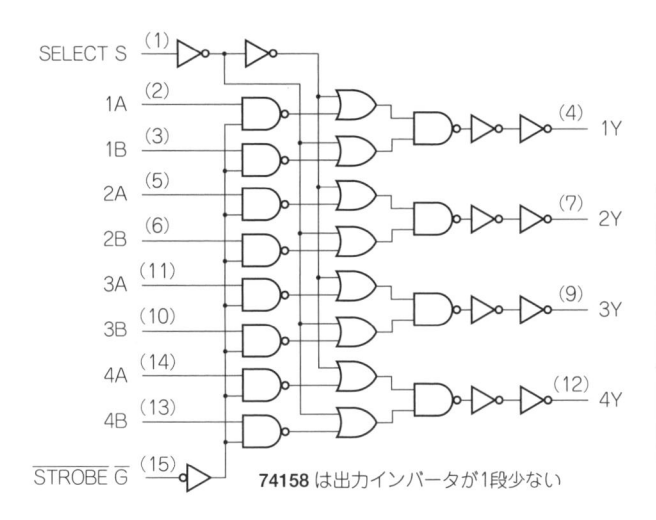

入力				出力	
STROBE	SELECT	DATA		74157	74158
$\overline{G}$	S	A	B	Y	$\overline{Y}$
H	X	X	X	L	H
L	L	L	X	L	H
L	L	H	X	H	L
L	H	X	L	L	H
L	H	X	H	H	L

X：Don't care

(b) 真理値表

図9.21　2 to 1 Lineデータ・セレクタ/マルチプレクサ 74157/74158 の内部構成と真理値表

● 多チャネル・データ伝送回路

次に，マルチプレクサとデコーダを使った多チャネル・データ伝送回路の実験を行ってみましょう．マルチプレクサ74151の入力セレクタと，デコーダ74138の出力セレクタに加えるデータに同じ信号を用いることで，1本の伝送線路を時間的に分割して使用することが可能です．

図9.19に，その回路を示します．この例では，データ・セレクトの信号をカウンタ7493で作っています．送出側と受信側の同期は，7493にリセットをかけることで行います．図では，実験のために74151の入力は固定にしてありますが，実際にはカウンタやレジスタの出力を接続して使用することができます．この回路のメリットは，データ信号線，クロック線，リセット線の3本の伝送線で8種類のデータが送れるという点があげられます．

● そのほかのセレクタ/マルチプレクサIC

マルチプレクサICには，74151のほかに次のようなICがあります．

　　74153──2回路4 to 1 Lineデータ・セレクタ/マルチプレクサ
　　74157──4回路2 to 1 Lineデータ・セレクタ/マルチプレクサ
　　74158──4回路2 to 1 Lineデータ・セレクタ/マルチプレクサ

74153は，共通のセレクト入力A，Bにより，4本のデータを選択する2回路入りのデータ・セレクタです．また，74157と74158は，A，B2本のデータ入力を，セレクト入力により選択する4回路入りのデータ・セレクタです．74157と74158との違いは，アクティブH出力とアクティブL出力という点です．図9.20，図9.21に，これらの構成図を示します．

第10章 基本インターフェース

標準化されたディジタルICどうしをつなぐ場合は，それぞれに規格（電気的特性）が定められているので難しくありませんが，ICとそれ以外のものをつなぐ場合はそう簡単ではありません．

「ICとそれ以外のものをつなぐ」，これを一般にはインターフェースと呼んでいます．とくにマイコンの時代になってからは，マイコンで何かを動かす，あるいは何かの信号を入力する，ということが必要になり，そのインターフェース技術が非常に重要になってきます．

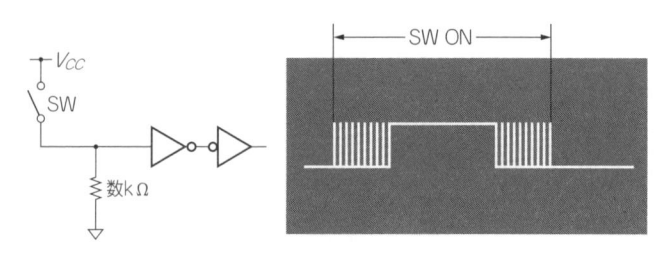

10.1 機械接点とのインターフェース

ディジタル回路において，人間のアクションを伝えるときに欠かせないのがスイッチですが，スイッチの多くは機械接点を使用しています．ここでは，この機械接点とディジタルICとをうまくインターフェースすることについて考えてみましょう．

一般に，機械接点は電圧をもっていないので，図10.1に示すように接点そのものを抵抗を介してロジックICと同一の電源に接続すれば，電気的な接続は簡単に実現できます．

図10.1 機械接点とのインターフェース

10.1 機械接点とのインターフェース

● 機械接点の宿命——チャタリング

図10.1に示したように,リレーやスイッチなどの機械接点は,OFFからONになった後,しばらく出力が振動します.機械接点をONにすることは,いわば接点同士をぶつけ合うことですから,接点の表面は接触したり離れたりを繰り返し,最終的に接触の状態に落ち着くわけです.このことを接点のチャタリング(あるいはバウンス)と言いますが,機械接点では宿命的なものです.

したがって,このような機械接点の出力をディジタル信号として回路に入力すると,一つであるべきパルスがたくさんのパルスに化けてしまいます.

このチャタリングの問題を解決する方法の一つとして,スイッチに水銀リレーを使う方法があります.水銀リレーは,接点の表面を常に水銀で濡らした状態にしておくもので,水銀は液体ですから接点が衝突して離れようとしても,表面張力で接触を保ちます.ただし,水銀リレーは,価格が高いことや取り扱いが面倒なこと(下部に水銀を貯めておく槽があるので,常に水平を保たなければならない)などの欠点があります.

● CRの遅延を使ったチャタリングの除去

スイッチやリレーの出力をディジタル回路に入力する場合は,一般にディジタル回路側でチャタリングを除去してやることになります.もっとも簡単な方法は,図10.2のようにCMOSによる積分回路を用いることです.

この回路の欠点は,スイッチ入力の最初の立ち上がりから,チャタリングを除いたパルスの立ち上がりまでに遅れが出ることです.しかし,一般にスイッチ入力を用いる場合,スイッチを入れた後の数msの遅れが問題になるようなことはほとんどないはずです.リレー入力にしても同様です.

この遅れがどうしても問題となる場合には,図10.3のようにスイッチ入力の最初の立ち上がりでワンショット・マルチバイブレータを起動すれば,立ち上がりに同期したパルスが作れます.

図10.4に,実際の小型リレーのチャタリングとその除去のための実験回路を示します.写真10.1が測定波形です.

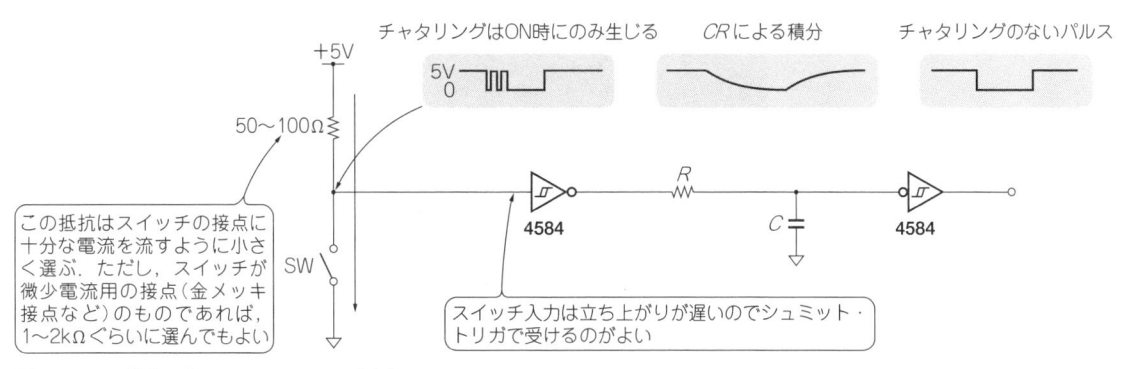

図10.2 CR積分回路によるチャタリング除去
時定数を十分に大きく選べば,チャタリングによる出力の振動は吸収されてしまう.

第10章

● **RSラッチを使ったチャタリング除去**

　スイッチ自体がON/OFFというモーメンタリな機能をもつ場合には，前述した構成ではなくRSラッチを使うと部品点数が少なくてすみます．

　図10.5に，その構成例を示します．セット入力はスイッチSにより，またリセット入力はスイッチRによって加えられます．そして，それぞれRSラッチの入力に加えられています．

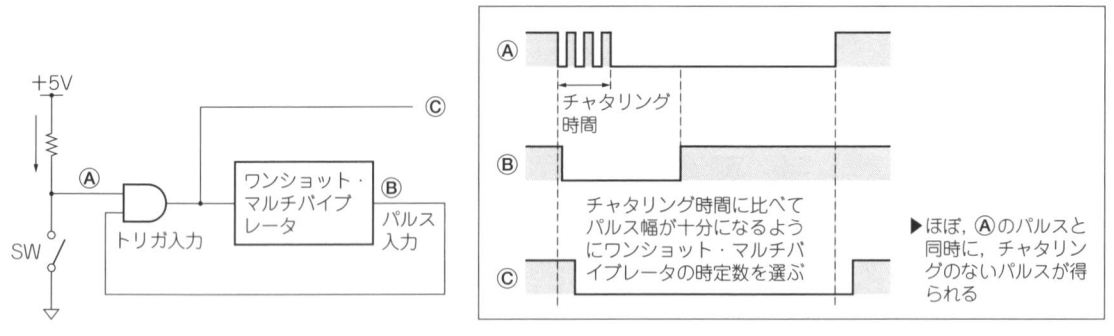

図10.3　ワンショット・マルチバイブレータによるチャタリング除去
トリガ入力の立ち下がりによって"L"のパルスを出力するワンショット・マルチバイブレータを用いた例．

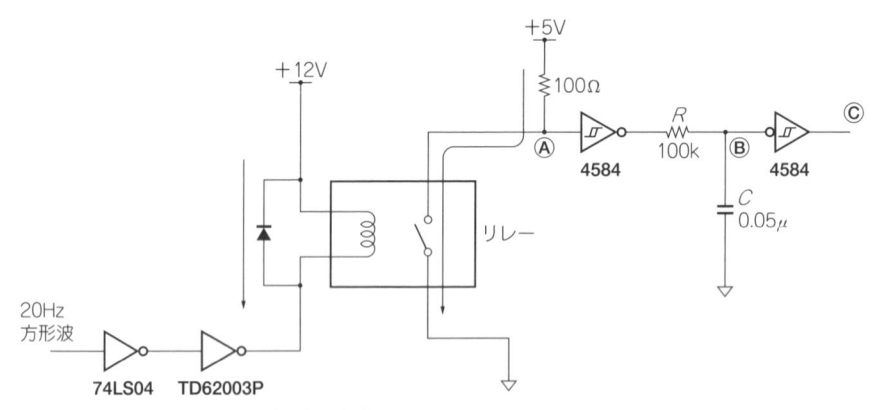

図10.4　リレーのチャタリング除去の実験

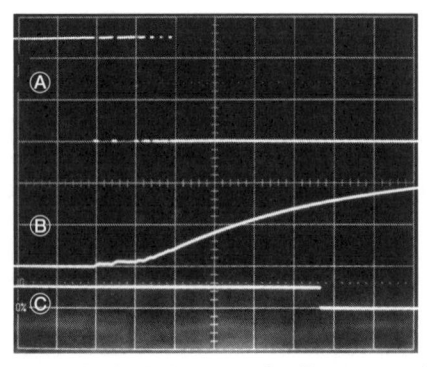

写真10.1　チャタリング除去の例（1 ms/div，Ⓐ，Ⓑ：2 V/div，Ⓒ：10 V/div）

今，スイッチSがONになって電源電圧が入力に加えられたとします．すると，スイッチSは電源側の接点にバウンドしながら接続され，タイムチャートに示すように，スイッチがONしてしばらくは，"H"と"L"の間をいったりきたりすることになります．しかし，RSラッチのセット入力に一度でも"H"のレベル(電源電圧レベル)が加えられると，その後セット入力が"L"に変化しても出力の状態は変化しません．同様に，リセット入力に接続されているスイッチRもONしたときにバウンドして"H"と"L"を繰り返しますが，一度リセットされた後の出力は変化しません．

以上のようなRSラッチの保持機能を利用したチャタリング除去回路は，構成が簡単で利用価値が高いものといえるでしょう．

セットとリセットの入力のために，別々のスイッチを使うのはもったいないと思われる場合は，図10.6に示すスイッチ1個の回路を使用するとよいでしょう．

回路の動作はスイッチを2個使ったものと同じですが，使用するスイッチは中点のある3端子のものを使用します．出力Qを"H"にしたいときはスイッチをS側に倒し，出力Qを"L"にしたいときはスイッチをR側にすればよいのです．ただし，この場合に使用するスイッチの特性については少し注意しなければなりません．スイッチをR側とS側に倒したときに，図10.7のように逆の接点までバウンドがはね返ってしまうものは使用できません．

ところで，CMOSを使用する場合には入力電流がほとんど流れないので，これらの回路に使用する抵抗値は広範囲に選べるわけですが，TTLの場合には入力電流がかなり流れるので，入力段に使用する抵抗には制約があります．さらに，RSラッチにはNORゲートを使ったものとNANDゲートを使ったものとがあり，どちらを使うかによって消費電力に大きな違いがでてきます．

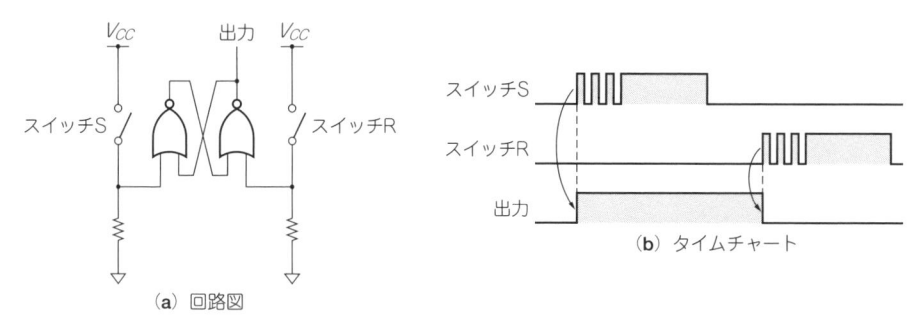

図10.5 RSラッチによるチャタリング除去

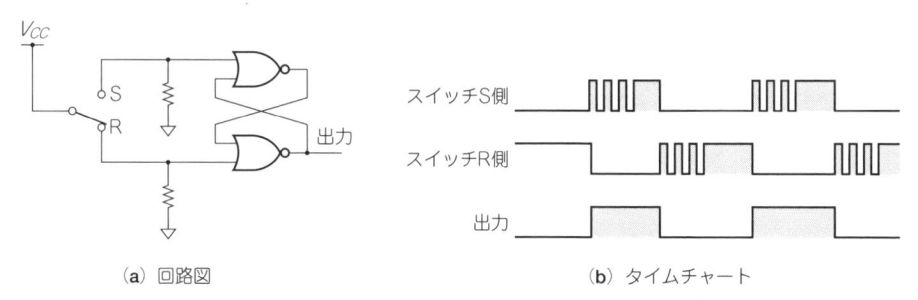

図10.6 モーメンタリ接点のチャタリング除去

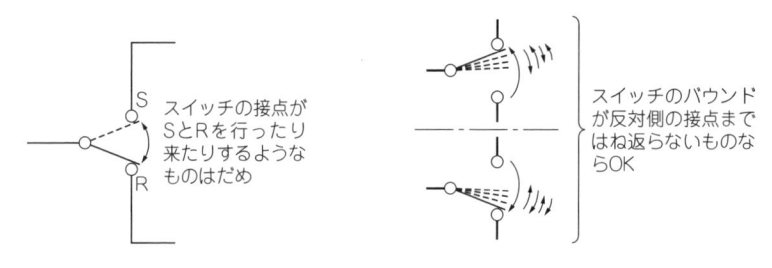

第10章

(a) 図10.6の回路に使用できないスイッチ　　(b) 図10.6の回路に使用できるスイッチ

図10.7　RSラッチを使う場合の注意事項

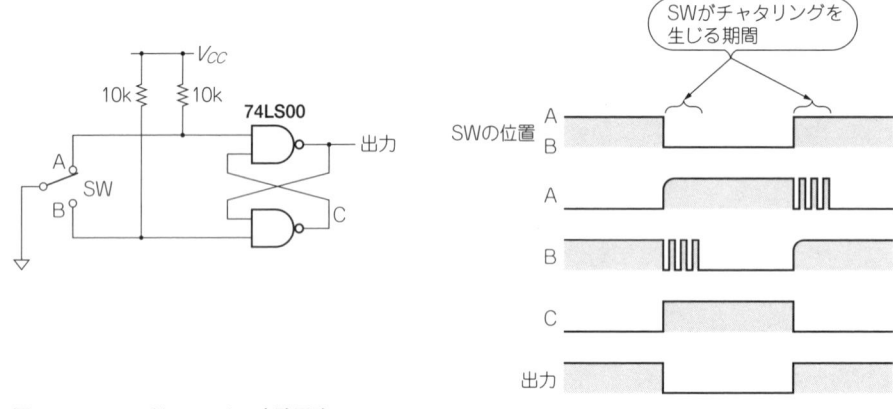

図10.8　NANDゲートによる実験回路

結論からいうと，入力"L"のときにTTLには1.6 mAのI_{IL}が流れるので，この影響を受けないようにするため図10.8のようにNANDゲートを使用するとよいでしょう．

● シフトレジスタを使ったチャタリング除去回路

チャタリング除去にはいろいろな方法がありますが，ここではシフトレジスタを使って，チャタリングのある信号から，きれいなデータを取り込むタイミングを作る回路を実験します．このような回路は，LSIなどでよく使われています．

図10.9に，チャタリング除去の実験回路を示します．4015はCMOSのデュアル4ビット・シフトレジスタです．図10.10に4015の内部構成とピン配置図を示します．

入力される信号の立ち上がり/立ち下がりにチャタリングがあると，シフトレジスタの出力は"H"と"L"の間をばたつくことになります．しかし，チャタリングが収まると，出力には"H"が連続して出てきます．そこで，"LHHH"というパターンによりチャタリングが終了したことを検出して，パルスを出力します．

写真10.2は，チャタリングのない理想的な入力波形です．また，写真10.3は，立ち上がり/立ち下がりに等価的なチャタリング・パルスを入れた場合です．写真10.2と比較すると，チャタリングが終了してからパルスを出力していることがわかります．

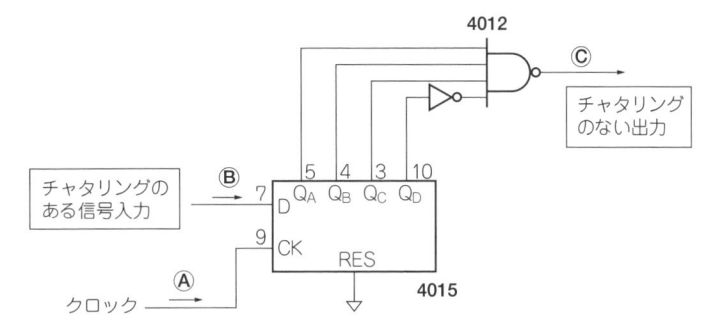

図10.9⁽⁷⁾ シフトレジスタによるチャタリング除去

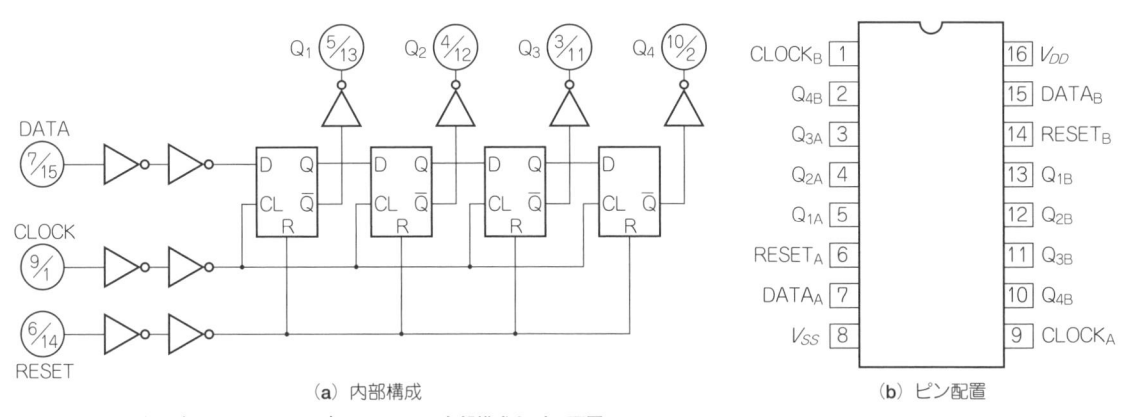

(a) 内部構成

(b) ピン配置

図10.10 2回路4ビット・シフトレジスタ4015の内部構成とピン配置

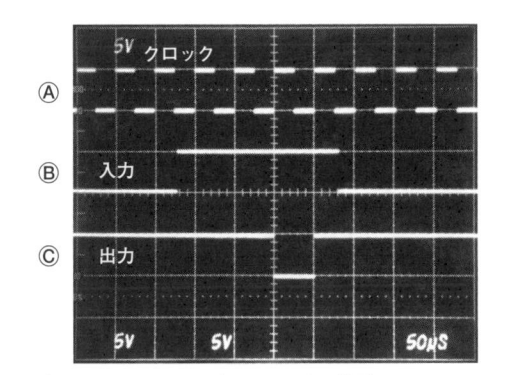

写真10.2 チャタリングのない入力の波形

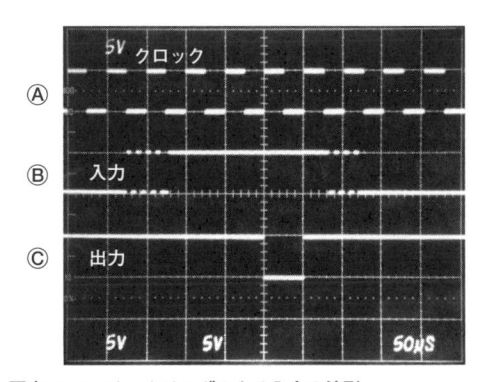

写真10.3 チャタリングのある入力の波形

　この回路の一番の問題点は，クロック周波数をどのくらいに設定するかという点です．通常のチャタリングは，スイッチの種類により異なりますが，1 ms～10 msといわれているので，ここで使用するクロックは200 Hz前後が好ましいと思います(写真は測定の関係でクロック周波数を20 kHzで使用した)．

　この回路は，シフトレジスタ4段で実験しましたが，3段でも実用的には十分です．図10.11に，本回路を応用したキー入力のデコーダ回路を示します．

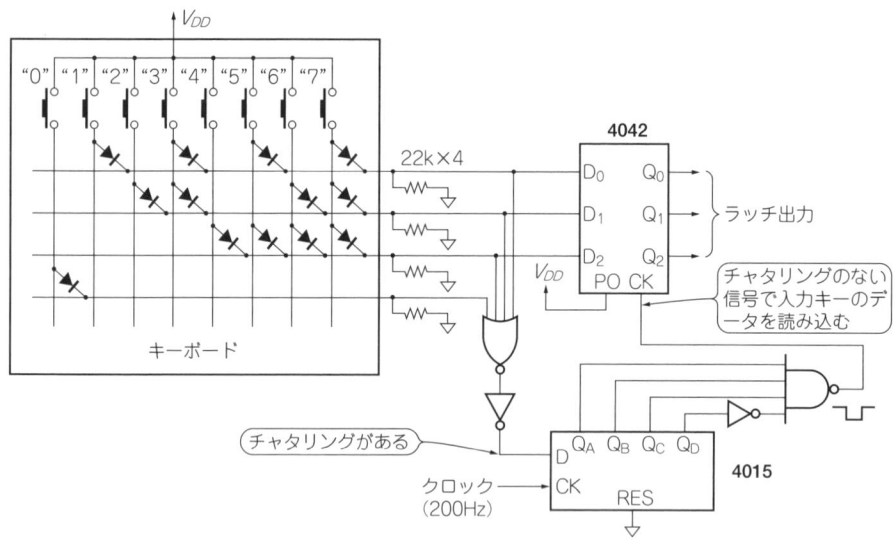

図10.11[7] キー入力デコーダ回路

10.2 波形を整形する回路

前述のチャタリング除去などの目的でCR遅延回路を作ったりすると，それによって波形の立ち上がり/立ち下がりがなまってきます．また，ケーブルなどを使ってディジタル信号を伝送すると，**図10.12**のようにケーブルの容量成分によって波形がなまってきます．

● 波形がなまると誤動作が増える

ディジタル回路は，"H"レベルと"L"レベルで信号を表せるため，信号の伝達に誤りがないというのが大きな特徴ですが，そのディジタル信号の波形がなまってくるということは，"H"と"L"以外の期間が存在することになります．したがって，この波形がなまっている期間にノイズが入ったりすると，ディジタルICは"H"か"L"かの判断を誤る可能性が大きくなります．

また，なまった波形が複数のディジタルICに入力されたりすると，それぞれのICのスレッショルド電圧のばらつきによって，レベル判定の時間的なずれを生じ，誤動作をまねくことになります．

したがって，一般のディジタルICに対して，直接なまった波形を入力することは避けなければなりません．また，とくになまった波形を嫌うICの場合には，入力信号波形の最低立ち上がり時間を規定しているものもあります（とくにCMOSのクロック信号）．

● スレッショルド電圧にもヒステリシスをもたせる効果

シュミット・トリガ回路を使うと，なまった波形（ゆっくり立ち上がる波形）入力から速い立ち上がりが得られます．このシュミット・トリガ回路は，**図10.13**のようにスレッショルド電圧にヒステリシ

10.2 波形を整形する回路

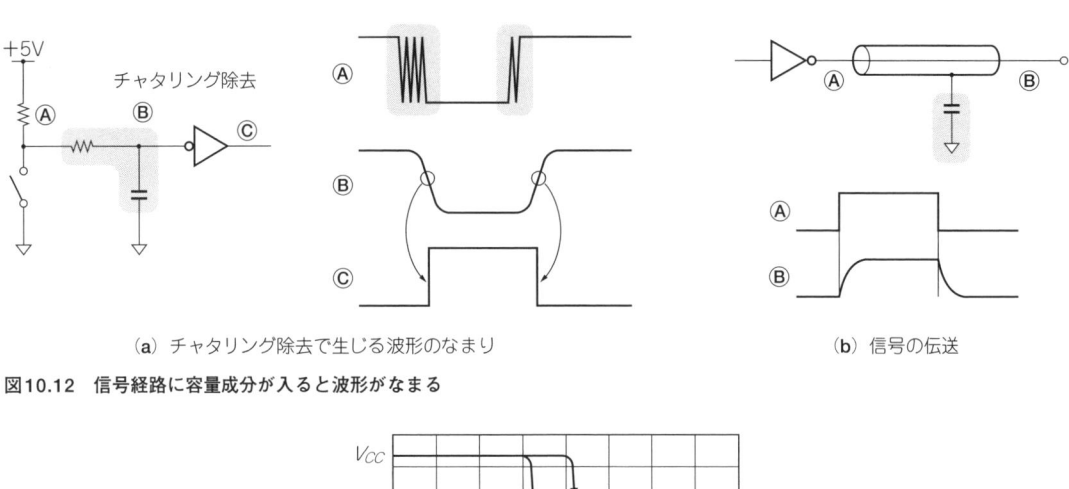

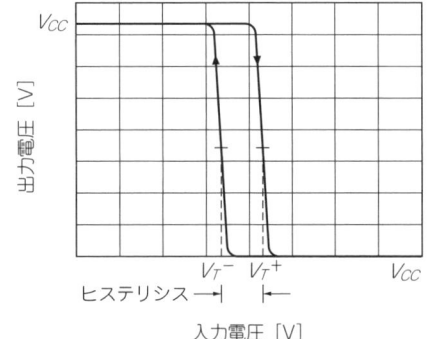

(a) チャタリング除去で生じる波形のなまり

(b) 信号の伝送

図10.12 信号経路に容量成分が入ると波形がなまる

図10.13 シュミット・トリガの伝達特性

(a) 単一スレッショルドのインバータ

(b) ヒステリシス特性のインバータ

(c) 特に大きいノイズ

▶ 通常の伝達特性（単一スレッショルド）だと，スレッショルド電圧V_Tの付近で入力にノイズがあると，そのまま出力の変化に現れてしまう
▶ ヒステリシス特性であれば，両方のスレッショルドV_T^+，V_T^-にまたがるような大きいノイズでなければ，出力が反転することはない

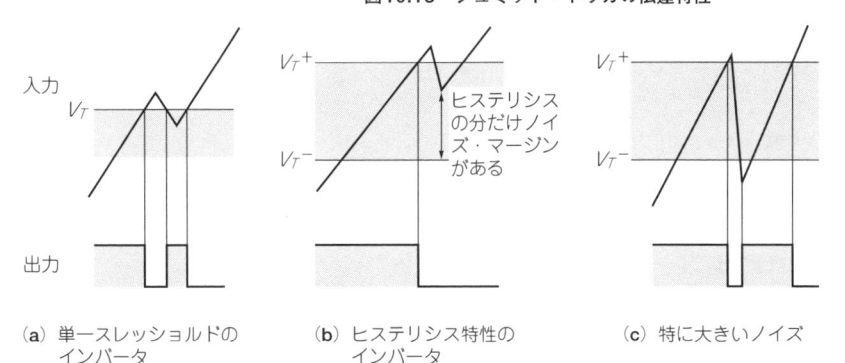

図10.14 シュミット・トリガの効果

ス（履歴動作）をもたせてあり，ノイズに強くなるという特徴をもっています．

波形のなまりをとって整形するだけならば，単なるバッファ（インバータなどのアンプ）でもよいのですが，**図10.14**のようにスレッショルド電圧付近でノイズが入ったりすると，出力にチャタリング波形が出てしまうことがあります．

CMOSの場合，シュミット・トリガは**図10.15**に示すように，インバータ2個と抵抗2本で作ることができます．

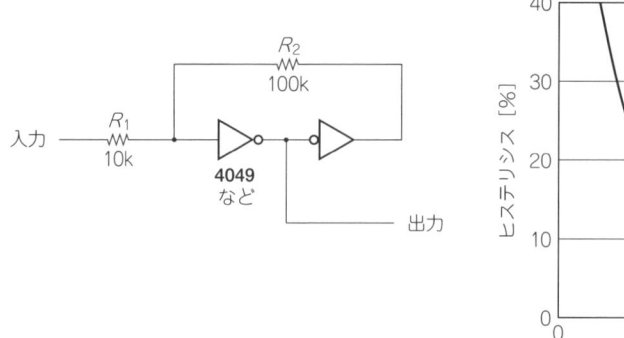

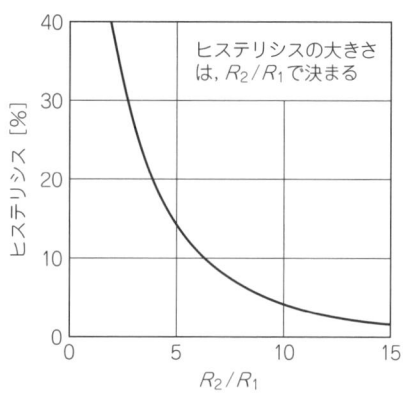

図10.15 インバータで作るシュミット・トリガ回路

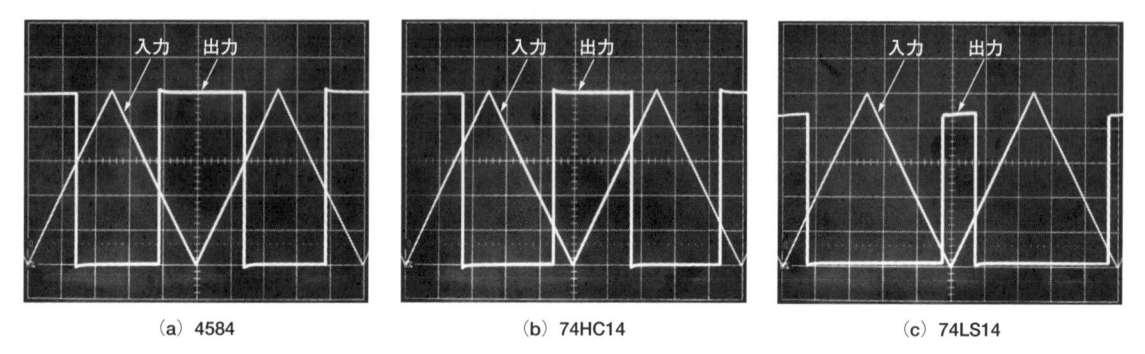

(a) 4584　(b) 74HC14　(c) 74LS14

写真10.4　シュミット・トリガICの応答（1 V/div, 10 μs/div）

● シュミット・トリガICの実験

　代表的なシュミット・トリガICを第6章の図6.10に示しましたが，このうちCMOSの4584と74HC14，TTLの74LS14についての実験波形を写真10.4に示します．この例では，ヒステリシス特性を観測するために，入力信号には三角波を使ってみました．出力波形は，いずれも立ち上がり/立ち下がりのシャープな波形に整形されています．

　この波形を見ると，CMOSとTTLではスレッショルド電圧が大きく異なることがわかると思います．CMOSはほぼ電源電圧の中央付近にスレッショルドがありますが，TTLは低い電圧レベルのほうにスレッショルドがあります．したがって，大きなCRによる遅延を作ったときは，パルス幅が異なってくるので注意が必要です．

　写真10.5にCMOSのCR遅延回路の出力を，普通のインバータとシュミット・トリガICで受けた場合との比較を示します．この場合の測定回路は，図10.16です．4584は，6回路のシュミット・トリガとしても，普通のインバータとしても使える便利なICです．

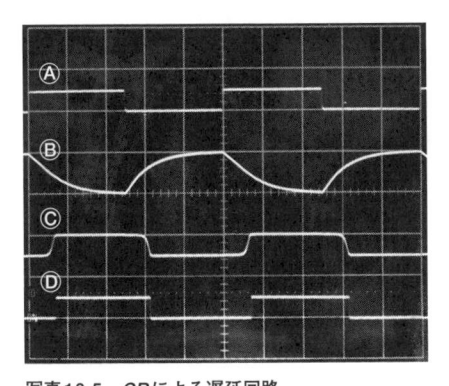

写真10.5　CRによる遅延回路
(2 μs/div, Ⓐ, Ⓒ, Ⓓ: 10 V/div, Ⓑ: 5 V/div)

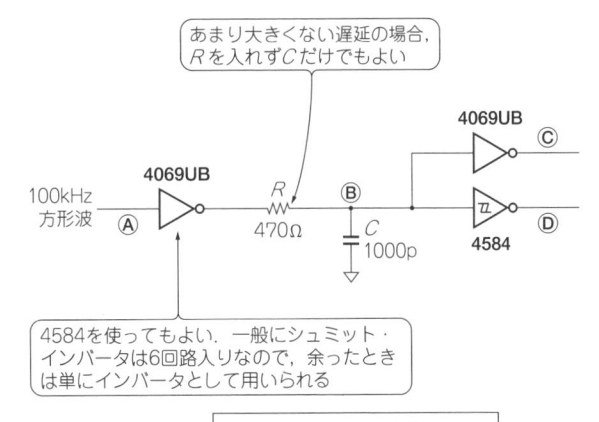

あまり大きくない遅延の場合，Rを入れずCだけでもよい

100kHz
方形波　Ⓐ　4069UB　R 470Ω　Ⓑ　C 1000p　Ⓒ 4069UB　Ⓓ 4584

4584を使ってもよい．一般にシュミット・インバータは6回路入りなので，余ったときは単にインバータとして用いられる

▶ 遅延時間 t_D は，時定数 CR で決まる
▶ C, R の値を適当に選ぶことによって，数百msぐらいまでの遅延を得ることができる
▶ Ⓒのように普通のゲートで受けると波形がなまるので，Ⓓのようにシュミット・トリガで受けるようにする
▶ また，シュミット・トリガで受けるほうが，遅延の効果も大きくなる

図10.16　CMOSによるシュミット・トリガの実験

10.3　トランジスタの利用とレベル変換

　ディジタル回路の中で，トランジスタを使うというケースは案外多いものです．トランジスタを使う利点は，ディジタルICと違って電源電圧や負荷電流にかなりの自由度があるという点です．もっとも，ディジタルICの基本はトランジスタですから，使いようによっては，トランジスタさえあればたいていの回路は実現できる，ともいえるわけです．
　ここでは，一般のディジタルICの基本となっているトランジスタ・スイッチについて考えてみることにしましょう．

● 基本はトランジスタ・スイッチ

　ディジタルICと違うとはいっても，ディジタル回路に使うトランジスタは，やはりディジタル的に動作します．
　ディジタル回路の基本は"H"と"L"の二値を使うことですが，この状態を作り出すトランジスタ回路のことをトランジスタ・スイッチと呼んでいます．
　図10.17に，トランジスタによるスイッチ回路の基本を示します．V_{IN}に正の電圧が加わると，トランジスタのベースに電流が流れて，トランジスタはON(コレクタとエミッタ間が導通し，その間の電

第10章

● トランジスタの選定

> コレクタ-エミッタ間の耐圧 V_{CEO} が, V^+ に対して十分であること. コレクタ電流の許容値 I_C が, トランジスタON時の V^+/R_L によって決まる負荷電流に対して十分であることが第一条件.
> とくに, 負荷が容量性 (C 成分) や誘導性 (L 成分) の場合は, スイッチング時に, V^+ を超えるサージ電圧 (高い衝撃電圧) を発生することがあるので注意が必要.
> ▶ このほかに, 目的に応じて電流増幅率 h_{FE} やスイッチング時間 (ターンオン時間 t_{on}, 立ち上がり時間 t_r, 蓄積時間 t_{stg}, 立ち下がり時間 t_f) などを考慮して決める. 負荷電流 V^+/R_L が大きいときは, 一般に h_{FE} も大きいものを選ばなくてはならない.
> ▶ V^+ が5Vで, 電圧スイッチとして用いる場合は, 一般の小信号スイッチング用と称するトランジスタであれば, たいていのものが使える.

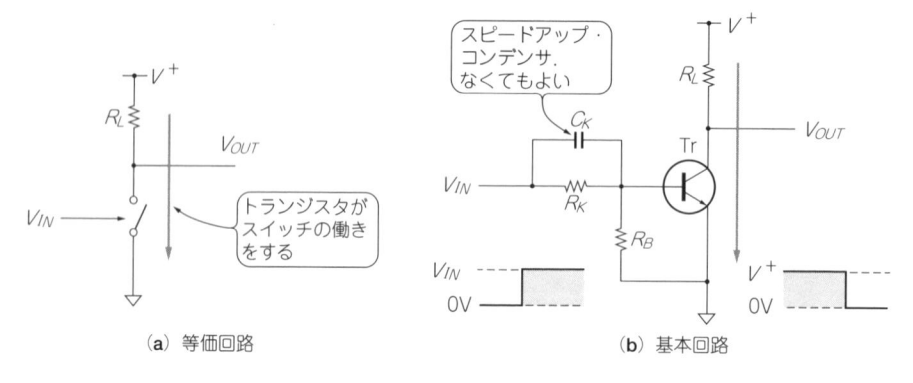

(a) 等価回路　　(b) 基本回路

● R_K と R_B の決定

> 負荷電流 V^+/R_L を流すのに十分なベース電流が得られるように選ぶ. 一般に, ベース電流 I_B に対して $h_{FE} \cdot I_B$ で決まるコレクタ電流が流れるので, $I_B \geq V^+/(h_{FE} \cdot R_L)$ が必要である. トランジスタの増幅率 h_{FE} はばらつきが大きいので, 最悪 (min) 値によって計算し, かつその計算値の2〜3倍の余裕をもたせてベース電流を決める.
> ▶ 一方, $V_{IN} = V_{IN}^+$ のとき, R_K を流れる電流は, $I_{B1} = (V_{IN}^+ - V_{BE})/R_K$, ($V_{BE}$ はトランジスタのベース-エミッタ間電圧約0.7 V), R_B を流れる電流は $I_{B2} = V_{BE}/R_B$ で, その差の ($I_{B1} - I_{B2}$) がベース電流となる. I_{B1} は入力側の信号源から供給されるので, その電流供給能力に見合った大きさで, かつ $I_{B1} > I_B$ となるように R_K を定め, 次いで I_{B2} が小さくなるように R_B を定める.
> ▶ 入力側の信号源の電流供給能力が不足するときは, ベース電流を小さくするために, トランジスタの増幅率も大きいものにしなければならない.

図10.17　基本的なトランジスタ・スイッチ

圧 V_{CE} がほぼ0Vになることを, スイッチにたとえて「ONする」と呼ぶことが多い) となります. このとき出力 V_{OUT} は "L" (ロジック・レベルの "L", この場合はほぼ0V) になります.

V_{IN} に電圧が加わらないときは, トランジスタはOFF (コレクタとエミッタ間が非導通, スイッチにたとえてOFFすると呼ぶことが多い) で, R_L に電圧降下を生じないので, 出力 V_{OUT} は "H" (ロジック・レベルの "H", この場合 V^+) となります. すなわち, 電圧スイッチとして見た場合の動作は, ディジタルICのインバータと同じです.

2SC1815を用いたトランジスタ・スイッチ回路の設計例を, **写真10.6** に示します. 2SC1815は, 小信号スイッチング用のトランジスタとしてはかなりスピードが遅いほうで, 出力の立ち上がり (電圧として

10.3 トランジスタの利用とレベル変換

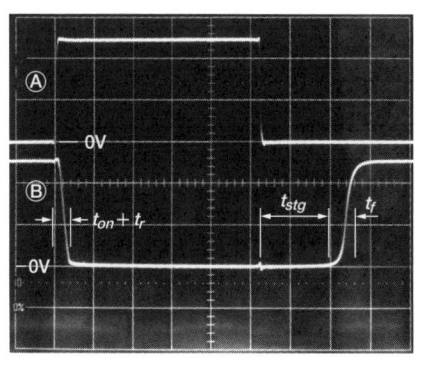

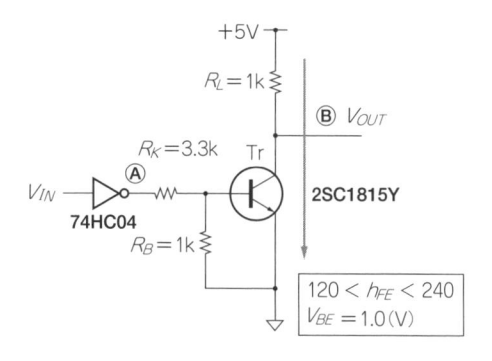

写真10.6 基本的なトランジスタ・スイッチの動作波形(200 ns/div，2 V/div)

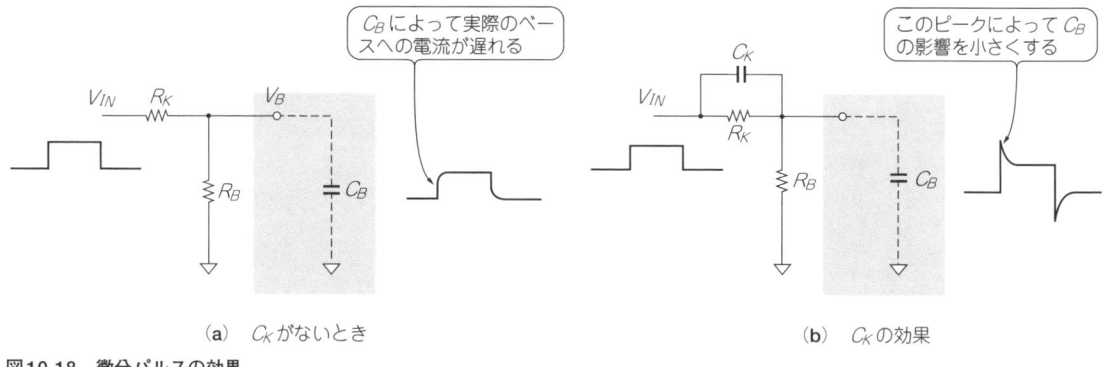

(a) C_Kがないとき

(b) C_Kの効果

図10.18 微分パルスの効果

は立ち下がりだが，トランジスタの場合，こちらを立ち上がりと呼ぶ)で50 nsほどの遅れが見られます．

一方，立ち下がり側は，トランジスタがONの間にベースに(ある内部容量に)電荷が蓄積されるので，その電荷がなくなるまでの時間(蓄積時間 t_{stg})は出力がOFFになりません．これは，どんなトランジスタでも，飽和動作(コレクタ-エミッタ間を完全にON/OFFさせる使い方，このスイッチング動作がそれにあたる)で用いる限り，必ずこのような遅れが出ます．写真10.6の例では，立ち下がりは400 ns以上遅れています．

● スイッチング速度を速くする工夫

電荷の蓄積による応答の遅れを小さくし，スイッチング動作のスピードを上げるには，スピードアップ・コンデンサ(図10.17のC_K)が有効です．

R_Kに並列にコンデンサC_Kを入れることによって，ベース電圧の立ち上がり/立ち下がりに微分パルスが加わります(図10.18)．このパルスは，出力の立ち上がりを速くする効果と，蓄積電荷を中和(相殺)して，蓄積時間を短くする効果の両方があります．C_Kによるベース電圧の変化を写真10.7に，出力応答の変化を写真10.8に示します．

このスピードアップ・コンデンサの大きさは，ベースの蓄積電荷をちょうど中和できるぐらいの容量に選ぶと，蓄積時間がもっとも短くなります．写真10.8の例では，50 pFだとやや不足で，220 pFな

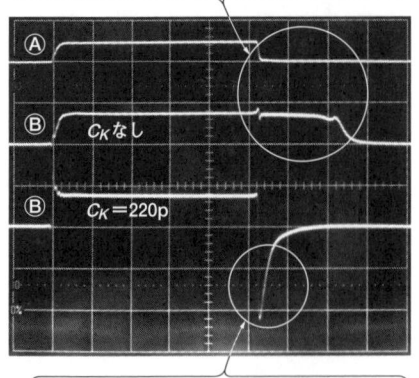

第10章

図中吹き出し:
- Ⓐが"L"になっても，ベースの蓄積電荷が抜けるまで，ベース電圧は高いまま．そのため出力が，すぐにOFFにならない(**写真10.6**参照)
- 立ち下がりの微分パルスによって蓄積電荷が中和されている．ただ，立ち下がりパルスは負電圧パルスなので，出力にも負パルスが出てしまう(**写真10.8**参照)

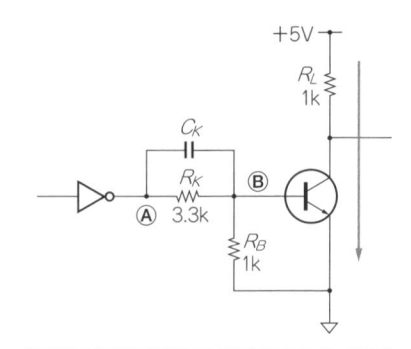

▶ **写真10.6**と同じ回路で（回路定数などもすべて同じ），R_Kと並列にスピードアップ・コンデンサC_Kを入れた場合と，入れない場合のベース電圧の比較

写真10.7 スピードアップ・コンデンサによるベース電圧の変化(200 ns/div，Ⓐ：10 V/div，Ⓑ：1 V/div)

らばほぼ適当でしょう．それ以上にC_Kの容量を増しても効果はありません．$C_K = 220 \text{ pF}$のときで，立ち下がりの遅れはほぼ100 ns以内に収まっています．

● さらに高速化するには飽和を浅く

　トランジスタのスイッチング動作は，ベース電流を十分に多く流し飽和を深く（必要以上にON電流を多く流す）するほど安定になり，ベースから入る外部ノイズに強くなります．しかし一方では，飽和を深くするほど蓄積電荷が増え，立ち下がりの遅れが大きくなります．したがって，速い応答が要求される場合は，ベース電流を少なくして多少飽和を浅めにかけるほうがよいでしょう．逆に，スピードが遅くてよい場合は，飽和を深めにします．

　飽和の深さは，トランジスタのベース電流と負荷電流の比で決まり，負荷電流に対してベース電流を多く流すほど飽和が深くなります．**図10.17**でも説明したように，ベース電流は，負荷電流を供給するのに最低必要な量の2〜3倍は流さなければなりません．これより飽和を浅くするのは，耐ノイズ性などを考えると望ましくありません．スピードさえ問題なければ，10倍ぐらい流すのが普通です．

　写真10.6の例では，必要なベース電流の約5倍をかけていますが，これを2倍ぐらいまで落とした場合の例を**写真10.9**に示します．C_Kなし，$C_K = 220 \text{ pF}$のいずれの場合も，飽和が浅くなった分，立ち下がりが速くなっています．ただし，飽和を浅くした場合は蓄積時間は短くなりますが，立ち上がりは逆に遅くなります．

● ロジック・レベルを変換する回路

　一般に使用されるロジック・レベルは0 V/5 Vがほとんどですが，ノイズの多い環境ではあまりこれ

10.3 トランジスタの利用とレベル変換

(a) $C_K = 50\text{pF}$
Ⓐ 写真10.6に比べると，立ち上がりが速く，また立ち下がりの蓄積時間が短くなっている
Ⓑ t_{stg}

(b) $C_K = 220\text{pF}$
Ⓐ (a)に比べ，蓄積時間はさらに短くなっている．ベース電圧の立ち下がり微分のために，出力に負パルスを生じる

(c) $C_K = 500\text{pF}$
Ⓐ (b)からさらにC_Kを大きくしても，スピードアップ効果はそれ以上得られない．むしろ，負の微分パルスが大きくなった分だけ遅くなっている

▶ 写真10.4と同じ回路で，R_Kと並列にスピードアップ・コンデンサC_Kを入れたときの波形

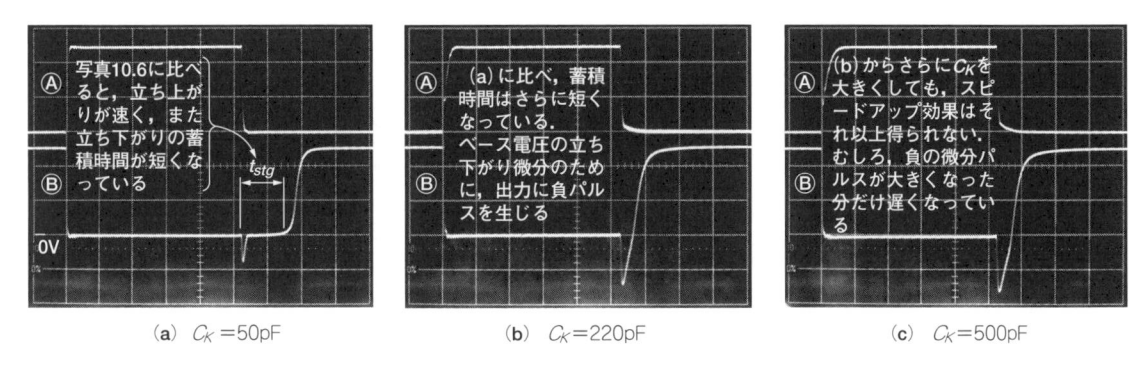

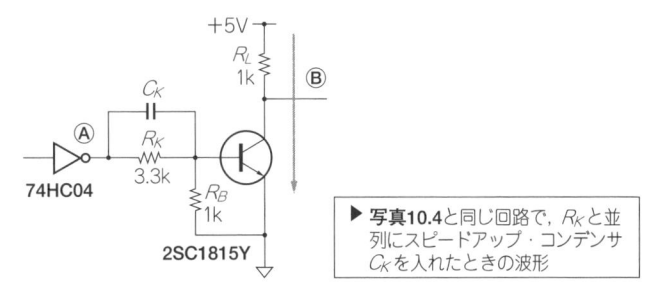

写真10.8 スピードアップ・コンデンサの効果（200 ns/div，2 V/div）

にこだわる必要はありません．実際に，大電力スイッチングを行っているところで，外部（プリント基板あるいはケースの外）に信号が出ているところでは，−12 V/＋12 Vとか，0 V/＋12 Vというロジック・レベルを使うケースがあります．

したがって，このような信号を一般のディジタル信号（0 V/5 V）回路と接続する場合には，レベル変換（レベル・シフト）回路が必要になります．このような電圧レベルに自由度を必要とする回路では，トランジスタも重宝します．

図10.19に，ほかのロジック・レベルを0 V/5 Vレベルに変換する例を示します．図（a），図（b），図

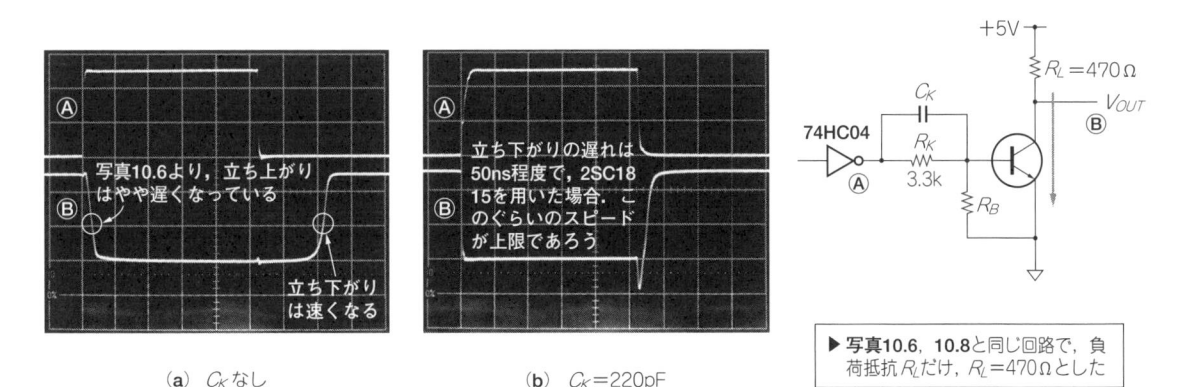

(a) C_Kなし
Ⓐ 写真10.6より，立ち上がりはやや遅くなっている
Ⓑ 立ち下がりは速くなる

(b) $C_K = 220\text{pF}$
Ⓐ
Ⓑ 立ち下がりの遅れは50ns程度で，2SC1815を用いた場合．このぐらいのスピードが上限であろう

▶ 写真10.6，10.8と同じ回路で，負荷抵抗R_Lだけ，$R_L = 470\text{Ω}$とした

写真10.9 負荷電流を大きくとった場合の応答（200 ns/div，2 V/div）

(a) 信号レベルが5Vよりも高い場合

(b) 信号レベルが正負にまたがる場合

(c) 信号レベルが負である場合

(d) 4049UBによるレベル・シフト

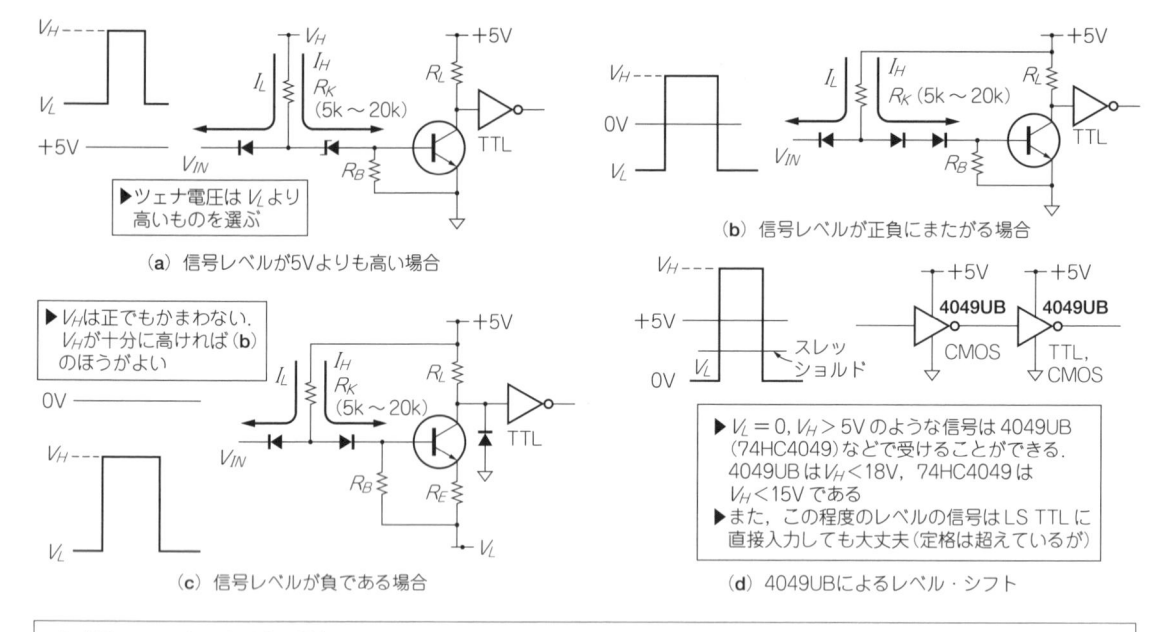

- ▶ $V_L = 0$, $V_H > 5V$ のような信号は4049UB（74HC4049）などで受けることができる．4049UBは$V_H < 18V$，74HC4049は$V_H < 15V$である
- ▶ また，この程度のレベルの信号はLS TTLに直接入力しても大丈夫（定格は超えているが）

● 信号レベルが5Vより高い場合
- ▶ (a)で入力レベルのV_Lは5Vより低くてもかまわない．
- ▶ ベース電流は，R_Kを通して供給される（入力側からはほとんど流れ込まない）．逆に，入力がV_Lのときは，R_Kを通して入力電流を流し出す．必要なベース電流と，入力側の電流吸入能力からR_Kを決める．

● 信号レベルが正負にまたがる場合
- ▶ (b)で入力のV_Hが，トランジスタのV_{BE}と2個のダイオードの電圧降下（約2.2V）よりも高ければこの回路が使える．ベース電流は，R_Kを通して供給される（入力側からはほとんど流れ込まない）．逆に，入力がV_LのときはR_Kを通して入力電流を流し出す．
- ▶ 基本的には，図(a)の回路と同じ動作．

図10.19 ほかのロジック・レベルを0V/5Vレベルに変換する

(c)は，いずれもトランジスタの入力段でスレッショルド電圧を調整しています．また，図(d)で使用している4049は，5V電源で動作させていたとしても，5V以上18Vまでの入力信号を扱えるというインバータです．ただし，入力のスレッショルド電圧が電源電圧の約1/2になることは他のCMOSと同じです．ノンインバータの4050も同様に使えます．

10.4 大きな負荷をドライブする

一般のディジタル回路では，0V("L")と5V("H")がロジック・レベルとして多く利用されています．しかし，これらの信号レベルでは，電流容量的にも電源電圧的にもほかの電子機器を駆動したり，大型のリレーやソレノイドなどを駆動したりすることはできません（図10.20）．

そこで，ロジック・レベルからほかの電子機器やリレー，ソレノイドなどの大きな負荷を駆動する場合にもトランジスタがよく利用されます．

10.4 大きな負荷をドライブする

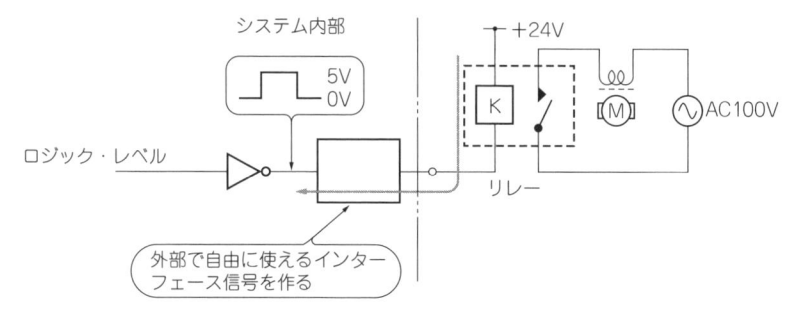

図10.20 ロジック・レベルで外部を制御する方法

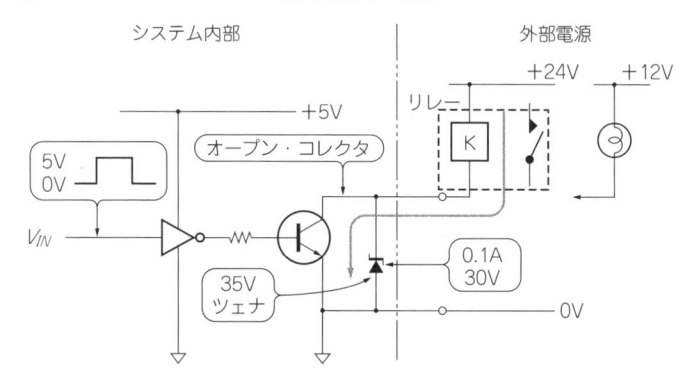

図10.21 トランジスタ・オープン・コレクタ出力

● トランジスタ・オープン・コレクタ

　この回路はトランジスタのスイッチ回路を構成し，その名前が示すとおり，トランジスタ（たいていNPN型）のコレクタに何も接続しないまま，「どうぞ，お使いください」と外部に出しておくものです（**図10.21**）．

　もちろん，そのインターフェース境界におくトランジスタは，その定格が外部負荷条件に十分マッチするものでなければなりませんが，基本的には完全なON/OFF動作（ディジタル動作）ですから，一般の中電力用トランジスタ（たとえば，$V_{CEO}=50\,\mathrm{V}$，$I_C=0.5\,\mathrm{A}$ など）を用意すれば十分です．

　このオープン・コレクタの特徴は，外部がDC電源に接続されるものであれば，定格範囲内でたいていは任意にON/OFF制御できるという点です．ただし，必要によっては外部での誤接続などに対する保護手段が必要です．

● 電流増幅率をかせぐにはダーリントン接続にする

　ところで，トランジスタ・スイッチを動かすには，一般に必要なコレクタ電流の$1/h_{FE}$の10倍くらいのベース電流を，トランジスタに供給しています．たとえば，$h_{FE}=100$のトランジスタで，コレクタ電流I_Cが0.5 A必要な場合のベース電流I_Bは，

$$I_B = (I_C/h_{FE}) \times 10$$
$$= (500/100) \times 10 = 50\,\mathrm{mA}$$

となるわけです．

しかし，ディジタルICの出力電流はたかだか数mAなので，このような場合には，ディジタルICから直接0.5 A出力のトランジスタは駆動できないということになってしまいます．

そこで重要になってくるのが，トランジスタの電流増幅率h_{FE}です．このh_{FE}が簡単に1000とか，10,000とかになれば，大きな負荷でもディジタルICでON/OFF制御ができるようになるのです．これを解決してくれるのが，**図10.22**に示すトランジスタのダーリントン接続と呼ばれるものです．

このダーリントン・トランジスタの特徴は，直列に接続するトランジスタのh_{FE}の積が，全体の電流増幅率になるというものです．たとえば，$h_{FE}=100$のトランジスタを2個直列にすると，10,000という電流増幅率が得られることになります．

ただし，ダーリントン・トランジスタの場合には，遅れも直列分だけ重畳することになるので，スイッチング・スピードは遅くなります．また，出力飽和電圧$V_{CE(SAT)}$も直列にした数だけ高くなるので，用途によっては注意が必要です．

● ダーリントン・ドライバ

この増幅率が高いというダーリントン・トランジスタを複数個，ワンチップの中に入れたものがあります．**図10.23**に示すように，いろいろな入出力型式のものがあります．

ここでは，入力がTTLレベルで，TTLやCMOSから直接ドライブできるTD62003APを実験してみます．TD62003APの応答波形の例を，**写真10.10**に示します．

このTD62003APの場合，各ダーリントン・トランジスタの電流容量は500 mA（max）ですが，そのほかに消費電力の最大定格が1 Wに制限されています．さらに，パッケージの温度上昇を抑えるため，パッケージ全体としての消費電力が2 W（室温25℃以下での値，25℃以上では室温が6℃上昇するごとに100 mWずつ，この値から差し引かなければならない）に制限されています．

たとえば，350 mAの電流を流したとき，各ダーリントン・トランジスタは，500 mW近い電力を消

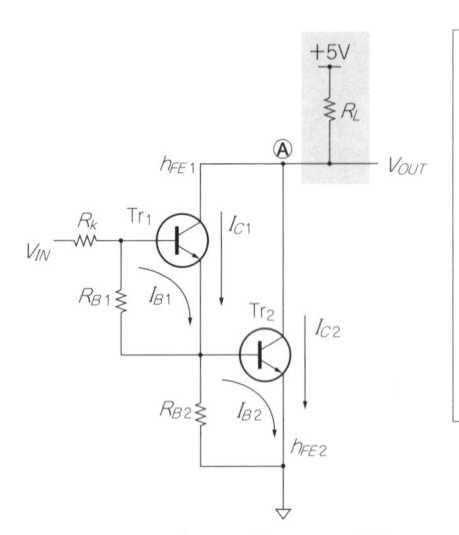

> ▶図において，Tr_1のコレクタ電流I_{C1}のほとんどすべてがTr_2のベース電流となるので，きわめて高い増幅率が得られる．Tr_1とTr_2の増幅率をそれぞれh_{FE1}，h_{FE2}とすれば，
> $I_{C1} = h_{FE1} \cdot I_{B1}$
> $I_{C2} = h_{FE2} \cdot I_{B2} \fallingdotseq h_{FE2} \cdot h_{FE1} \cdot I_{B1}$
> したがって，全体の増幅率はほぼ$h_{FE2} \cdot h_{FE1}$になる．
>
> ▶Tr_1とTr_2がともにONのとき，Ⓐ点の電圧は，Tr_1の出力飽和電圧にTr_2のベース-エミッタ間電圧を加えた分より下がることはない．そのため，一般のトランジスタに比べて出力の飽和電圧が高い．

図10.22　トランジスタのダーリントン接続

10.4 大きな負荷をドライブする

費しますから，同時に動作可能なダーリントン・トランジスタは四つだけです．

　高い増幅率が得られる代わりにスピードが遅く，出力の飽和電圧が高い，というダーリントン・トランジスタの特性から，LEDドライバやランプ・ドライバ，リレー・ドライバなどといった用途が考えられます．

　実際の応用例も，ほとんどそれらに限られるようです．また，各トランジスタの出力に保護ダイオ

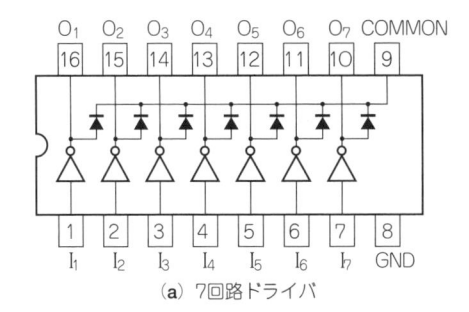

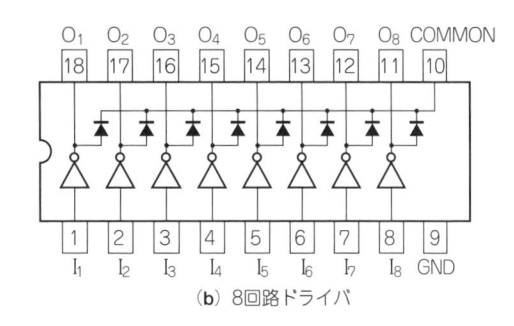

(a) 7回路ドライバ　　　　　　　　　　　　　　　　(b) 8回路ドライバ

（16ピンDIP，**TD6200×**シリーズ）　　　　　　　（18ピンDIP，**TD6208×**シリーズ）

TD62001AP TD62081AP	TD62002AP TD62082AP	TD62003AP TD62083AP	TD62004AP TD62084AP
入力抵抗をつけて調整	PMOS回路，14〜25V	TLL，5V CMOS回路	PMOS回路，CMOS回路，6〜15V

(c) 回路構成（1ドライバ回路）

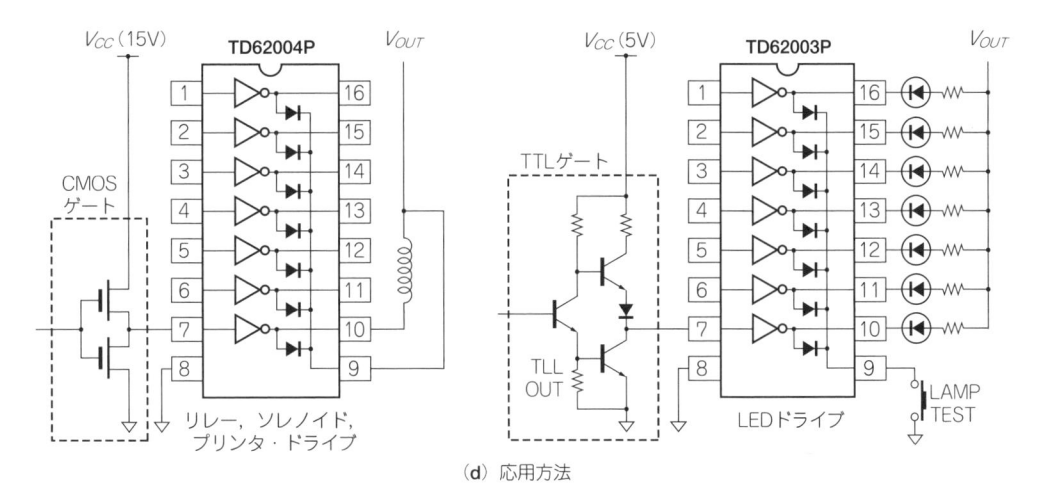

(d) 応用方法

図10.23　ダーリントン・ドライバTD62000Pシリーズ

第10章

(a) $R_L=510\Omega$ ($I_C=10$mA)　　(b) $R_L=51\Omega$ ($I_C=100$mA)

写真10.10 ダーリントン・ドライバTD62003APの応答（100 ns/div, 2 V/div）

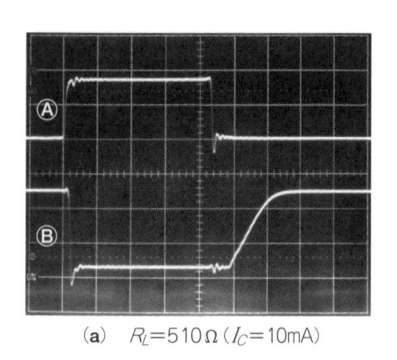

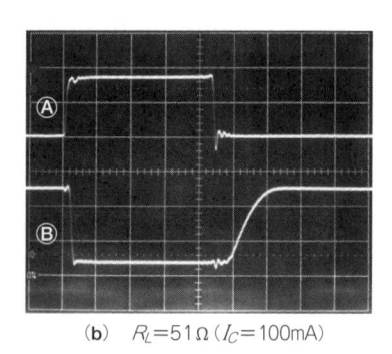

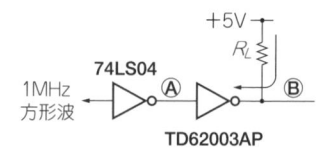

▶ TD62003APを抵抗負荷で用いた場合の応答波形の例
▶ コレクタ-エミッタ間の飽和電圧が大きいので，"L"レベルが上がってしまう．したがって，この出力をTTLで受けるような使い方には向かない

図10.24 リレー・ドライブの基本回路

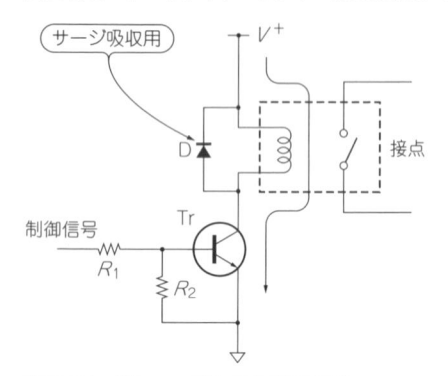

▶ 図において，V^+はリレーの定格電圧とする．ただし，トランジスタのコレクタ-エミッタ間飽和電圧が大きいときは，その分だけ定格電圧よりも大きくしないと，動作電流が不足してリレーが安定に動作しないことがある．
▶ トランジスタおよびR_1，R_2は，リレー・コイルに十分な動作電流を供給できるように選ぶ．
▶ ダイオードはサージ吸収用で，逆電圧がV^+に耐え，順電流がサージ吸収に耐えるものであればよい．

ードをもたせているのも，リレー駆動回路として考えられているからです．

● リレーをドライブする例

　ディジタル回路から外部の電子機器やモータなどを駆動する場合，もっとも多く使われるインターフェースはリレー（電磁開閉器）です．リレーは，基本的には電磁石と機械接点で構成されており，電磁石への通電をON/OFFすることにより，機械接点をON/OFFすることができます．

　このリレーのON/OFFのために，トランジスタ・スイッチは多く使用されます．リレー・ドライブの基本は，コイルに定格電圧をかけることと，このときに十分な動作電流を供給することです．**図10.24**に，基本回路を示します．

　ドライバとしては，トランジスタの代わりに，オープン・コレクタ出力のドライバICやダーリントン接続のトランジスタ・アレイを用いても同様にできます．リレーは，半導体に比べてきわめて低速なので，ドライバ回路のスピードは問題にならないことが多いでしょう．

　ダーリントン・ドライバICを使用したリレー・ドライブの実験回路を，**図10.25**に示します．ここでは，リレーの接点に50 mAの電流を流したときの応答時間を調べています．各部の波形は，**写真10.11**に示すとおりです．この波形より，リレーのチャタリングはリレーのON信号から300 μs～350

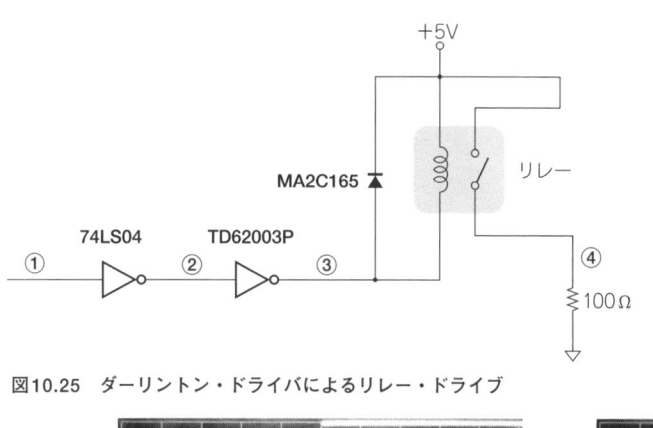

10.4 大きな負荷をドライブする

図10.25 ダーリントン・ドライバによるリレー・ドライブ

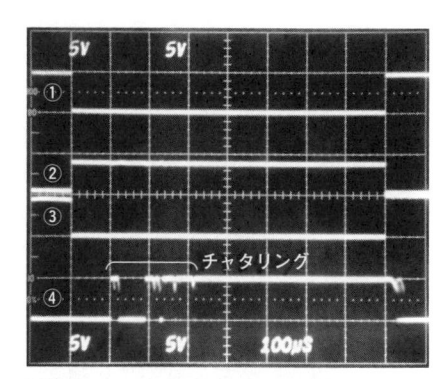

写真10.11 リレーのチャタリング波形

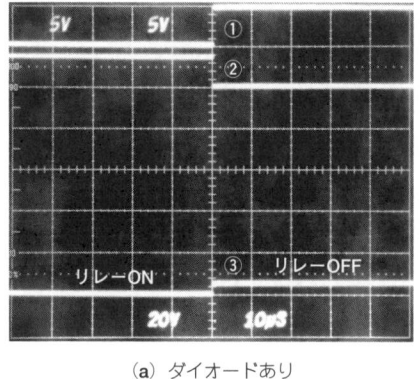

(a) ダイオードあり 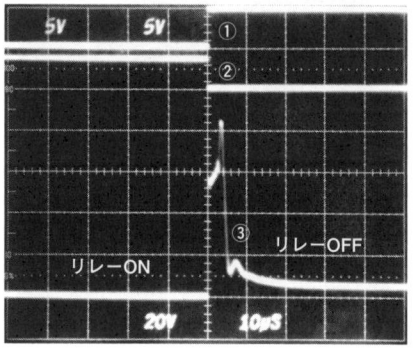　　(b) ダイオードなし

写真10.12 リレーがON→OFFになるときのコイルの逆起電圧

μsくらい続いています．それに対しOFFのときは，50μsぐらいで完全にOFFしています．

　リレーのON/OFF特性は，使用するリレーによっても違いますが，DIP型の小型リード・リレーはだいたい同じような特性を持っています．

　リレーのコイルと並列に入っているダイオードは，サージ(リレーのコイルの逆起電圧として生じるパルス性電圧)吸収用のもので，これがないと使用しているドライバICばかりでなく，ほかのロジックICなども破壊してしまうことがあります．

　写真10.12に，ダイオードがある場合とない場合の波形を示します．ダイオードがある場合は，リレー・コイルの逆起電圧はほとんど吸収されていますが，ない場合は逆起電圧のピークが80Vを超えているのがわかります．したがって，リレーをドライブするときは必ずサージ吸収用のダイオードを入れるようにしてください．

　TD62000Pシリーズのドライバ IC には，このサージ吸収用ダイオードも内蔵されています(カソード・コモンになっているため，使用するリレーのコイル電圧が違う場合には使用不可)ので，それを使用してもかまいません．

第11章

絶縁インターフェース

システムの規模が少し大きくなってくると，ディジタル回路も単独で使われることが少なくなってきます．たとえば，システムを操作するスイッチが50 mも離れたところに置かれたり，あるいは電源系統の異なる二つのシステム間で信号のやりとりをしなければならない，といったことが発生します．

こうなってくると，もはやディジタル回路だけの技術ではなく，信号のやりとりをする技術が必要となって，いかにして誤動作を少なくするかという点が重要になってきます．

11.1 フォト・カプラを使う

フォト・カプラは，発光ダイオード(LED)と受光素子(フォト・トランジスタ)を一個のパッケージに封入したもので，受光素子は光でON/OFF動作をする電流スイッチとなっています．LEDとフォト・トランジスタは物理的に離して配置されているので，電気的には完全に絶縁されています．一般に，フォト・カプラはディジタル信号(ON/OFF信号)の絶縁伝送手段として広く使用されています．

● インターフェースを絶縁する理由

マイコンの出力を外部へ取り出す場合，必ずといってよいほどフォト・カプラが利用されますが，その理由を次に簡単に説明します．

図11.1は，マイコンのロジック・レベル(0 V/5 V)を，50 m離れた場所にある別のシステムに伝えようとしている例です．Ⓐのシステムとい Ⓑのシステムが，しっかりとした共通のグラウンド(大地接地)に接続されていればまず問題ないのですが，一般には電源(0 V/5 V)系統は別々になっています．したがって，ⒶとⒷのシステムの電位が等しくなるということはまず考えられません．

そのため，図11.1のような接続をした信号の伝送は，きわめてノイズ(大地電位の変動)に弱いシス

テムとなるのです．そこで，絶縁（アイソレーション）の必要性が出てくるわけです．

図11.2に，その構成例を示します．AとBのシステム相互間は，フォト・カプラによって完全に絶縁されているので，大地の電位差があっても，その変動による誤動作を防ぐことができます．

● フォト・カプラをドライブするには

表11.1に，代表的なフォト・カプラの例とその特性を示します．

ディジタルICからフォト・カプラをドライブするには，図11.3(a)のようにトランジスタ・スイッチを用いてLEDをON/OFFすると自由度が上がりますが，手軽に絶縁を行うという趣旨なら図(b)のようにTTLで直接ドライブするほうがよいでしょう．

フォト・トランジスタ型のフォト・カプラの場合，その動作は一般のトランジスタとまったく同じになります．トランジスタのベース電流 I_B に相当するのが，フォト・カプラのLED電流 I_F であり，増幅率 h_{FE} に相当するのが変換効率 I_C/I_F です．

フォト・カプラの場合も，スイッチング動作を安定にするために，一般に飽和を深くかけて動作さ

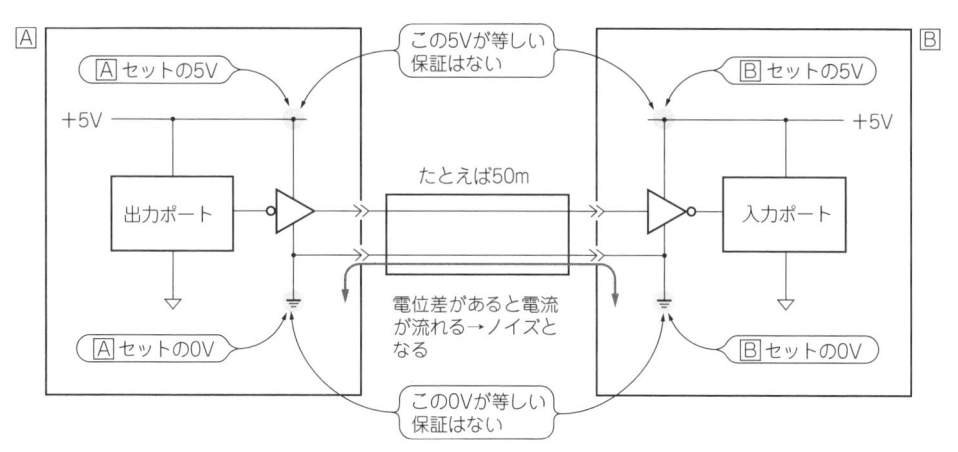

図11.1 電源系統が別々のシステムどうしを接続すると

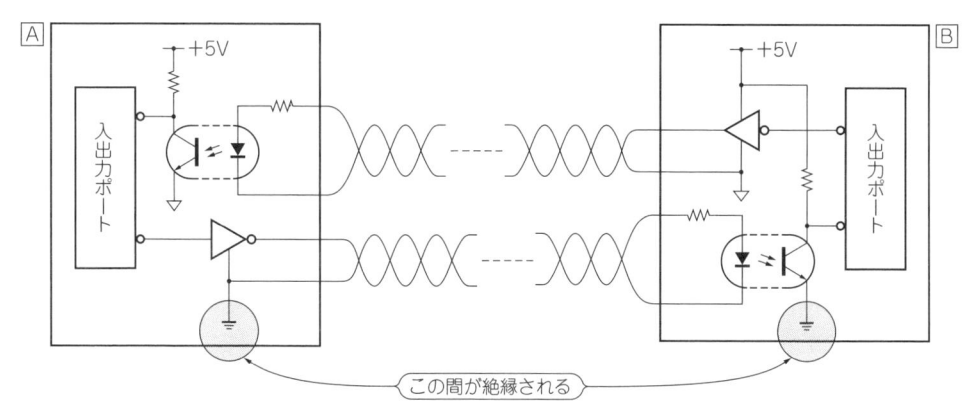

図11.2 フォト・カプラによるシステム間のインターフェース回路

第11章

表11.1 各種フォト・カプラ

	フォト・トランジスタ型	フォト・ダーリントン・トランジスタ型	フォト・ダイオード＋トランジスタ型	フォトIC型	
	TLP531	TLP571	TLP551	TLP552	
I_C/I_F	50〜600	2000(typ)	30(typ)	1000(typ)	%
$I_{C(max)}$	50	150	8	50	mA
t_{ON}	2(typ)	3(typ)	0.3(typ)	0.06(typ)	μs
t_{OFF}	20(typ)	100(typ)	1(typ)	0.06(typ)	μs
	▶もっとも一般的なフォト・カプラ． ▶受光素子はフォト・トランジスタで，ベース電流の代わりに光で動作するトランジスタと考えればよい． ▶変換効率によってランク分けされている．	▶フォト・トランジスタにダーリントン接続を用いている． ▶変換効率は高いがスピードが遅くなるのは，一般のダーリントン型トランジスタと同じ．また，コレクタ-エミッタ間飽和電圧が高い（最大1.2V）ので，出力を直接TTLで受けるのはむずかしい． ▶CMOSとのインターフェースに向いている．	▶受光素子はPINフォト・ダイオードで，それをトランジスタで増幅している． ▶スピードは速いが，変換効率は低い．	▶受光素子と増幅素子を1チップICにして高性能を得ている． ▶7番ピンはイネーブル入力．出力はオープン・コレクタとなっている．	

注：I_C/I_Fは変換効率，$I_{C(max)}$は最大出力電流，t_{ON}はターンオン時間，t_{OFF}はターンオフ時間を表している．

せます．そのため，トランジスタの場合と同じように，フォト・トランジスタがONからOFFに変化するときは，図11.4のような蓄積時間があります．したがって，一般にフォト・カプラの応答は，ターンオフ時間（t_{OFF}）のほうが長くなっています．

写真11.1に，フォト・カプラTLP531を使用した場合の応答波形を示します．

この蓄積時間は，飽和を深くかけるほど長くなります．すなわち，I_Fが一定であれば，負荷抵抗R_Lに依存します．また，飽和を深くかけるほど，逆にターンオン時間は短くなります．TLP531の負荷抵抗の大きさとスイッチング時間の関係を，図11.5(a)に示します．

● 応答のスピードアップを図る一つの方法

フォト・カプラをスピードアップさせるために，ベース抵抗を付加する方法があります．図11.6のように，ベース端子とGNDの間に適当な抵抗を入れて，ベースにたまった蓄積電荷を逃がしてやります．ベース抵抗を付加した場合の波形例を，写真11.2に示します．また，この場合のスイッチング時間を図11.5(b)に示します．図10.5(a)と(b)を比較すると，飽和を深くかけた場合に，ベース抵抗によってスイッチング時間が大きく改善されることがわかります．

ただし，ベース抵抗を付加すると常時ベースから電荷が流出されることになり，実質的な変換効率が低下します．そのため，ベース抵抗の値をあまり小さくすることはできません．一般的には100kΩ

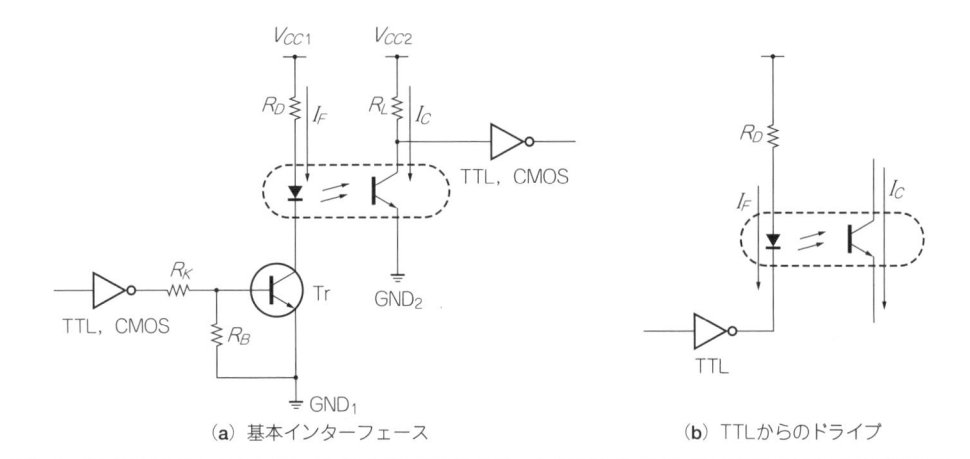

(a) 基本インターフェース　　　　(b) TTLからのドライブ

- 図(a)のようにトランジスタ・スイッチを用いる場合，R_K，R_BはI_Fを流すのに十分な値に定める．I_Fが小さくてもよい場合は，TTLから直接ドライブすることもできる〔図(b)〕．
- 図(a)のような用途では，R_Lは通常500Ω～10kΩくらいに選ぶ．I_Fが一定ならば，R_Lが大きいほどスピードが遅くなる．
- ただし，出力電流I_Cは，I_F×(変換効率)より大きくとることはできないので，それによってR_Lの下限が決まる(変換効率は最悪値で計算し，さらに2～3倍の余裕が必要)．
- TTLは"L"レベルの電流吸入能力が大きいので，図(b)のように直接フォト・カプラをドライブすることができる．この場合，出力電流の規格値を多少超えても問題はない．
- 一般には，I_Fは5～20mAぐらい流すことが多い．
- フォト・ダーリントン・トランジスタ型のものは変換効率が高く，小さいI_Fでもよいので，CMOSで直接ドライブできる．

図11.3　フォト・カプラの基本的なドライブ回路

t_{ON}：ターンオン時間
t_{OFF}：ターンオフ時間
t_S：蓄積時間

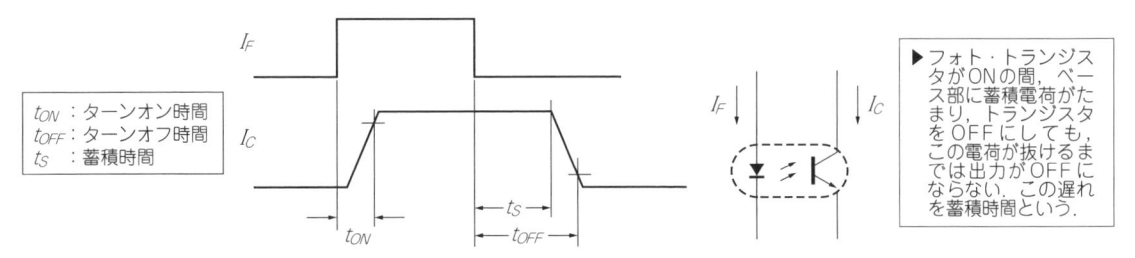

▶ フォト・トランジスタがONの間，ベース部に蓄積電荷がたまり，トランジスタをOFFにしても，この電荷が抜けるまでは出力がOFFにならない．この遅れを蓄積時間という．

図11.4　フォト・トランジスタの遅れ

以上に選びます．

また，I_Fがあまり大きくとれない場合や変換効率の低いフォト・カプラの場合は，ベース抵抗によるスピードアップはあまり役に立ちません．

なお，ベース端子はノイズの影響を受けやすく，開放のままにしておくと誤動作のもとになります．ベース抵抗を付加しない場合には，ベース端子のないフォト・カプラもありますから，それを用いるようにします．たとえば，TLP531の場合，ベース端子を除いた(6番ピンが内部で結線されていない)TLP532という製品があります．電気的特性はまったく同じです．

さらに，TLP531/TLP532は6ピン・パッケージに1回路入ったものですが，これらとほとんど同じ

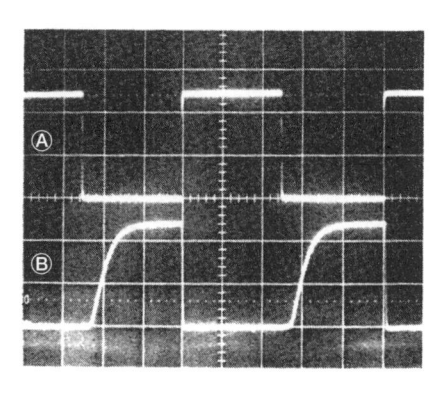

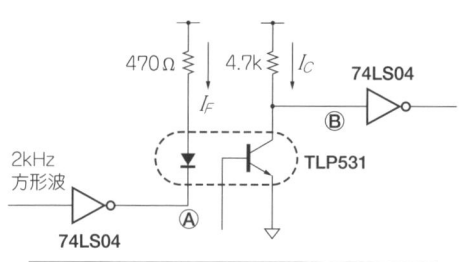

第11章

写真11.1 標準フォト・カプラTLP531の応答波形（100 μs/div，2 V/div）

▶ LS TTL（74LS04）で直接ドライブした例．この定数で，LEDの順電圧降下が約1.2 Vあるので，$I_F \fallingdotseq 8\,\text{mA}$，また，$I_C \fallingdotseq 1\,\text{mA}$と考えられる．

（a）TLP531のスイッチング時間

（条件：$T_a=25\text{℃}$，$I_F=16\,\text{mA}$，$V_{CC}=5\,\text{V}$）

（b）ベース抵抗を付加した場合のスイッチング時間

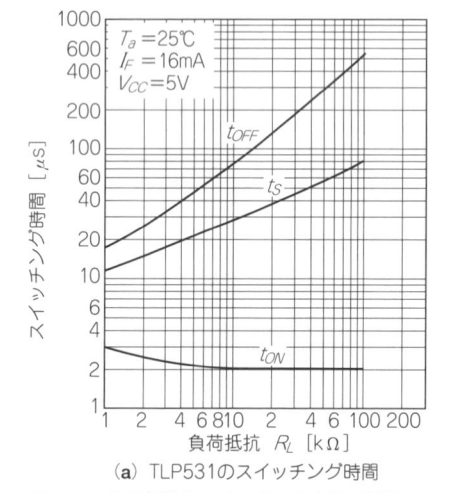

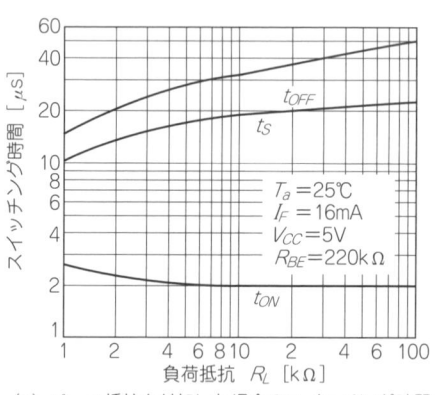

（条件：$T_a=25\text{℃}$，$I_F=16\,\text{mA}$，$V_{CC}=5\,\text{V}$，$R_{BE}=220\,\text{k}\Omega$）

図11.5 負荷抵抗とスイッチング時間の関係

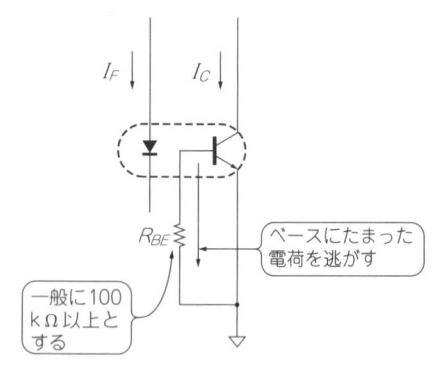

図11.6 フォト・トランジスタのベースに抵抗を入れる

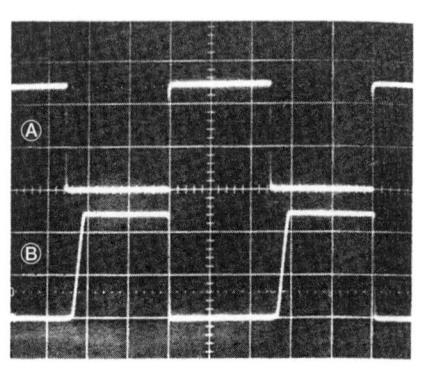

- 一般に100 kΩ以上とする
- ベースにたまった電荷を逃がす

写真11.2 ベースに抵抗を入れたときのTLP531の動作（100 μs/div，2 V/div）

特性で4ピン・パッケージに1回路入ったTLP521という製品もあります（当然ベース端子は出ていない）．とくに，数を多く用いる場合には，高密度に実装できるTLP521のほうが有利です（TLP521には，8ピン，12ピン，16ピン・パッケージがあり，それぞれ2，3，4回路入り）．

● 高速型フォト・カプラ

　ディジタル信号の絶縁が手軽に行える素子としてフォト・カプラは便利ですが，一般にスピードが遅いという欠点があります．使い方によって差はありますが，だいたい10～100 μsの遅れが生じます．

　もっと高速が要求される用途のために，受光素子にフォト・ダイオードを用いた高速型のフォト・カプラがあります．フォト・ダイオードは応答は速いのですが，感度が低いので，高速型フォト・カプラでは内部でフォト・ダイオードの光電流を増幅して出力しています．

　TLP551は，**図11.7**に示すように増幅のためにトランジスタを用いています．使い方は，一般のフォト・カプラと同じように考えることができます．スイッチング特性を**表11.2**に，動作例を**写真11.3**に示します．出力トランジスタの蓄積時間によって，立ち上がりと立ち下がりの時間に差を生じていることがわかります．

　一般に，入力電流に対して負荷抵抗を大きくとるほど，立ち上がり（t_{PLH}）は遅く，立ち下がり（t_{PHL}）は速くなります．これを示したのが，**図11.8**です．

　TLP551にはベース端子がありますから，これにベース抵抗を接続すれば立ち上がりを改善すること

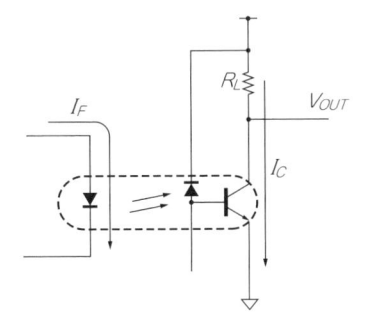

▶ 出力はトランジスタになっているので，一般のフォト・トランジスタ型のフォト・カプラとまったく同様に用いることができる．
▶ フォト・ダイオードに逆バイアスをかけるために，カソード端子をV_{CC}に接続する．そのほかは，一般のフォト・カプラと同じように考えてよい．
▶ 変換効率が最小値で10%と低いので，I_Fはできるだけ多く流すようにする．

図11.7　高速フォト・カプラTLP551

表11.2　TLP551の電気的特性（T_a = 25℃，V_{CC} = 5 V）

項　目	記号	測定条件	最小	標準	最大	単位
伝搬遅延時間注（H→L）	t_{PHL}	I_F = 16 mA，R_L = 4.1 kΩ	−	0.3	0.8	μs
		I_F = 16 mA，R_L = 1.9 kΩ（Oランク）	−	0.5	0.8	
伝搬遅延時間注（L→H）	t_{PLH}	I_F = 16 mA，R_L = 4.1 kΩ	−	1	2	μs
		I_F = 16 mA，R_L = 1.9 kΩ（Oランク）	−	0.6	1.2	
"H"レベル・コモン・モード	CM_H	I_F = 0 mA，V_{CM} = 200 V_{P-P} R_L = 4.1 kΩ（Oランク：R_L = 1.9 kΩ）	−	400	−	V/μs
"L"レベル・コモン・モード	CM_L	I_F = 16 mA，V_{CM} = 200 V_{P-P} R_L = 4.1 kΩ（Oランク：R_L = 1.9 kΩ）	−	−1000	−	V/μs

注：伝搬遅延時間は，TTLと同じく1.5 Vにおいて規定されている．

第11章

ができます．写真11.4に波形の例を示します．ベース抵抗を入れると，フォト・ダイオードの光電流の一部がベース抵抗を流れ，その分トランジスタのベース電流が減少するので，変換効率は低くなります．なお，ベース端子なしのTLP550もあります．

さらに高速で動作するフォト・カプラには，図11.9に示すTLP552があります．TLP551がフォト・ダイオードの光電流をトランジスタ1段で増幅しているのに対して，TLP552ではIC化した増幅回路を用いています．そのため，高速性と高い変換効率を同時に実現しています．

表11.3に，TLP552のスイッチング特性を示します．また，図11.10に実験回路を，写真11.5にTLP552による実験波形を示します．10 MHzでも，波形の伝送が実現できていることがわかります．

● 低消費電力型のフォト・カプラ

フォト・カプラを使った信号の伝送は，LEDを光らせて行うのでそれなりの電力を必要とします．伝送のための電力を小さく抑えるには，変換効率を上げることが重要になってきます．

トランジスタの電流増幅率を上げるためにダーリントン接続がありましたが，フォト・トランジス

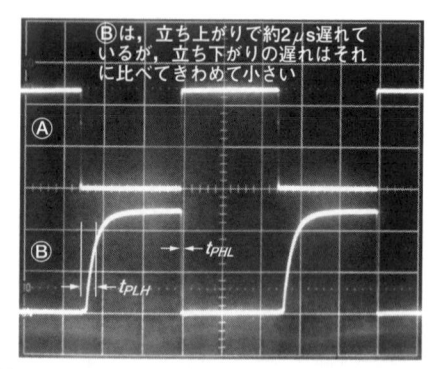

写真11.3　TLP551の応答波形（10 μs/div, 2 V/div）

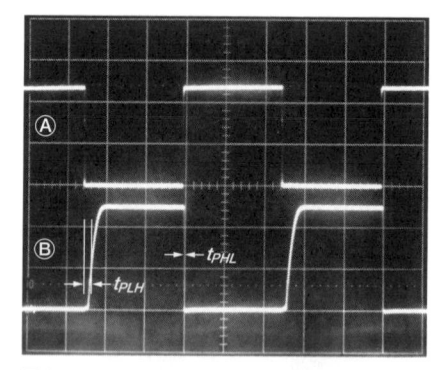

写真11.4　TLP551にベースに抵抗を入れる（10 μs/div, 2 V/div）

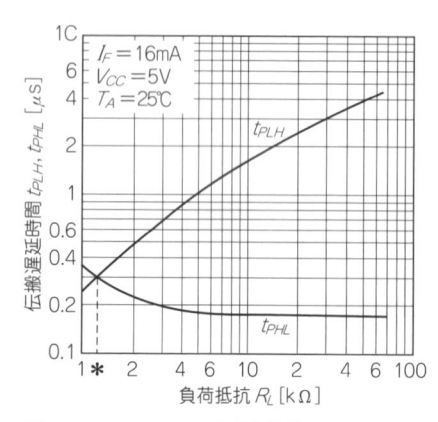

図11.8　TLP551の負荷応答特性

▶図から変換効率が標準値で30%なので，I_Fが16 mAのときの出力飽和電流は，約4.8 mAと考えられる．したがって，$R_L = 1 kΩ$は非飽和動作である．

▶図で，$t_{PLH} = t_{PHL}$となる＊点は，ほぼ飽和動作と非飽和動作の境界に相当する．飽和領域では$t_{PLH} > t_{PHL}$で，飽和を深くかけるほど，その差は大きくなる．

▶一般には，ある程度の飽和をかけて動作させるので，1 μs以下の遅れで使うのはむずかしい．

11.1 フォト・カプラを使う

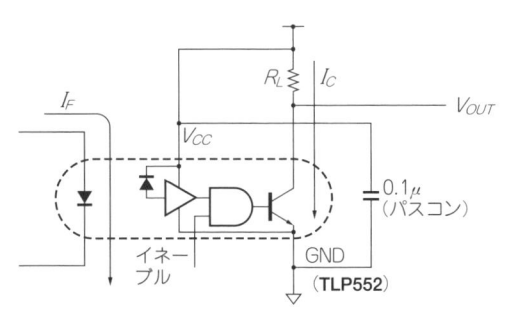

図11.9 超高速フォト・カプラ TLP552

▶出力はオープン・コレクタのトランジスタなので，R_LでV_{CC}にプルアップするだけでよい．なお，電源ピンには必ずパスコン(0.1μF)を用いなければならない．
▶イネーブル入力はTTLコンパチブルであり，"H"を入力したときフォト・カプラは動作可能，"L"を入力したとき，常にOFFである．イネーブル信号を用いないときは，一般には端子開放で"H"レベルが保証されるが，ノイズを避けるためにV_{CC}に接続して用いるほうがよい．

表11.3 TLP552の電気的特性（$T_a = 25\,℃$，$V_{CC} = 5\,V$）

項　目	記号	測　定　条　件	最小	標準	最大	単位
伝搬遅延時間注 (H→L)	t_{PHL}	$I_F = 0 \to 7.5\,mA$, $R_L = 350\,Ω$ $C_L = 15\,pF$	−	60	120	ns
伝搬遅延時間注 (L→H)	t_{PLH}	$I_F = 7.5\,mA \to 0$, $R_L = 350\,Ω$ $C_L = 15\,pF$	−	60	120	ns
立ち上がり/立ち下がり時間 (10〜90%)	t_r, t_f	$I_F = 0 \rightleftarrows 7.5\,mA$, $R_L = 350\,Ω$ $C_L = 15\,pF$	−	30	−	ns
イネーブル伝搬遅延時間注	t_{ELH} t_{EHL}	$V_F = 0.5 \rightleftarrows 3.0\,V$, $R_L = 350\,Ω$ $I_F = 7.5\,mA$, $C_L = 15\,pF$	−	25	−	ns
"H"レベル・コモン・モード	CM_H	$I_F = 0$, $R_L = 350\,Ω$, $V_{CM} = 200\,V$ $V_{O(min)} = 2\,V$	200	−	−	V/μs
"L"レベル・コモン・モード	CM_L	$I_F = 5\,mA$, $R_L = 350\,Ω$ $V_{CM} = 200\,V$, $V_{O(max)} = 0.8\,V$	−	−500	−	V/μs

注：伝搬遅延時間は，TTLと同じく1.5Vにおいて規定されている．

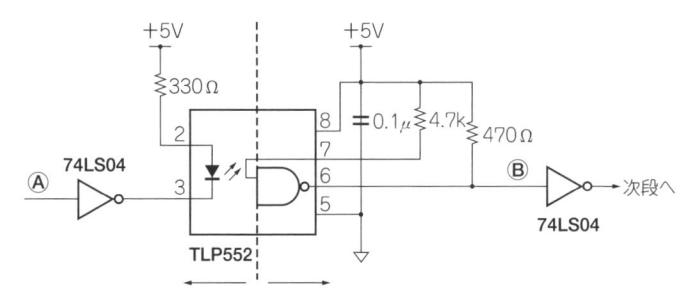

図11.10 TLP552の実験回路

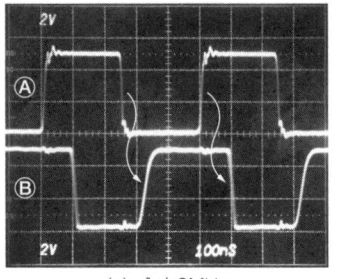

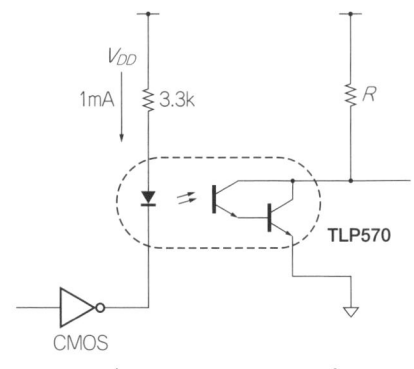

図11.11 ダーリントン・フォト・カプラ TLP570

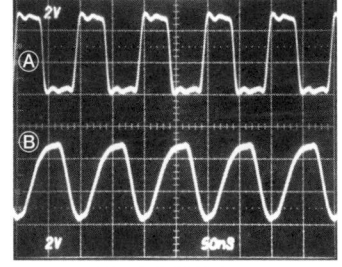

(a) 入力2MHz　　(b) 入力10MHz

写真11.5 TLP552の応答波形

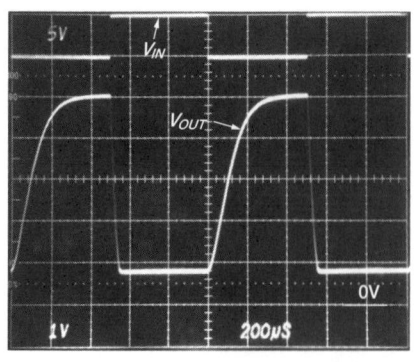

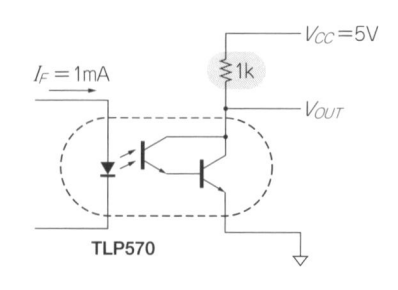

(a) 単独での応答

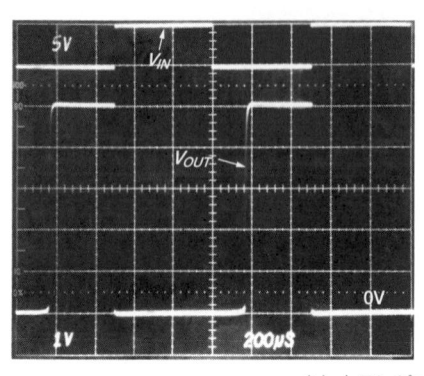

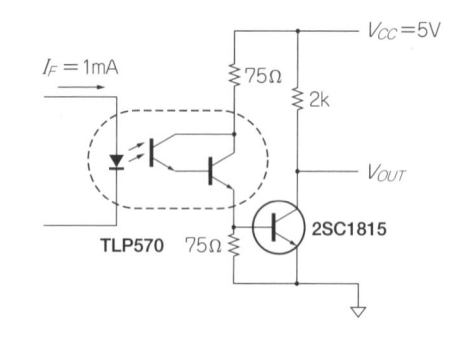

(b) トランジスタで受けたときの応答

写真11.6 TLP570の応答波形

タの効率を上げるのにもダーリントン接続が役に立ちます．TLP570はダーリントン・フォト・トランジスタを内蔵したフォト・カプラで，この素子の変換効率は1000％にもなります．したがって，LEDへの電流I_Fも1mAで動作することになっています．

図11.11がダーリントン・フォト・カプラ TLP570のドライブ回路例で，**写真11.6**に応答特性を示します．確かに，1mAのI_Fで動作していますが，応答動作は非常に低速(数100 μs)なので注意が必要です．これは，ダーリントン・トランジスタの応答速度が遅いのと同じ理由です．

フォト・カプラのLED電流が1mAでよいということは，一般のフォト・カプラのLED電流が10～16mA程度であることから考えると，非常に小さい値であることがわかると思います．また，1mAということは，ドライブ用にトランジスタなどを使わずとも，直接CMOSにLEDを接続できるということにもなり，大変便利です．

第12章
HDLによるディジタル回路設計

第2章から第11章までは，基本的なディジタル回路の動作について詳しく解説してきました．ディジタル回路は，電圧レベルやスピードの違いなどもあって，論理回路設計だけでなくタイミングを合わせるといったことも大事な要素である，ということを理解していただけたと思います．

従来は，これまで説明してきたような論理回路図を書くことによって，LSIやASICといったICの開発や，またTTLやCMOSといった個別ロジックICを使用することによってプリント基板などのディジタル回路が開発されていました．ところが，現在のディジタル回路は，コンピュータの画面上で，HDL(ハードウェア記述言語)と呼ばれるプログラムによって開発が行われるようになっています．

12.1　回路図を書かない設計方法

大規模なディジタル・システムを設計する場合，どのような点に注意しなければならないでしょうか．カルノー図や真理値表/論理式といったものを理解することでディジタル回路を設計することはできます．しかしながら，実用的なディジタル・システムを設計するには大きな問題があります．それは規模の問題です．

個別ディジタルICを数個　組み合わせて作るディジタル回路であれば大きな問題にはなりませんが，ロジックの数が増えてくると回路図を書くこと自体が大変な作業になってきます．さらに，TTLやCMOSなどの個別ICを数百個，数千個組み合わせてディジタル回路を設計するには，ロジック(論理的な動作)とタイミング(電圧の変化)という二つの要素を把握しなければなりませんが，これらの要素を個別ロジックICそれぞれについてすべて把握してシステムを設計することは不可能です．

そこで現在では，ディジタル・システムは言語によって設計する手法が取り入れられています．そのためには，HDL(Hardware Description Language：ハードウェア記述言語)と呼ばれる決められた

第12章

フォーマットにしたがって回路の動作を定義できるソフトウェア(言語)を使用します．
　なぜ，HDLによる言語設計が広まってきたのでしょうか．その理由はいくつか考えられますが，
(1)回路規模が多くなり，個別ICを組み合わせて動作を確認することが大変になってきた．
(2)シミュレーションの環境が整い，正確な動作検証がコンピュータでできるようになってきた．
ことが大きな理由と言えます．
　本章では，このHDLを使った設計手法を紹介し，従来の論理回路図による設計とどのようなところが異なっているのかを紹介します．ただし，HDLによる論理回路設計に関しては数多くの専門書が出版されていますので，言語の仕様や設計ノウハウなどに関してはそれらを参照してください．ここでは，HDLによるディジタル回路設計の基本と導入方法について解説します．

● 回路図による設計とHDLによる設計の違い

　論理回路図を書いてディジタル回路を設計する場合と，HDL言語を用いてディジタル回路を設計する場合の違いを図12.1に示します．この図で，「機能OK」となった以降の作業は，従来ならば個別ICによるプリント基板作成が主でしたが，現在ではASICあるいはFPGAの作成が最終のゴールになっています．
　最終的には半導体のデバイスとして動作させることになりますから，個別ICの動作もASICの中での動作も同じ振る舞いをしていることになります．異なるのは，次の二つです．
(1)物理的な配線の抵抗や容量が違うため，波形などは同じにはならない．また，遅れ時間なども異なるので，動作スピードなどは異なる場合が多い．

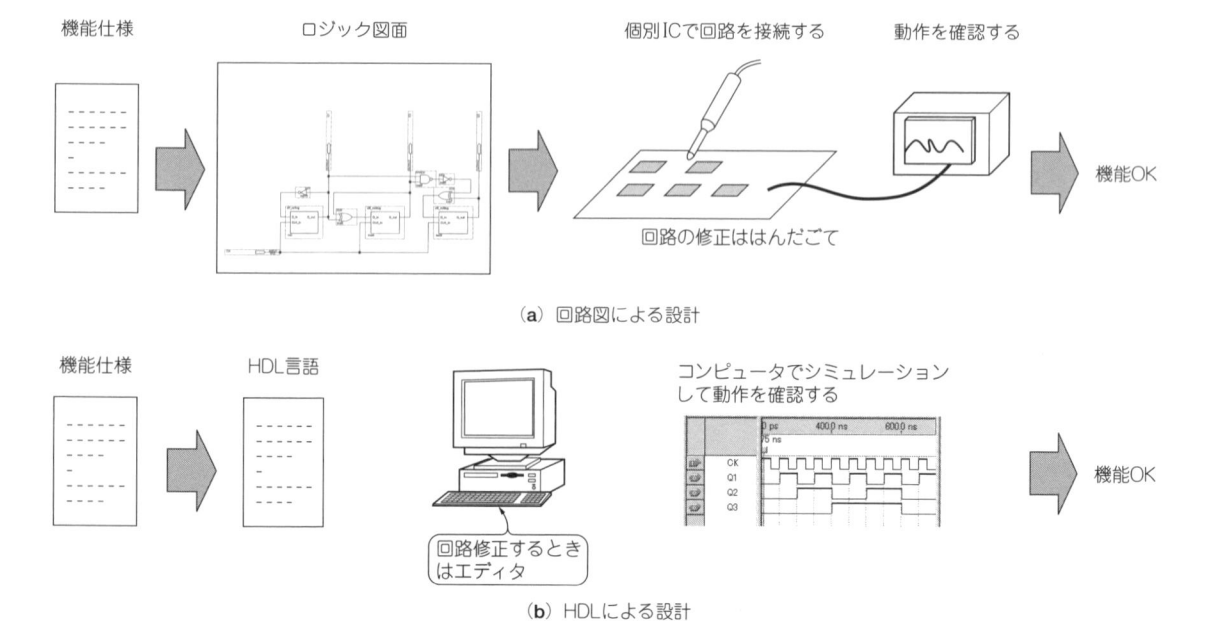

図12.1　回路図による設計とHDLによる設計の比較

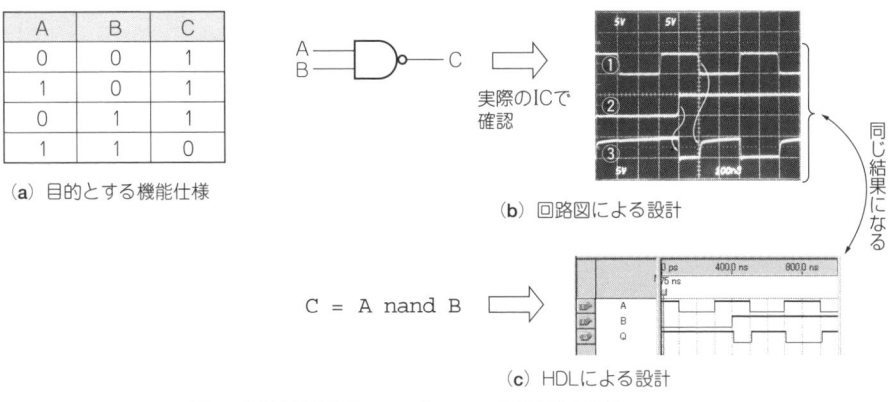

A	B	C
0	0	1
1	0	1
0	1	1
1	1	0

(a) 目的とする機能仕様

(b) 回路図による設計

実際のICで確認

同じ結果になる

C = A nand B

(c) HDLによる設計

図12.2 NANDの回路図の動作波形とシミュレーションによる波形の比較

(2)大きな回路規模になると個別ICとは異なったロジック構成を取る場合があり，まったく同一の回路とはならない場合が多い（入力と出力の動作を規定した機能は同じ）．

ここで，図12.2(a)に示す二つの入力信号が共に '1' となったとき，出力が '0' となるNAND機能を実現することを考えてみましょう．回路図設計では，NANDゲートを一つ用意すれば設計は完了です．また，HDLによる設計では「C = A nand B」と記述して終わりです．図12.2(b)の波形写真と図(c)のシミュレーション結果はどちらも同じではないか（？）…そのとおりです．

● HDLによる言語設計をする際に忘れてはいけないこと

コンピュータによるシミュレーションでも最終的に作るのは半導体なので，信号の遅れ時間や電圧レベルなどは存在します．シミュレーションはあくまでも模擬なので，タイミングなどについては十分注意して設計する必要があります．

12.2 HDL（Hardware Description Language）とは

HDLとは，回路図に相当する部分をプログラムで表現できるようにしたもので，「ロジックの動作を定義する」という目的では回路図と同じものです．注意しなければならないことは，HDLは言語なのでルールが決まっているということです．HDLを記述するルールには，人間の話す言語がたくさんあるように，それは1種類ではありません．代表的なHDL言語としては，VHDLとVerilog HDLの2種類があります．VHDLは米国国防省が中心となって標準化された言語で，フォーマットが厳格であり記述量が多いという特徴があります．それに対して，Verilog HDLはC言語に似た文法が採用されており，記述量が少なく記述方法の自由度が高いといった特徴があります．

当然，異なった言語を使った記述を混在して使用することはできません．どちらの言語がよいかは一概には言えません．本章では，この二つの言語を使って簡単な比較を紹介しますが，大部分は記述量の少ないVerilog HDLを使って回路設計の事例を解説します．

個別ロジックICを使ったディジタル回路設計と言語による設計との違いは，感覚的には理解しても

表12.1　NANDの真理値表

入力		出力
A	B	Q
0	0	1
0	1	1
1	0	1
1	1	0

具体的な例がないとなかなか実践することは難しいと思います．そこで，ここでは具体的なできるだけ簡単な実例を取り上げて紹介することにします．

最初に，もっとも基本的な論理回路としてNANDゲートとNORゲートの組み合わせ回路を取り上げます．第3章で説明した2種類のゲートを，HDLを使うとどのように表現できるのか確認します．NANDゲートの真理値表は**表12.1**で示されますが，波形でみると第3章の**写真3.1**のようになります．そこで，HDLで表現されたロジックの動作が同じであれば，NANDゲートの論理を表現していることになります．

言語設計によるロジックの設計を理解するため，ここではFPGAのツールを利用することにしました[注1]．FPGAは日々進歩しており，今では数百万ゲートのロジックを実現できるまでになっています．その開発ツールもHDLに対応しており，使いやすいものが各FPGAメーカから提供されています．従来の回路図入力に対応させたり，設計した論理動作を確認するためのシミュレーション結果を表示できるような機能も持っています．それらの開発ツールは使い方や扱える内容がさまざまであり，日々進歩しています．ここではツールの使い方などの紹介はせずに，シミュレーションの結果だけを確認することにします．

12.3　HDLの記述方法

HDLを使ったディジタル回路の設計では，必要な動作を定義するために決まったフォーマットにしたがってテキストで記述します．その形式は，プログラム言語と似ています．HDLのフォーマットは，前述したように代表的なものとしてVHDLとVerilog HDLとがあります．

NANDゲートの機能をVHDLで表現すると，**図12.4**のようになります．また，Verilog HDLでは**図12.7**のようになります．回路図ではゲート・シンボル1個で表現できるものが何行にもわたって記述されているので複雑に見えますが，重要なのは1行です．それぞれ網で囲った部分の1行によって，NANDの機能が定義されています．

HDLでは，機能を定義するのに入力信号や出力信号の名称を定義して，それぞれに与えるロジック・レベルを定義していくことが基本です．したがって，二つの言語フォーマットは異なっているように見えますが，必要とする内容は同じものです．記述方法のみが異なっている，と考えてもかまい

注1：本書では，HDLの記述とシミュレーションに，ALTERA社のPLD開発ツールQuartusⅡ ver4.0を使用した．

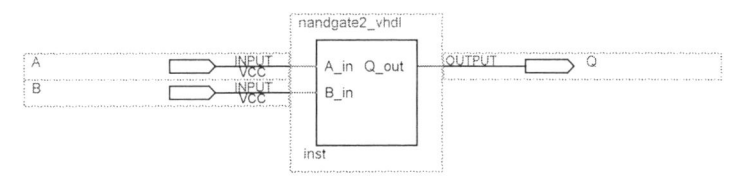

12.3 HDLの記述方法

図12.3 VHDLで定義したNANDの機能名と信号名

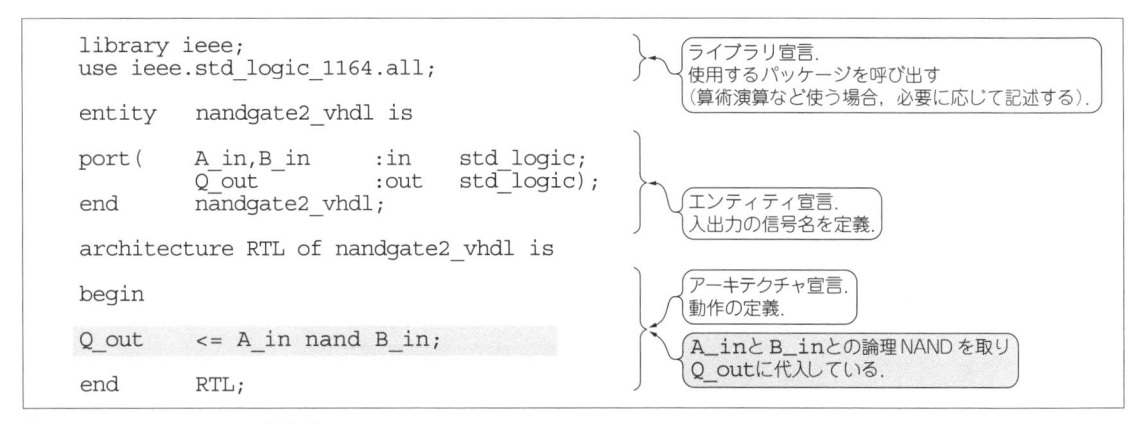

```
library ieee;
use ieee.std_logic_1164.all;

entity    nandgate2_vhdl is
port(    A_in,B_in    :in    std_logic;
         Q_out        :out   std_logic);
end       nandgate2_vhdl;

architecture RTL of nandgate2_vhdl is
begin

Q_out    <= A_in nand B_in;

end       RTL;
```

- ライブラリ宣言．使用するパッケージを呼び出す（算術演算など使う場合，必要に応じて記述する）．
- エンティティ宣言．入出力の信号名を定義．
- アーキテクチャ宣言．動作の定義．
- A_inとB_inとの論理NANDを取りQ_outに代入している．

図12.4 VHDLによるNANDの記述例

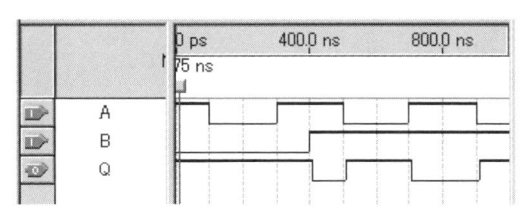

図12.5 図12.4のシミュレーション結果

ません．

HDLの基本は，ある信号のロジック・レベルを定義する条件を記述することです．

　　出力信号　＝　条件　（入力信号1，入力信号2，…）

（出力レベルを定義するのにかかわっている信号すべてを記述する）

VHDLとVerilog HDLでは，それぞれの言語フォーマットにより書き方が異なりますが，Q_outという信号がA_inとB_inという二つの信号状態で決められる，という表現がなされているわけです．

VHDLの場合：

　　Q_out   <= A_in nand B_in;

（NANDという機能をそのまま表している）

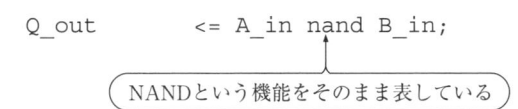

Verilog HDLの場合：

第12章

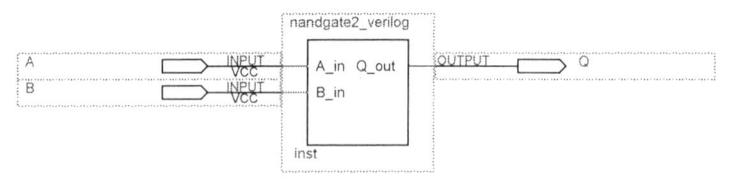

図12.6 Verilog HDLで定義したNANDの機能名と信号名

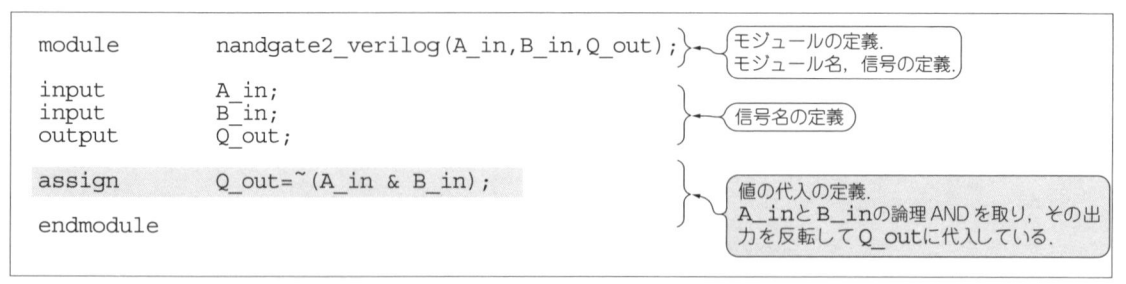

```
module      nandgate2_verilog(A_in,B_in,Q_out);   モジュールの定義．
                                                  モジュール名，信号の定義．
input       A_in;
input       B_in;                                 信号名の定義
output      Q_out;

assign      Q_out=~(A_in & B_in);                 値の代入の定義．
                                                  A_inとB_inの論理ANDを取り，その出
endmodule                                         力を反転してQ_outに代入している．
```

図12.7 Verilog HDLによるNANDの記述例

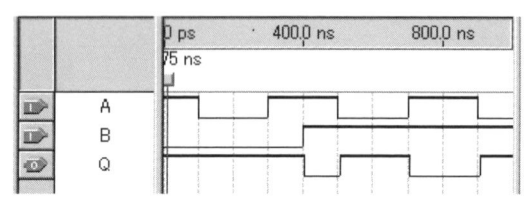

図12.8 図12.7のシミュレーション結果

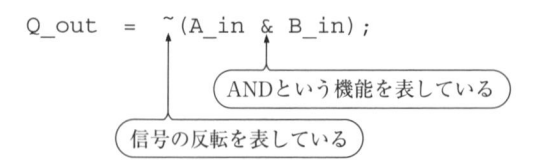

```
Q_out  =  ~(A_in & B_in);
```
　　　　　　↑　　↑
　　　　　　│　　└ ANDという機能を表している
　　　　　　└ 信号の反転を表している

● NANDゲートとNORゲート

それでは次に，HDLを使ってロジック動作を定義するという設計方法を見てみましょう．図12.3，図12.6のシンボル(箱型で信号名と名前がついている)は，その箱の中に入っている機能を定義するためのもので，どのような複雑な動作をする機能であっても四角の箱のシンボルで表記されます．ここで必要なものは，機能名，入力信号名，出力信号名です．図12.3，図12.6はHDLの記述とは直接関係ありませんが，HDLによる表現をわかりやすくするために示したものです．

機能名はどのようなものでもかまいません(ただし，すでに登録されている特別な名称で使えないものがある)が，その名称から機能が推測できるようなものが望ましいことになります．

図12.3では，`nandgate2_vhdl`という名称を定義しています．これは，「二つの入力を持ったNANDゲートでありVHDLで記述されている」ということが表現できていると思います．文字が1文字でも変わると違うものとして扱われるので注意してください．これは重要なポイントで，信号名に

12.3 HDLの記述方法

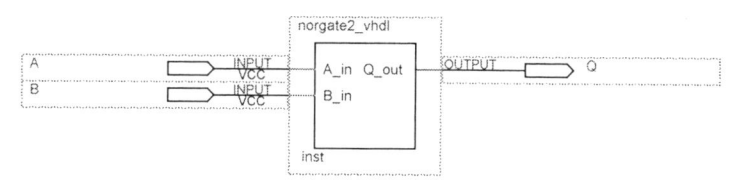

図12.9 VHDLで定義したNORの機能名と信号名

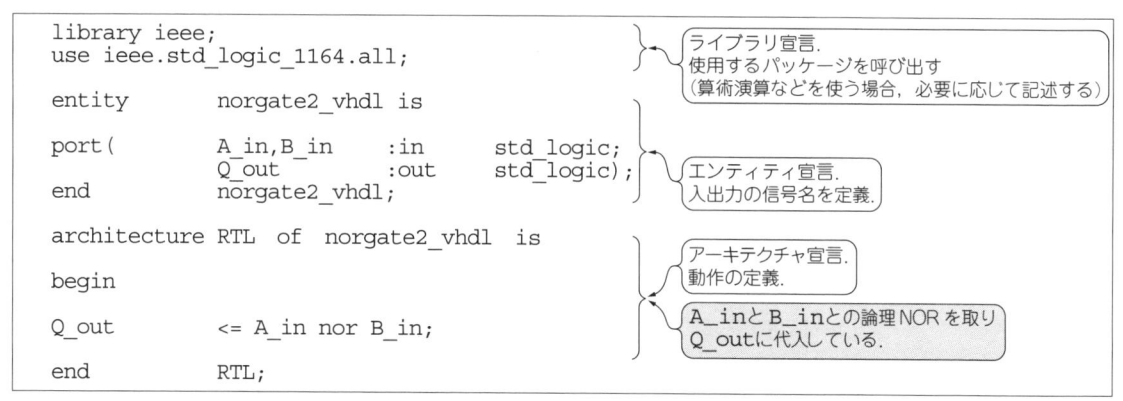

```
library ieee;
use ieee.std_logic_1164.all;

entity        norgate2_vhdl is
port(    A_in,B_in    :in     std_logic;
         Q_out        :out    std_logic);
end           norgate2_vhdl;

architecture RTL of norgate2_vhdl is
begin

Q_out         <= A_in nor B_in;

end           RTL;
```

- ライブラリ宣言．使用するパッケージを呼び出す（算術演算などを使う場合，必要に応じて記述する）
- エンティティ宣言．入出力の信号名を定義．
- アーキテクチャ宣言．動作の定義．
- A_inとB_inとの論理NORを取りQ_outに代入している．

図12.10 VHDLによるNORの記述例

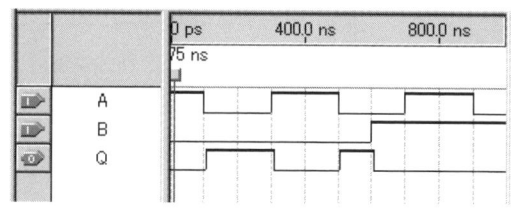

図12.11 図12.10のシミュレーション結果

使った名称を1文字でも間違えるとまったく異なったロジック動作となってしまいます．キーボードからの入力は簡単にできるので，気が付きにくい間違いになることがあります．

　実際のHDLによる記述例を図12.4に示します．この例は，2入力のNANDゲートをVHDLというHDLで記述した例です．HDLでは，定義する機能に応じて使用するライブラリを定義する必要があります．

　「entity ～ end」にはさまれた部分が，機能ブロックの名称と入力/出力の信号を定義している部分です．この部分では，ロジック動作に関する記述はされていません．

　プログラム言語と同じように，桁をそろえて見やすく記述するとよいでしょう．

　「architecture RTL ～ end RTL ;」の間には，ロジック動作を記述します．

　図12.4では，nandという論理演算子が使われています．これは，A_inという信号名とB_inという信号名のNANDをとり，その結果をQ_outという信号に割り当てていることを示しています．このHDL記述による動作をシミュレーションした結果を，図12.5に示します．

第12章

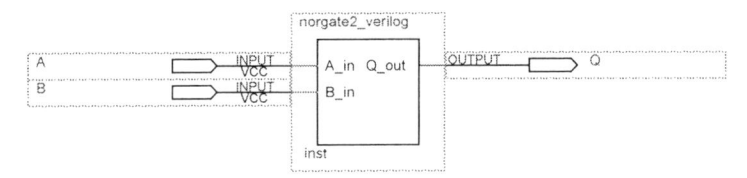

図12.12　Verilog HDLで定義したNORの機能名と信号名

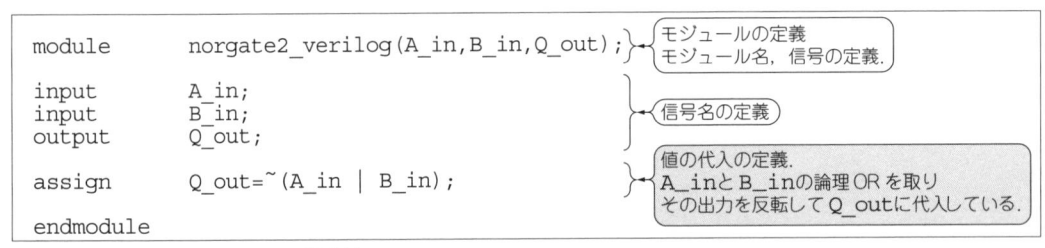

```
module      norgate2_verilog(A_in,B_in,Q_out);   モジュールの定義
                                                  モジュール名，信号の定義．
input       A_in;
input       B_in;                                 信号名の定義
output      Q_out;
                                                  値の代入の定義．
assign      Q_out=~(A_in | B_in);                 A_inとB_inの論理ORを取り
                                                  その出力を反転してQ_outに代入している．
endmodule
```

図12.13　Verilog HDLによるNORの記述例

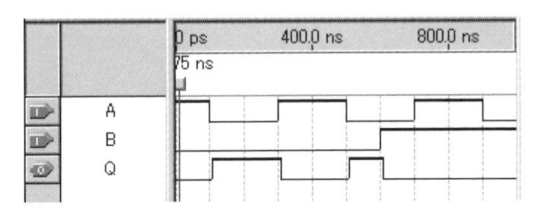

図12.14　図12.13のシミュレーション結果

　この動作タイムチャートは，**写真3.1**にある波形写真と同じになるように入力信号を変化させています．Aの信号を1001100110という順番で変化させ，Bは0000111111と順番に変化するようにシミュレーションを設定してあります．実際のロジックICの動作波形と比較してみてください．

　次に，同じNANDゲートをVerilog HDLで記述した例を**図12.7**に示します．VHDLと同じように機能名（module…と表記），入出力信号名，ロジック動作の定義の順番に記述されています．**図12.4**も**図12.7**も網をかけてある部分が，ロジックの定義をしている部分です．Verilog HDLではNANDは&の記号で表され，NORは|の記号で表されます．

　次に，NORゲートの場合を見てみましょう．**図12.9**〜**図12.14**を見るとわかるように，NANDゲートを定義した場合と同様です．VHDLの場合は，nandという記述がnorに変わっているだけです（**図12.10**）．回路図の場合もNAND，NORそれぞれ形が決まっていましたが，その形がnandやnorという記述に変わった，と理解すればよいでしょう．

12.4　Dフリップフロップ

　ゲートのロジックはHDLで記述しても比較的理解しやすいと思います．論理回路をそのまま論理式で表現することとあまり変わらないので，論理式を理解できればそのまますぐに言語による論理設計

12.4 Dフリップフロップ

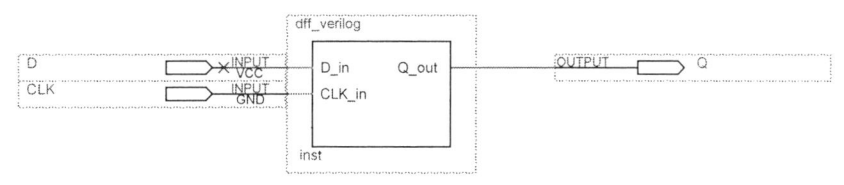

図12.15 Verilog HDLで定義したDフリップフロップの機能名と信号名

```
module      dff_verilog(CLK_in,D_in,Q_out);    モジュールの定義.
input       D_in;                              モジュール名,信号の定義
input       CLK_in;
output      Q_out;                             信号名の定義

reg         Q_out;                             regにより,保持が必要な信号名を定義する.

always      @(posedge  CLK_in) begin           順序回路.
                                               CLK_inという信号の立ち上がりの変化
            Q_out <= D_in ;                    があった場合,以下の動作を実行する
                                               (beginからendまで)
end

endmodule
```

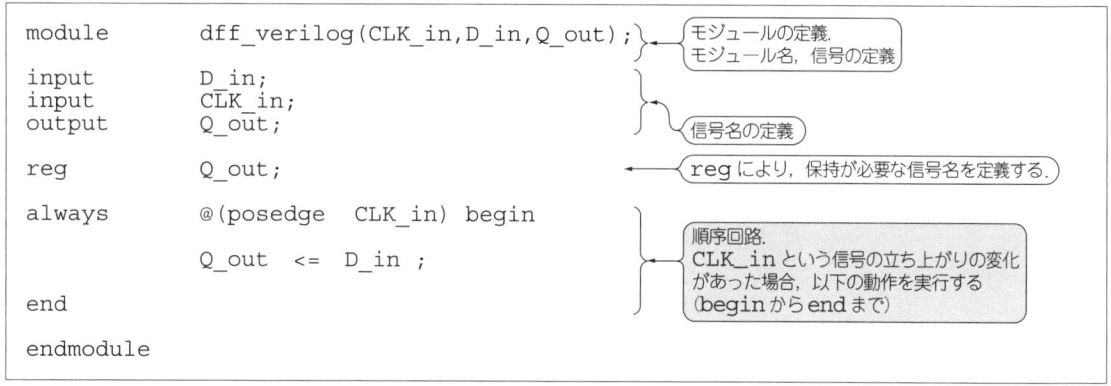

図12.16 Verilog HDLによるDフリップフロップの記述例

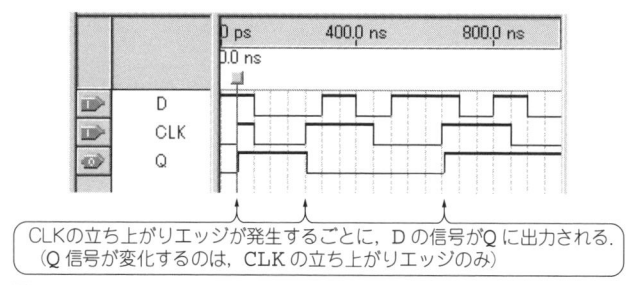

図12.17 図12.16のシミュレーション結果
（CLKの立ち上がりエッジが発生するごとに,Dの信号がQに出力される.
（Q信号が変化するのは,CLKの立ち上がりエッジのみ）

ができます.それでは,順序回路はどのように記述するのでしょうか.

　フリップフロップなどを使った順序回路はちょっと表現が異なります.ゲート回路と同様に,機能ブロック図を図12.15に,HDLによる記述例を図12.16に示します.ここからは,記述量の少ないVerilog HDLによる記述のみで説明します.

　フリップフロップは,dff_verilogという機能名で入力信号と出力信号を定義してあります.そして,入力をD_in,出力をQ_out,データ読み込みのタイミングを決めるクロック入力をCLK_inという信号名にしてあります.

　図12.16で,見慣れないregという行がありますが,これは「信号を保持する機能を持った信号名」という宣言文になります.保持しない場合は,wireという宣言文を使います.regで宣言する信号は,出力信号だけとは限りません.「論理回路で使用している内部のフリップフロップの出力はすべてreg文で記憶する信号である」,という宣言をしなければなりません.図12.16の場合は,フリップフロッ

第12章

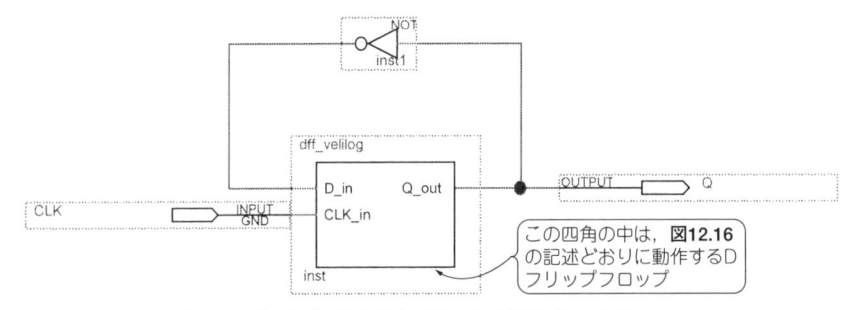

図12.18 Dフリップフロップでトグル動作をさせるための機能ブロック図

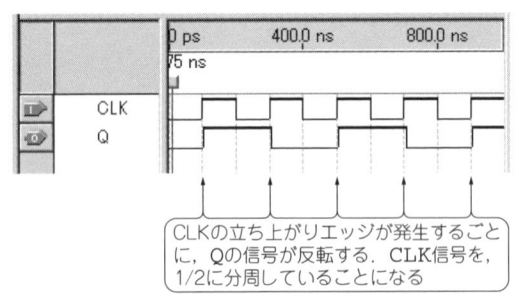

図12.19 図12.18のシミュレーション結果

CLKの立ち上がりエッジが発生するごとに，Qの信号が反転する．CLK信号を，1/2に分周していることになる

プ1個を定義しただけなので，Q_outという信号が出力outputとregに記述されています．

さて，ここからが記憶回路の記述で重要なポイントになります．クロック信号をどのように使うかが，順序回路の決め手になります．

「always @(posedge CLK_in) begin」の行を理解できれば，順序回路の機能を記述することができます．この行はフリップフロップを意味するものではありません．

posedgeは，立ち上がりを意味しています．そして，「@( )のかっこ内の事象が発生したらbegin以下endまでの動作を行う」という意味になります．

フリップフロップの代表である7474の機能を思い出してください．Dフリップフロップは，クロックの立ち上がりでD入力の状態を読み込み，Q出力にその状態を出力します．したがって，クロックの立ち上がり(posedge)が発生したらD_inをQ_outに設定すればよいことになります．

Beginからendの間に，「Q_out <= D_in ;」と記述されています．これは，クロックの立ち上がりが発生したら「D_inの状態をQ_outへ代入する」ということで，これはクロックの立ち上がりでD入力を読み込み，Q出力へ出力するDフリップフロップと同じ動作をすることになります．

「@(posedge CLK_in)」は，フリップフロップ1個の動作を意味しているわけではないので注意してください．begin以下の記述を実行するための条件を記述してあります．したがって，かっこの中には多くのレジスタの動作や論理ゲートの動作を記述することができます．

組み合わせ論理の記述は，言語による論理設計でも比較的理解しやすいのですが，順序回路は多少慣れるまで時間がかかるかもしれません．フリップフロップ1個を1行で記述することができればわか

りやすいのですが，HDLは動作の定義をすることが目的なので回路図による設計手法とは異なったトップダウンの思考が必要になります．

● フリップフロップのトグル動作

図12.16で定義したDフリップフロップを使って，トグル動作をさせてみましょう．回路は，Dフリップフロップとインバータを図12.18のように接続します．そして，クロックを入れた場合の出力Qを観測してみると，クロックが入るごとに反転しているのがわかります（図12.19）[注2]．これはクロックを1/2に分周していることになります．実際のロジックICの動作波形である写真4.6と比較してみてください．

12.5 カウンタとシフトレジスタ

● 同期カウンタ

基本ゲートとフリップフロップのHDLによる記述が理解できたところで，いよいよまとまった論理回路の動作をHDLで設計してみましょう．しかし，いきなり大規模なシステムの例を取り上げると難しいので，個別ロジックICで動作を確認した回路を例にします．

ここでは，第5章の図5.7にある3ビットの同期カウンタをHDLで設計してみます．まず，図5.7の回路と同じように回路図により動作を確認してみましょう．DフリップフロップのHDLモジュールを利用して，3個のDフリップフロップとカウント制御用のゲートを，個別ICで設計した回路と同じように接続します．図12.20にその回路を示します．

回路図は，個別ロジックICを使ったものとまったく同じです．Dフリップフロップの部分が図12.16のHDL記述による動作ということになります．実際には，Dフリップフロップのモジュールは初めに登録することになるので，回路図入力の作業とまったく同じになります．つまり，図12.20の図を入力するとシミュレーションができるというわけです．

クロックのみを入力したときのタイムチャートを，図12.21に示します．Q1，Q2，Q3が000からクロックの立ち上がり時にカウント・アップされて，111まで変化していることを確認できると思います．

実際のロジックICを使った動作波形と比較してみると，同じ結果になっていることがわかります．クロックが8個入ると，出力は元の状態に戻ります．すなわち，3ビット（8進）カウンタとなっているわけです．写真5.2と比較すると同じ動作になっていることがわかります．

図12.22にVerilog HDLで定義した機能ブロック図を，図12.23にVerilog HDLによる記述例を示します．

注2：FPGAの開発ツールは，回路図記述の動作，HDL記述の動作，それらの複合動作のいずれもシミュレーションが可能．実際にFPGAを設計する場合は，FPGAメーカが用意した機能ブロックとユーザ定義されたロジック・ブロック（HDL記述され，動作の確認されたモジュールなど）を組み合わせることになる．その場合，各ブロックの接続などを回路図として表現すると，ロジック・システム全体の見通しがよくなる．

第12章

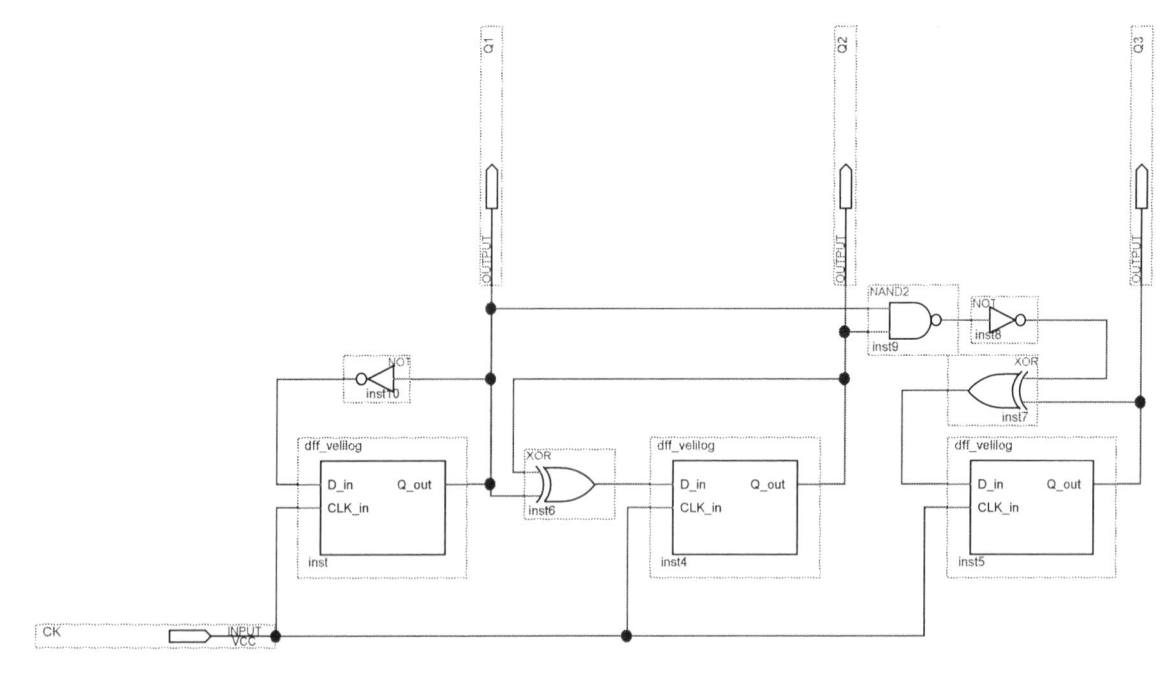

図12.20 Dフリップフロップとゲートによる同期カウンタの機能ブロック図

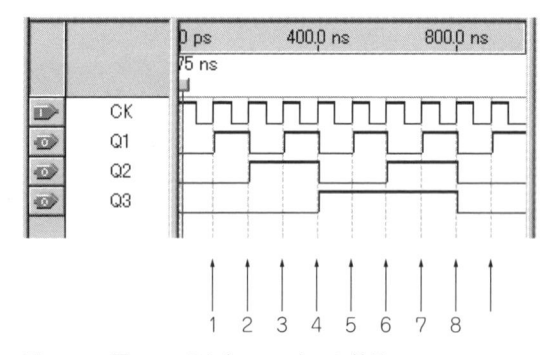

図12.21 図12.20のシミュレーション結果

● シフトレジスタ(74164)

次に，シフトレジスタの動作を確認してみましょう．シフトレジスタの代表として74164の動作をHDLで記述してみます．**図12.24**に，Verilog HDLによる記述例を示します．

第8章の**図8.4**で説明したように，8ビットのレジスタを順番にデータが移動する動作をするのがシフトレジスタです．qaがqbに，qbがqcへというように，順次データが移動するように記述します．他には，レジスタの中をすべて'0'にするclear信号の条件を入れます．

記述が何行にもなって一見複雑そうに見えますが，クロックの立ち上がりとclearの条件を考慮す

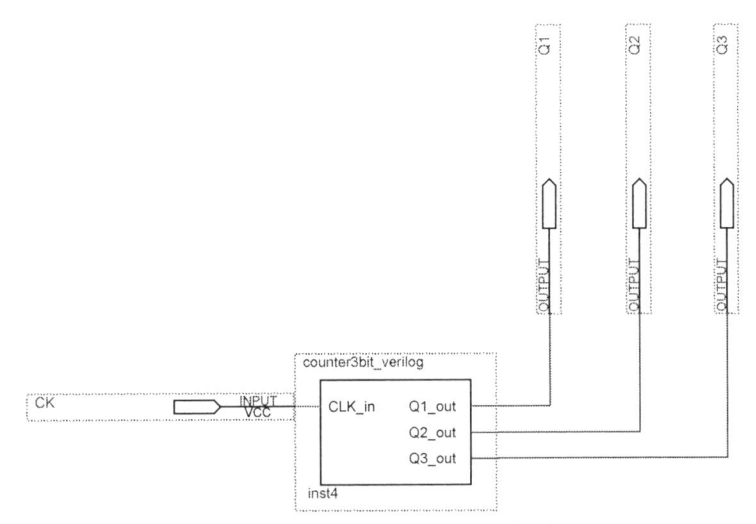

図12.22 Verilog HDLで定義した同期カウンタの機能名と信号名

```
module   counter3bit_verilog(CLK_in,Q1_out,Q2_out,Q3_out);

input    CLK_in;
output   Q1_out;
output   Q2_out;
output   Q3_out;
reg      Q1_out;
reg      Q2_out;
reg      Q3_out;

always  @(posedge    CLK_in)begin

        Q1_out <= ~Q1_out ;                         ← Q1の反転をQ1へ
        Q2_out <= Q1_out ^ Q2_out;                  ← Q1とQ2のEXORをQ2へ
        Q3_out <= (Q1_out & Q2_out)^ Q3_out;        ← Q1とQ2のANDとQ3の
                                                      EXORをQ3へ
end
endmodule
```

動作の定義
CLKの立ち上がりエッジが
発生するごとにbegin以
下を実行する.

図12.23 Verilog HDLによる同期カウンタの記述例

ればよいので，二つに分けて考えると理解しやすいと思います．

● リング・カウンタ

第8章の図8.6で説明したリング・カウンタの動作を確認してみましょう．図12.25に示したのは，図12.24で定義したシフトレジスタ74164と8入力のNANDゲートで実現される回路です．図12.26にシミュレーション結果を示しますが，写真8.1に示した動作波形と同じになっていることがわかります．

図12.27にVerilog HDLで定義した機能ブロック図を，図12.28にVerilog HDLによる記述例を示します．

```
/*              input:A and B
                clock:pos  ←――― クロックの立ち上がりで変化      } コメント
                clear:direct ←――― データのクリアは非同期         (何を記入しても可)
                output:QA,QB,QC,QD,QE,QF,QG,QH */
module verilog74164A ←――――― モジュール名の定義
(
                a,b,clock,clear,                              } 入出力信号のリスト
                qa,qb,qc,qd,qe,qf,qg,qh);
input           a,b,clock,clear;                              } 入力/出力信号の定義
output          qa,qb,qc,qd,qe,qf,qg,qh;
reg             qa,qb,qc,qd,qe,qf,qg,qh; ←―― 記憶する信号名を定義
wire            clear_b; ←―――――――――― 内部信号の定義

assign          clear_b         = ~clear; ←―― 回路動作（ゲート接続）の定義.
                                              内部信号clear_bはclearの反転.
                                              他の内部状態にかかわらず反転する.

                                        ( Clockの立ち上がりエッジ )
                                        ( Clearがクロックと非同期の場合は
                                          必要になる. 同期させる場合は不要. )
always          @(posedge clock or posedge clear_b)begin
                if (clear_b) begin
                        qa              <=1'b0;
                        qb              <=1'b0;
                        qc              <=1'b0;         } clear_bが真'1'のとき,
                        qd              <=1'b0;           qa~qhに'0'を設定する.
                        qe              <=1'b0;
                        qf              <=1'b0;         } clear_bが偽'0'のとき,
                        qg              <=1'b0;           ここの記述は無視される
                        qh              <=1'b0;
                end
                else begin
                        qa              <=a & b;
                        qb              <=qa;           } clear_bが真'1'以外のときの動作を記述し
                        qc              <=qb;             ている.
                        qd              <=qc;             qaにはaとbとのAND信号が読み込まれる.
                        qe              <=qd;             qbはqaの状態が, qcはqbの状態が, ずれ
                        qf              <=qe;             て同時に読み込まれる.
                        qg              <=qf;             データが読み込まれるのはclockの立ち上がり
                        qh              <=qg;             エッジ
                end
end
endmodule
```

図12.24　Verilog HDLによるシフトレジスタの記述例

12.5 カウンタとシフトレジスタ

● 機能定義を使わない場合

図12.25では機能定義された74164とNANDゲートを使ってリング・カウンタを定義しましたが，これは74164（シフトレジスタ）と7430（8入力NANDゲート）という二つの個別ICを使った設計方法と同じであり，HDLによる設計とは異なります．実際のHDLを使った設計では，ロジックICを意識せずにロジック動作を定義することが重要です．

全体の動作は，HDLのみで定義される必要があるわけです．第8章の図8.6の回路を，機能定義しな

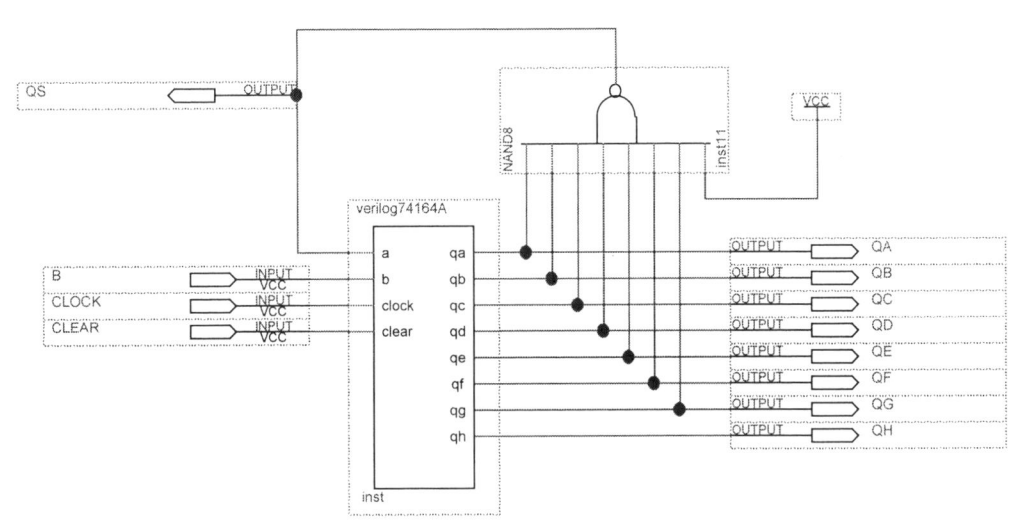

図12.25 シフトレジスタとゲートによるリング・カウンタの機能ブロック図

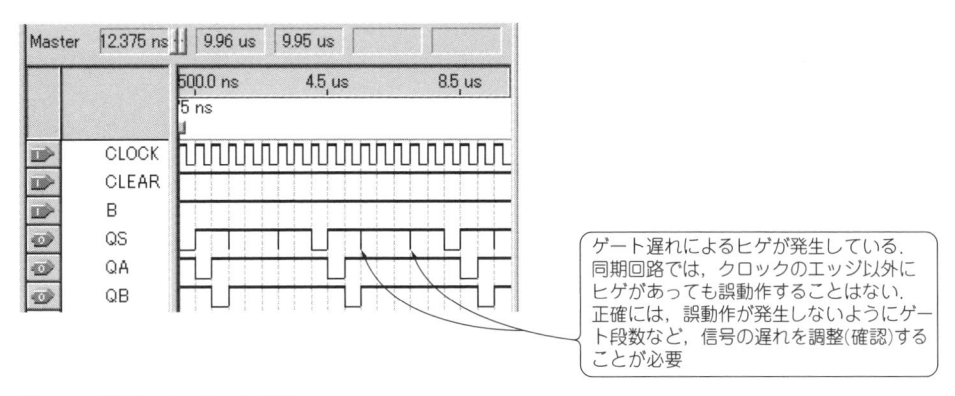

図12.26 図12.25のシミュレーション結果

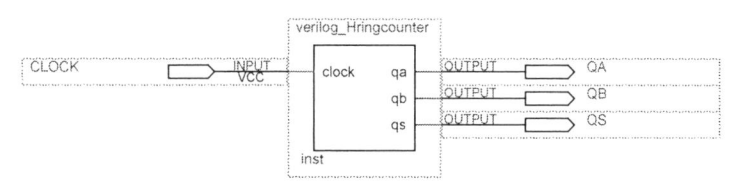

ゲート遅れによるヒゲが発生している．同期回路では，クロックのエッジ以外にヒゲがあっても誤動作することはない．正確には，誤動作が発生しないようにゲート段数など，信号の遅れを調整（確認）することが必要

図12.27 Verilog HDLで定義したリング・カウンタの機能名と信号名

```
/*      H-ringcounter
    input:A and B
        clock:pos
        clear:direct
        output:QA,QB,QS*/

module verilog_Hringcounter(clock,qa,qb,qs);

input   clock;
output  qa,qb,qs;
wire    qc,qd,qe,qf,qg,qh;
wire    a,b,clear;
wire    clear_b;

reg     qa,qb,qc,qd,qe,qf,qg,qh;

assign clear        =1'b1;
assign b            =1'b1;
assign clear_b      = ~clear;
assign qs           =~(qa ^ qb ^qc ^qd ^ qe ^ qf ^ qg);

always @(posedge clock or posedge clear_b)begin

        if (clear_b)begin
                qa   <=1'b0;
                qb   <=1'b0;
                qc   <=1'b0;
                qd   <=1'b0;
                qe   <=1'b0;
                qf   <=1'b0;
                qg   <=1'b0;
                qh   <=1'b0;
                end
        else begin
                qa   <=qs;
                qb   <=qa;
                qc   <=qb;
                qd   <=qc;
                qe   <=qd;
                qf   <=qe;
                qg   <=qf;
                qh   <=qg;
        end
end

endmodule
```

コメント（何を記入しても可）

モジュール名の定義

入力/出力の定義
内部信号の定義
wireは値を保持できないネット型の信号であることを宣言.

regは値を保持できるレジスタ型の信号であることを宣言.

回路動作の定義

clear_bが真‘1’のときの動作

clear_bが真‘1’以外のときの動作

図12.28　Verilog HDLによるリング・カウンタの記述例

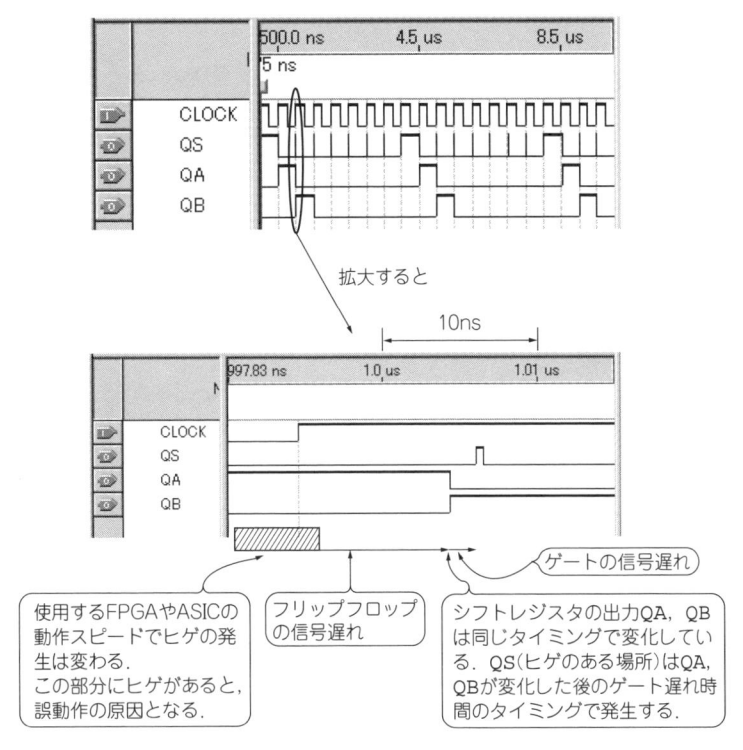

図12.29 図12.28のシミュレーション結果

いで記述した例を図12.28に，そのシミュレーション結果を図12.29に示します．大部分は，図12.24の74164を定義した記述と同じですが，その中にゲートで構成されている部分も含まれています．クロックとQS，QA，QBの信号のみを取り出した専用回路となっています．

● 同期リセットと非同期リセット

　順序回路の説明で，「always　@(posedge CLK_in) begin」という部分が重要だと説明しました．かっこの中の条件でbegin以下に記述した動作を行わせるので，かっこの中にどのような記述をするかで動作が大きく変わってきます．74164の記述例で，clear(ALL '0')をクロックに同期させる場合と同期させない場合(ダイレクト・リセット)でHDLの記述とその動作結果を確認してみることにします．

　図12.30に，非同期リセットと同期リセットの記述例と動作結果を示します．HDLでは機能を直接記述できるので便利な反面，ちょっと文字や記述方法を間違えるとまったく違った回路になってしまいます．それを回避するためにも，ボトムアップの設計ではなく全体を見通したトップダウンの設計をするように心がけましょう．

第12章

```
                  clockの立ち上がり変化   もしくは   clear_bの立ち上がり変化
always @(posedge clock or posedge clear_b)begin
     if (clear_b) begin
          qa    <=1'b0;
          qb    <=1'b0;           変化があった場合のどちらかで
          qc    <=1'b0;           if条件を判断.
          qd    <=1'b0;           もし, clear_bが真 '1',
          qe    <=1'b0;           つまり外部信号clearが '0'
          qf    <=1'b0;           になった場合,
          qg    <=1'b0;           qa~qhまで '0' を入れる.
          qh    <=1'b0;
     end
```

(a) 非同期リセット

```
              clockの立ち上がり変化          clearがクロックの立ち上がりで変化
always @(posedge clock)begin               していないので出力は変化しない.
     if (clear_b) begin  ─のみでif条件を判断  次のクロックの立ち上がりで出力は
                                            変化している.
```

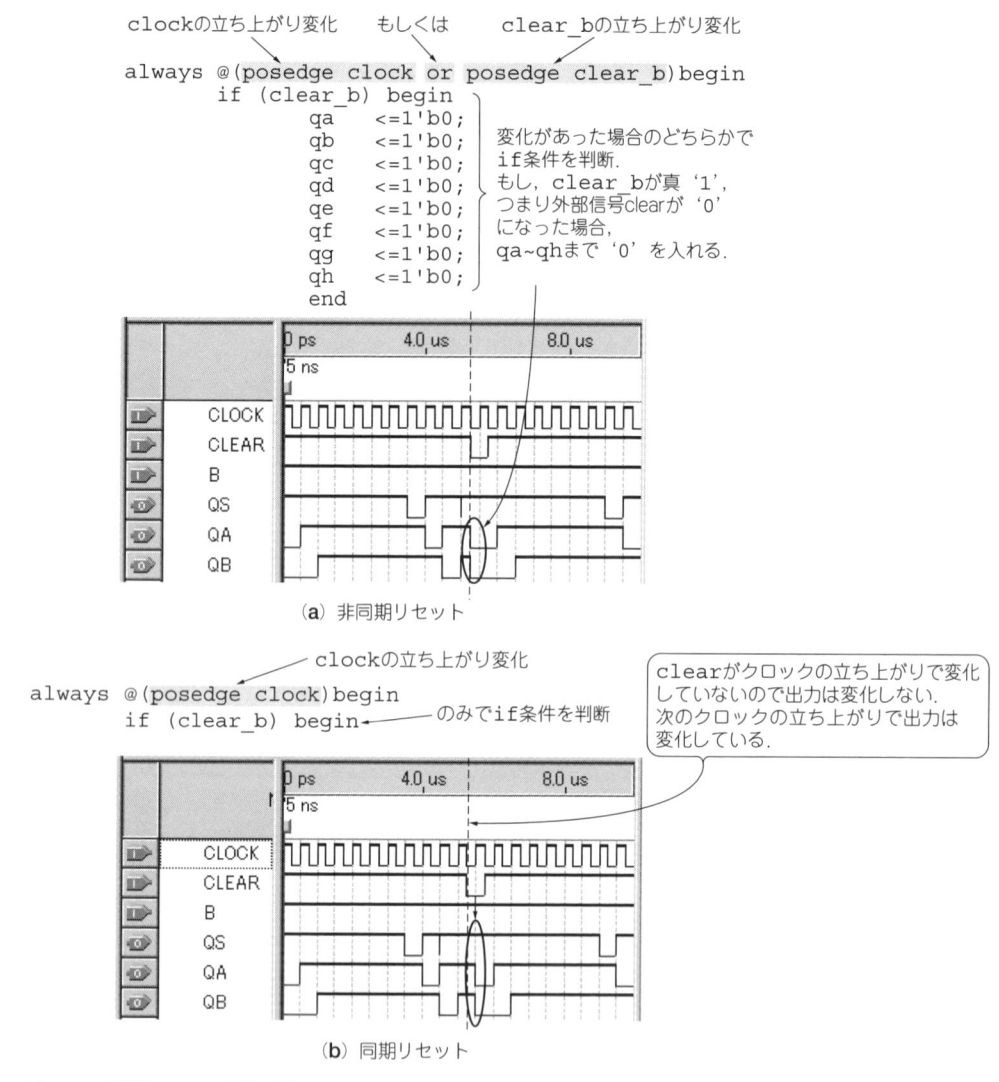

(b) 同期リセット

図12.30 同期リセットと非同期リセットの違い

● **10進カウンタ**

クロックが10個入ると元の状態の戻る10進カウンタをHDLで設計してみましょう．10個のフリップフロップを使用して，順番に '1' のデータが移動し，10個目のクロックで元に戻るという動作です．**図12.31**にVerilog HDLで定義した機能ブロック図を，**図12.32**にVerilog HDLによる記述例を示します．

10進のカウンタはフリップフロップ4個でも実現できますが，10個の出力を順番に '1' としたい場合などは，カウンタ＋デコーダという形式ではなく，このようなシフトレジスタ形式のカウンタも便利です．シミュレーション結果を**図12.33**に示します．

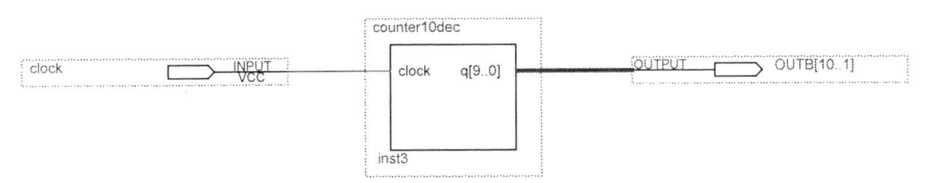

図12.31 Verilog HDLで定義した10進カウンタの機能名と信号名

```
module counter10dec(clock,q);

input    clock;
output [9:0] q;
reg    [9:0] q;

always @(posedge   clock)begin
        case   (q)
        10'b1000000000: q<=10'b0000000001;
        10'b0000000001: q<=10'b0000000010;
        10'b0000000010: q<=10'b0000000100;
        10'b0000000100: q<=10'b0000001000;
        10'b0000001000: q<=10'b0000010000;
        10'b0000010000: q<=10'b0000100000;
        10'b0000100000: q<=10'b0001000000;
        10'b0001000000: q<=10'b0010000000;
        10'b0010000000: q<=10'b0100000000;
        10'b0100000000: q<=10'b1000000000;
        default:        q<=10'b0000000001;
        endcase
        end
endmodule
```

注釈:
- clockとq出力を使用. qとだけ記述されているが, input文で9:0と記述することで10個の出力が表現できる.
- 10個のレジスタを定義
- クロックの立ち上がりエッジで以下が実行される.
- qの値が今の状態により決まる.
- <=はノンブロッキング代入文と呼ばれ, 右辺がすべて比較されてから代入処理が実行される.
- caseの条件に一致するものがなかった場合に実行される.

図12.32 Verilog HDLによる10進カウンタの記述例

出力の変化は,「@(posedge clock)」となっているので同時に行われるようになっていて, クロックの立ち上がり以外は変化しません. ただし, ゲートの遅れ時間分は考慮する必要があります.

● アップ/ダウン・カウンタ(ロジック設計)

カウンタの中で, いろいろな用途に使用できる4ビットのアップ/ダウン・カウンタをHDLで記述してみましょう. 入力は, アップ/ダウン動作を切り替える信号とリセット信号, そしてクロックの三つです. RESET信号を '0' とすると, クロックの立ち上がりで4ビットすべてが '0' になります. UP_DOWNの信号は, '1' の場合にアップ・カウント, '0' の場合にダウン・カウントの動作をします. 図12.34に, ロジック図を示します.

複雑そうに見えますが, 動作の基本はそれぞれのフリップフロップに設定するデータをどのように決めるかです. リセット動作は, D入力を '0' に固定するようにそれぞれのD入力にANDゲートを入れて実現させています.

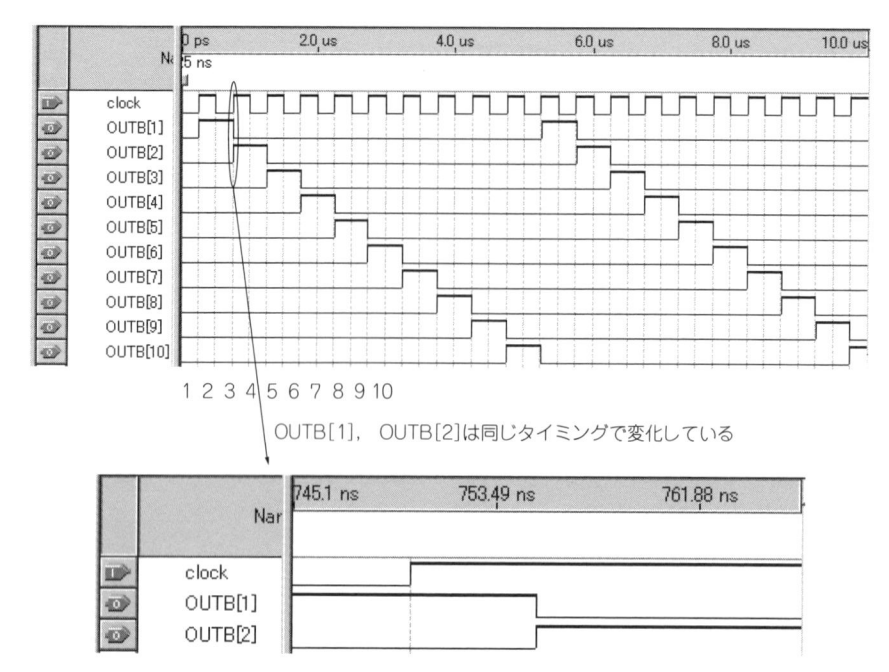

OUTB[1], OUTB[2]は同じタイミングで変化している

図12.33 図12.32のシミュレーション結果

　カウント・アップとカウント・ダウンは，同期回路の基本である，一つ前の各フリップフロップの状態からそれぞれのD入力のデータを決めるようにAND‐ORのセレクタを使っています．
　UP_DOWNが'1'のときは1→2→3→4と変化し，'0'のときは，10→9→8→7と変化しています．
　図12.34の回路図のようにゲートやフリップフロップを意識してアップ/ダウン・カウンタを設計すると，HDLでも記述量が多くなって間違いが増える要因になります．そこで，動作に注目してHDLで記述した例を，**図12.35**，**図12.36**に示します．カウント・アップは＋すること，カウント・ダウンは－すること，リセットは'0000'にすること，という動作に注目するとHDL記述は簡潔になります．
　RESET信号が'0'の場合は各フリップフロップをすべて'0'にする，UP_DOWNの信号が'1'の場合は＋1の動作をする，UP_DOWNの信号が'0'の場合は－1の動作をする，という動作に注目すると，**図12.36**に示したとおり，非常に簡潔な記述になります．シミュレーション結果を，**図12.37**に示します．ゲート回路で作った回路と同じ動作になります．
　ここで，＋1や－1と記述することで，なぜカウント・アップ動作などが実現できるのか不思議に思われるかもしれません．HDLで＋1や－1といった記述をしても，実際の回路（ロジック回路）ではゲートやフリップフロップで構成されます．
　そのためには，論理合成というツールが使われているのです．同じロジックが使われるのであれば，カウンタを四角のシンボルで表し，それらを複数使って回路を設計しても同じだと考えられますが，動作がそのままHDLで記述されるのでフレキシビリティの高い設計が可能になるのです．
　図12.36の中に，「output [3:0] Q ;」という記述がありますが，3を10に変更するとそれだけで

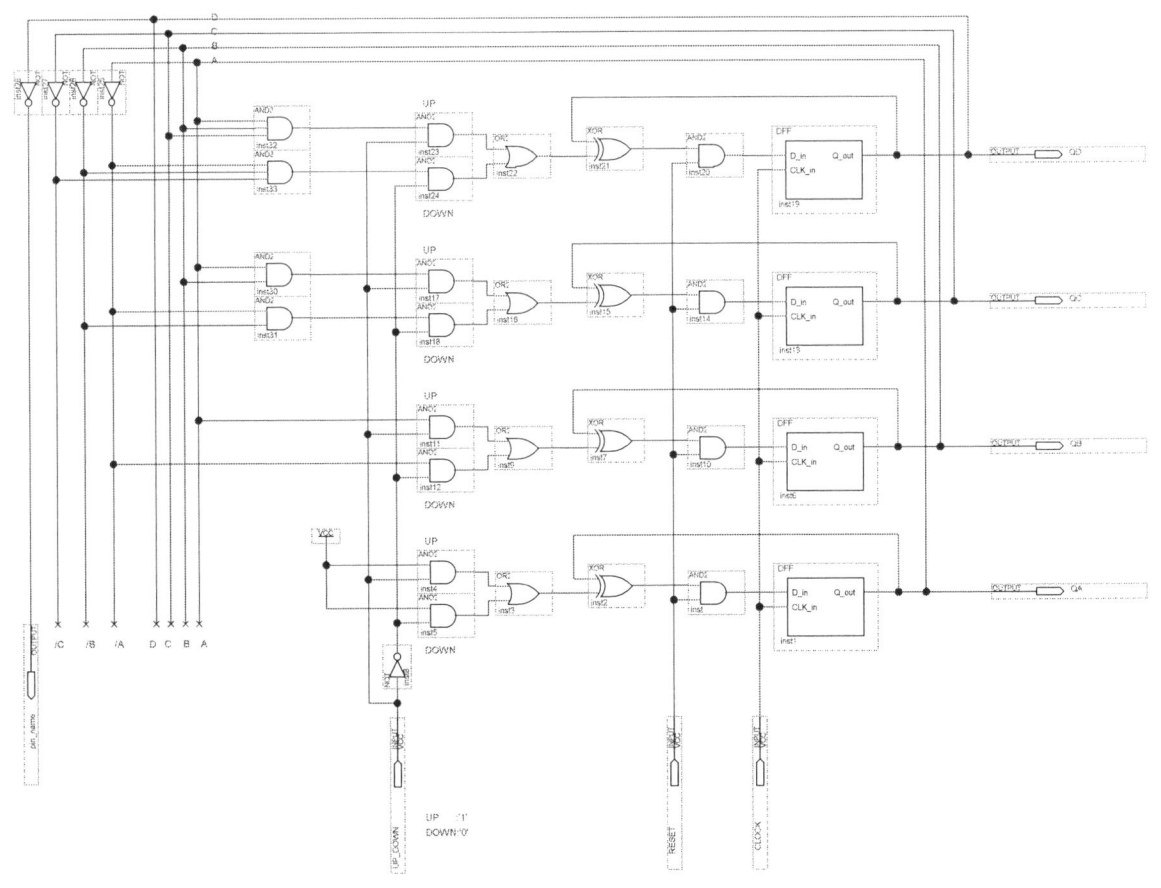

図12.34　ゲートとフリップフロップによるアップ/ダウン・カウンタの機能ブロック図

10ビットのアップ/ダウン・カウンタが表現できてしまいます．すなわち，10ビット分のカウント動作をするカウンタの設計が完了してしまうのです．動作に注目して設計できるので，トップダウンの設計が可能になります．大規模なロジック設計では，このトップダウン設計が非常に有効です．

12.6　加算器の動作と設計

ディジタル・システムでは，いろいろな数値の計算が必要になります．日頃，人間は10進法に慣れているので，2進法の計算は難しいという感覚がありますが，計算そのものは同じです．一般には，10進数-2進数に変換した後，2進数の演算を行い，その後さらに2進数-10進数の変換を行います．

● 半加算器（ハーフ・アダー：half adder）

ここでは，2進数の加算器について説明します．数字の正負をどう扱うかを，2進数では決まりを設ける必要がありますが，ここでは正の数だけを扱うという前提で説明をします．

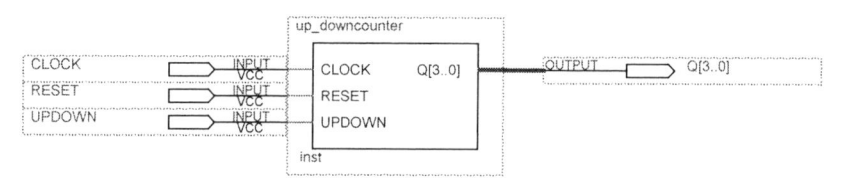

図12.35 Verilog HDLで定義したアップ/ダウン・カウンタの機能名と信号名

```
module    up_downcounter(CLOCK,RESET,UPDOWN,Q);
input     CLOCK,RESET,UPDOWN;
output    [3:0]     Q;
reg       [3:0]     Q;

always    @(posedge  CLOCK)begin
          if(~RESET)
                    Q<=     4'b0000;
          else if(UPDOWN)
                              Q<=Q+1;
          else
                              Q<=Q-1;
                    end
endmodule
```

以下の記述はクロックが変化した場合のみ実行される．したがって，すべての動作はクロック同期となる

リセット動作を記述

UPDOWNが'H'ならカウント・アップ，そうでなければカウント・ダウン

図12.36 Verilog HDLによるリング・カウンタの記述例

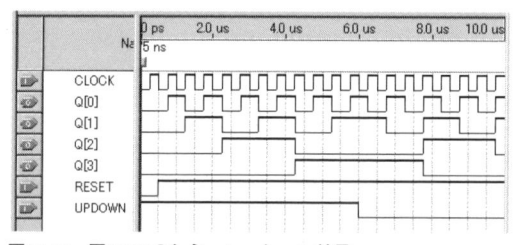

図12.37 図12.36のシミュレーション結果

　二つの信号を演算した場合の和と桁上がりを求める回路が半加算器です．計算結果は，次のとおりの四つの組み合わせがあります．

　　　0＋0＝0　桁上がり　0
　　　0＋1＝1　桁上がり　0
　　　1＋0＝1　桁上がり　0
　　　1＋1＝0　桁上がり　1

　図12.38に2進数の加算例を示します．それぞれの桁の足し算をして，和と桁上がりを出し，各桁の足し算をして結果とします．10進数の計算と同じです．

　そこで，半加算器(ハーフ・アダー)の動作を回路設計してみましょう．入力される二つの信号をA，Bとし，結果をS，桁上がりをCとすると，半加算器は**表12.2**のような真理値表で表現することができます．これをそのままゲートに置き換えると，**図12.39**のようになり，さらにこれを簡略化すると**図12.40**になります．

　図12.41にVerilog HDLで定義した機能ブロック図を，**図12.42**にVerilog HDLによる記述例を示し

12.6 加算器の動作と設計

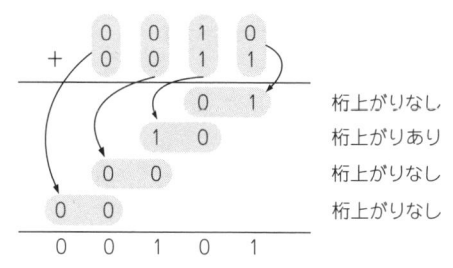

図12.38 2進数の加算の例（2＋3の場合）

表12.2 半加算器の真理値表

A	B	S	C
0	0	0	0
1	0	1	0
0	1	1	0
1	1	0	1

ます．また，シミュレーション結果を**図12.43**に示します．

● **全加算器（フルアダー：full adder）**

加算器を実用的に使うには，下の桁からの桁上がり（carry）を考慮する必要があります．そこで，半加算器のA，B入力に加えて，下の桁からの桁上がり信号入力を加えたものを全加算器と呼び演算回路の基本になっています．

すなわち，全加算器は入力信号が三つ（A，B，Cin），出力信号が二つ（S，Cout）で構成されます．桁上がりを考慮した動作は，**表12.3**のようになります．論理回路で表すと，**図12.44**のようになります．

● **4ビット加算器を設計する**

それでは，実用的な回路として4ビットの加算器を設計してみましょう．**図12.45**は，A0，A1，A2，A3とB0，B1，B2，B3のそれぞれ4ビットのデータを加算して，4ビットの出力（S0，S1，S2，S3）＋桁上がり出力（Cout）が得られる回路です．もちろん，下の桁からの桁上がり信号（Cin）も入力できるようにします．

4ビット加算器の具体的な動作は，次のようになります．たとえば，4＋5は9ですが，これを上の加算器に当てはめると，

$A = 4$

$B = 5$

$Cin = 0$

$S = 9$

$Cout = 0$

補足：2進数で負の数を表すには補数を使います．各ビットの桁を反転して1を加えたものを2の補数と呼びます．この補数を加算することでマイナスの数の演算を行うのです．

```
    5   -    3   =    2
 0101   -  0011   =    ?
 0101   +  1101   =  10010
```

「3」の2の補数は，
(1) 0011を反転する→1100
(2) 1100に1を加える→1101（−3を表している）

このほかに，符号ビットを設ける方法もあります．

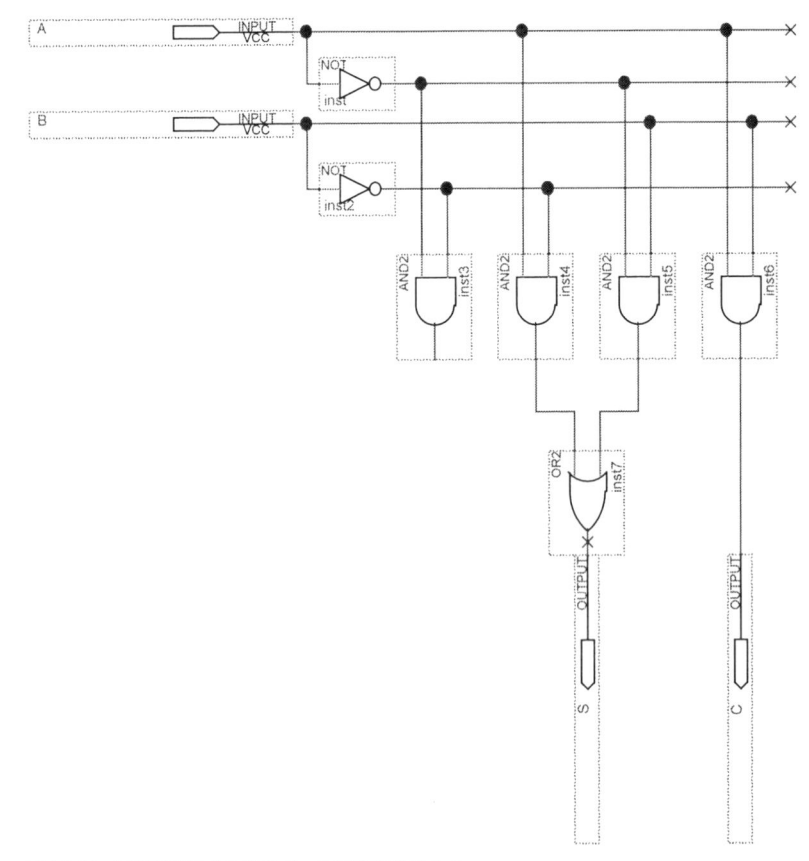

図12.39　真理値表をそのままゲートに置き換えると

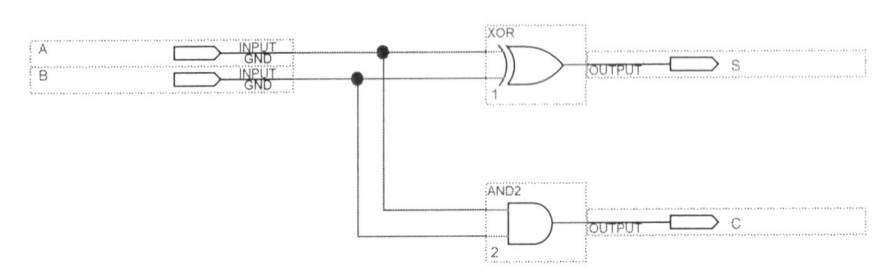

図12.40　図12.39を簡略化した回路

となります．

具体的な回路に落とし込むには，まず1ビットの全加算器をどのように利用するかを考えます．図12.46において，それぞれの桁（縦方向）では下位の桁から0＋1＝1，0＋0＝0，1＋1＝0桁上がり1，0＋0＋桁上がり＝1となっていることがわかります．つまり，それぞれの桁では1ビットごとの全加算器と同じ結果になっているのです．

4ビット加算器の機能ブロックを図12.47に示します．FA1BITという機能ブロックは，図12.44の示

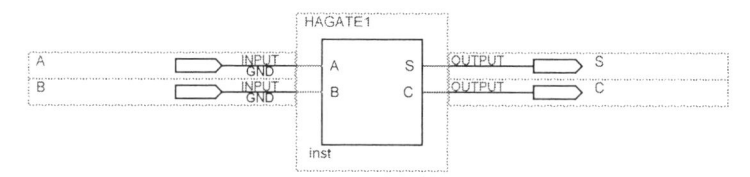

図12.41　Verilog HDLで定義した半加算器の機能名と信号名

```
module      HAGATE1(A,B,S,C);

input       A;
input       B;
output      S;
output      C;

assign      S = (A & ~B) | (~A & B);
assign      C =  A & B;

endmodule
```

図12.42　Verilog HDLによる半加算器の記述例

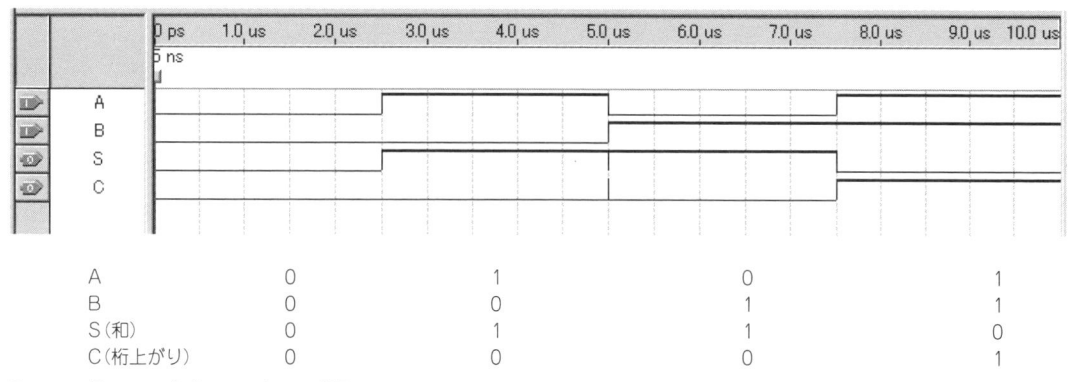

A	0	1	0	1
B	0	0	1	1
S(和)	0	1	1	0
C(桁上がり)	0	0	0	1

図12.43　図12.42のシミュレーション結果

表12.3　全加算器の真理値表

A	B	Cin	S	Cout
0	0	0	0	0
1	0	0	1	0
0	1	0	1	0
1	1	0	0	1
0	0	1	1	0
1	0	1	0	1
0	1	1	0	1
1	1	1	1	1

第12章

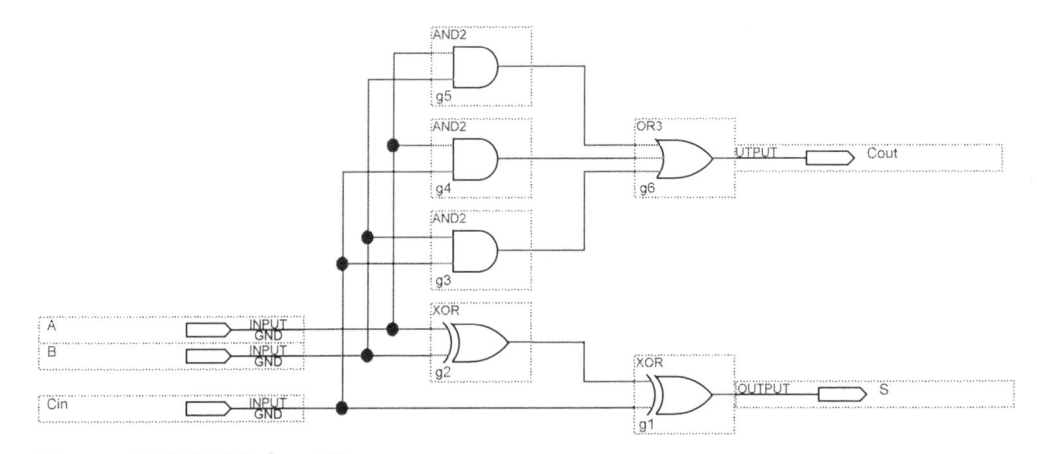

図12.44 全加算器の機能ブロック図

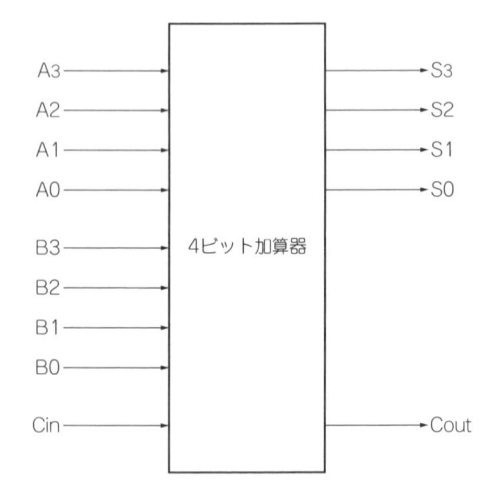

図12.45 4ビット加算器の構成

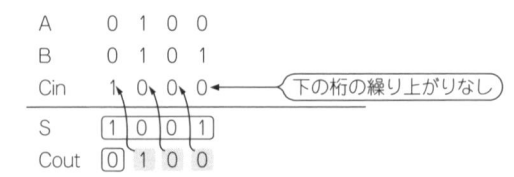

```
A    0 1 0 0
B    0 1 0 1
Cin  1 0 0 0      下の桁の繰り上がりなし
─────────────
S    1 0 0 1
Cout 0 1 0 0
```

図12.46 桁上がりの考え方

```
module      kasan(A,B,C);

input       [3:0]        A;
input       [3:0]        B;
output      [3:0]        C;

assign      C = A + B;

endmodule
```

図12.48 Verilog HDLによる4ビット加算器の記述例

した全加算器です．この回路と同じ機能をHDLで記述するとどうなるでしょうか．HDLでは，「+」という演算子が使えるため，**図12.48**に示すように非常に簡潔に表現することができます．

A入力とB入力に数字を入力して，動作を確認したシミュレーション結果を**図12.49**に示します．組み合わせが多くなるので，A入力には4(0100)，B入力には5(0101)という数字を設定したときの結果です．4(0100)+5(0101)の部分を見てみると，結果は9(1001)となっており，桁上がりは0です．つまり，4+5=9が実現できています．

12.7　乗算器の動作と設計

加算器の説明で，ディジタル回路の演算はどのように行えばよいか理解できたと思います．そこで次に，さらに複雑な乗算（かけ算）をどのように設計するか考えてみることにしましょう．演算の方法

12.7 乗算器の動作と設計

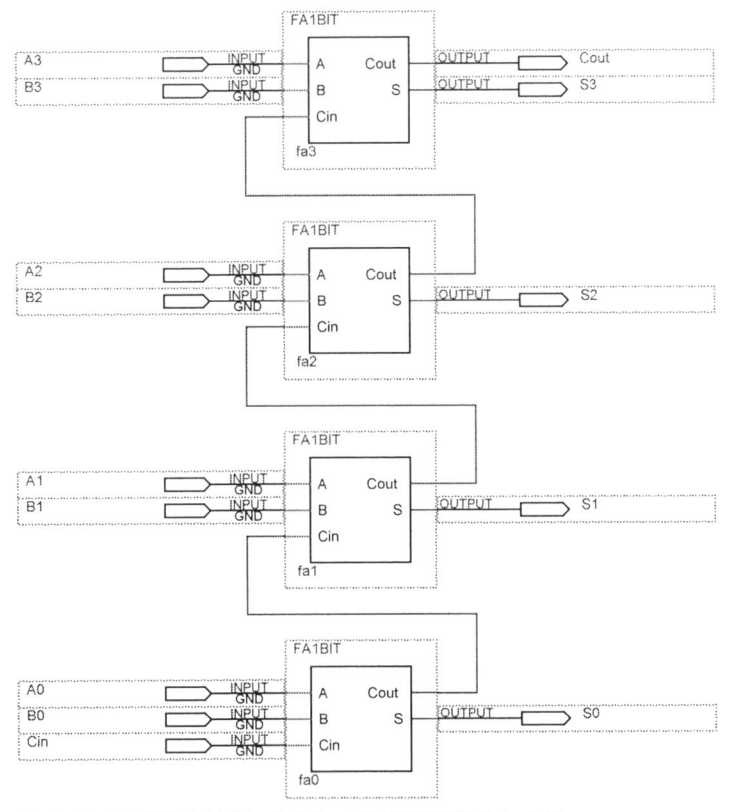

図12.47 全加算器を4個使った4ビット加算器の機能ブロック図

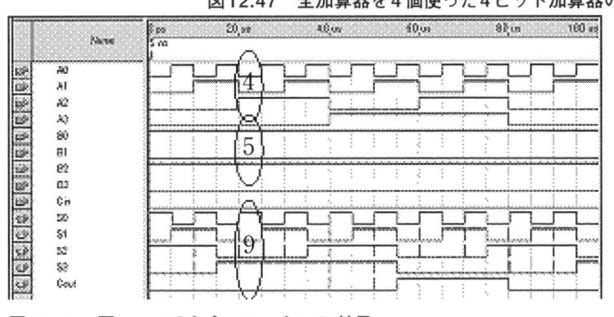

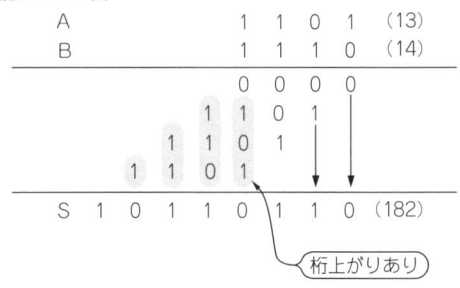

図12.49 図12.48のシミュレーション結果

```
A        1 1 0 1   (13)
B        1 1 1 0   (14)
         ─────────
         0 0 0 0
       1 1 0 1
     1 1 0 1
   1 1 0 1
─────────────────
S  1 0 1 1 0 1 1 0  (182)
                  桁上がりあり
```

図12.51 2進数のかけ算の例（13×14の場合）

A(4ビット) × B(4ビット) = S(8ビット)

			A3	A2	A1	A0
			B3	B2	B1	B0
			A3×B0	A2×B0	A1×B0	A0×B0
		A3×B1	A2×B1	A1×B1	A0×B1	
	A3×B2	A2×B2	A1×B2	A0×B2		
A3×B3	A2×B3	A1×B3	A0×B3			
S7	S6	S5	S4	S3	S2	S1	S0

図12.50 かけ算の原理

第12章

は，10進数と同じです．各桁ごとにかけ算を行い，その結果を合計すれば結果が得られます．
図12.50にかけ算の原理を，図12.51に13×14の例を示します．

● 4ビット×4ビット乗算器の回路

実際の回路は，どのように設計すればよいのでしょうか．2進数の場合は，各桁の計算は1のときにはそのまま，0のときにはその桁の結果は0となります．これは，ゲートの動作で似たようなものがあることを思い出せば，簡単に実現できます．そうです．ANDゲートそのものです．つまり，かける部分はANDゲートを使えばよいのです．そして，各桁の加算部分に加算回路を使うのです．

具体的な4ビット×4ビット乗算器の回路例を，図12.52に示します．4ビットの加算回路が(Bの桁-1)分必要になります．Bが4桁なので，合計4×3＝12組の加算器が必要になります．ゲートで回路を構成しようとすると，かなり大変であることがわかるでしょう．

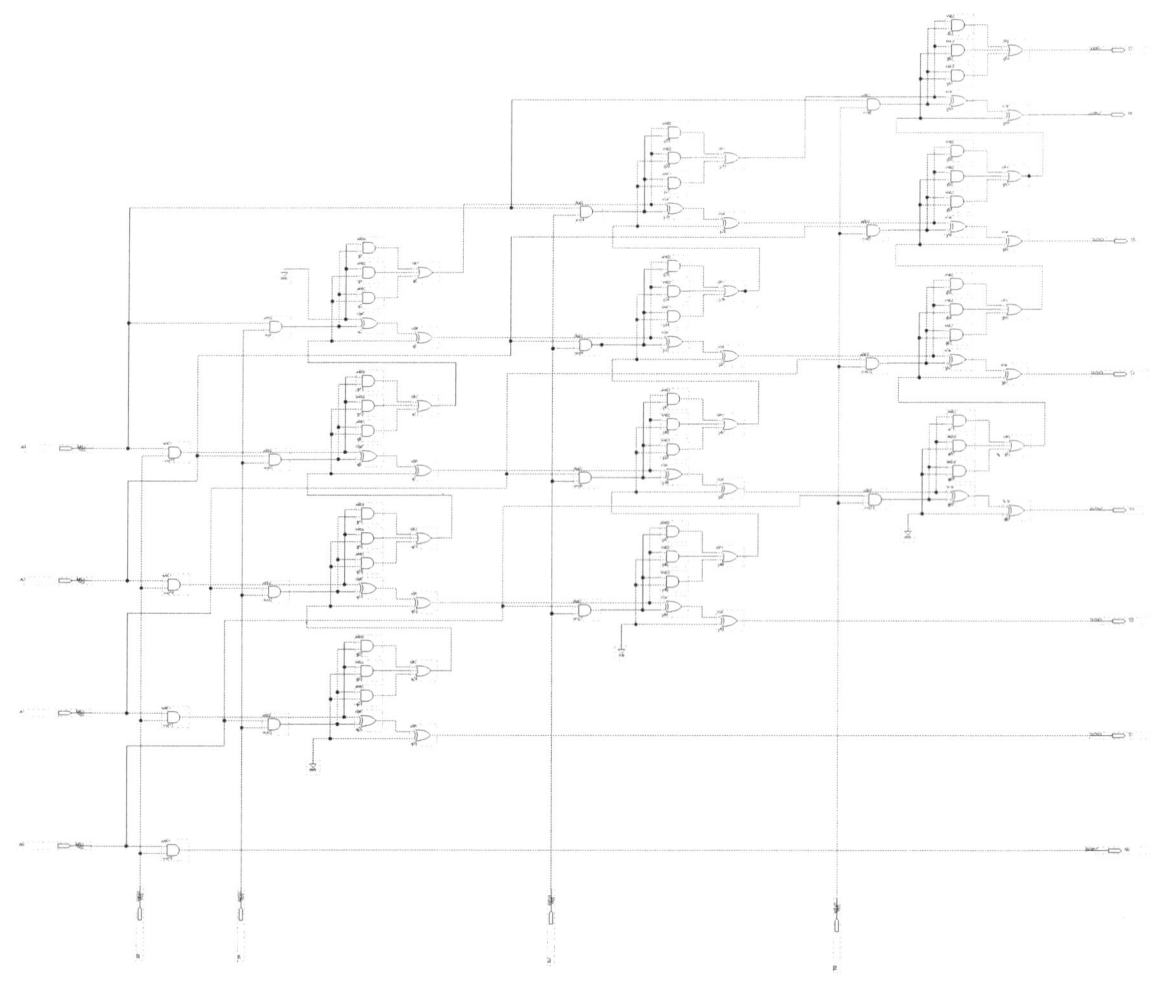

図12.52 4ビット×4ビット乗算器の機能ブロック図

12.7 乗算器の動作と設計

● HDLで記述した乗算回路

数学では，かけ算は×という記号で表されます．この記号を使えば，かけ算は非常に簡潔に表せます．HDLでは，このような演算記号を使って論理回路設計ができるのです．つまり，

assign S = A * B;

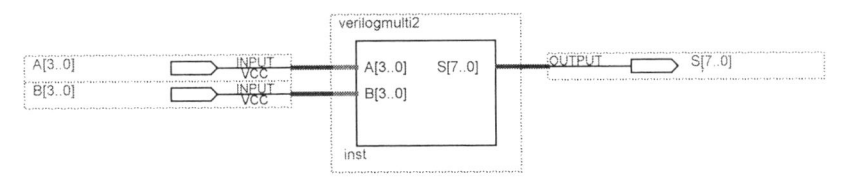

図12.53 Verilog HDLで定義した4ビット×4ビット乗算器の機能名と信号名

```
module verilogmulti2(A,B,S);

input     [3:0]  A,
input     [3:0]  B,
output    [7:0]  S,

assign    S = A * B;  } 4ビット×4ビットのかけ算が1行で記述される

endmodule
```

図12.54 Verilog HDLによる4ビット×4ビット乗算器の記述例

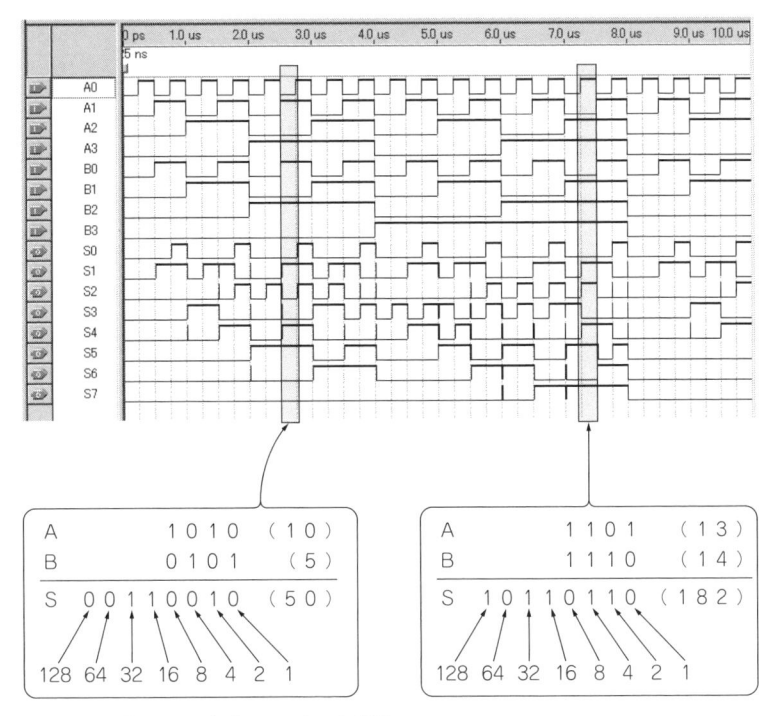

A	1 0 1 0	(10)
B	0 1 0 1	(5)
S	0 0 1 1 0 0 1 0	(50)

128 64 32 16 8 4 2 1

A	1 1 0 1	(13)
B	1 1 1 0	(14)
S	1 0 1 1 0 1 1 0	(182)

128 64 32 16 8 4 2 1

図12.55 図12.54のシミュレーション結果

という1行で済んでしまいます．ここで，A，Bは4ビット，Sは8ビットという宣言をしておけば，実際の記述にはビット数を表示しなくても論理合成ツールが図12.52と同じようなゲート回路に展開してくれるわけです．HDLを用いると，A×Bという機能を明確に示せるので設計ミスが格段に少なくなることがわかるでしょう．論理合成というツールが実用になったことで，プログラム言語による設計が可能となったわけです．

● HDLによる設計は万能か

本章ではいくつかのHDLによる設計例を紹介しましたが，HDLを使って設計すれば大規模なロジック・システムを簡単に設計できることがおわかりいただけたと思います．しかし，目的とする論理回路を間違いなく設計できるかと聞かれれば，簡単に「yes」とは答えられません．HDLといえども，必要な機能を決めるのは設計者自身です．どのようなアーキテクチャを使うかまではHDLはアドバイスしてくれません．あくまでも機能を中心に記述が可能である，というメリットがあるだけです．

VHDL設計やVerilog HDL設計に関しては，見通しのよい記述方法とはどんなものか，陥りやすい間違いとはどんなものか，といったことに関して多くの解説書が発行されていますので，それらを十分活用することをお勧めします．

参考・引用*文献

(1) *東芝セミコンダクター社,CMOSロジックICデータシート.
  http://www.semicon.toshiba.co.jp/
(2) *Texas Instruments,ロジック・データシート.
  http://www.ti.com/
(3) *東芝データブック,C^2MOSスタンダードシリーズ,2000年7月,(株)東芝.
(4) *東芝データブック,ハイスピードC^2MOS TC74HC/HCTシリーズ,2001年1月,(株)東芝.
(5) *東芝データブック,フォトカプラ/フォトリレー,2001年9月,(株)東芝.
(6) *JIS電気用図記号 第12部:2値論理素子,JIS C0617-12:1999,財団法人日本規格協会.
(7) *新津茂夫,保存版・実験で学ぶ電子回路,ディジタルIC編(CMOS),トランジスタ技術,1983年11月号.
(8) 湯山俊夫,ディジタル回路の設計・製作,1992年3月,CQ出版(株).
(9) 湯山俊夫,特集 製作研究 ディジタルICの道具箱,1991年春号,トラ技オリジナルNo.6,CQ出版(株).
(10) 小林 優,改訂 入門Verilog HDL記述,2004年6月,CQ出版(株).
(11) 長谷川裕恭,改訂 VHDLによるハードウェア設計入門,2004年4月,CQ出版(株).

索 引

──── 数字 ────

1 of 16 デコーダ回路 …………………………160
1 of 8 デコーダ …………………………………159
1バイト …………………………………………82
1ビット …………………………………………82
2SC1815 ………………………………………184
2相信号発生回路 ………………………………80
2進化10進数 ……………………………………83
2進カウンタ …………………………………84,92
2進数 ……………………………………………81
2値回路 …………………………………………22
2てい倍 ………………………………………121
2分周回路 ………………………………………76
4001 ……………………………………………126
4015 ……………………………………………178
4017 ……………………………………………107
4020 ……………………………………………102
4022 ……………………………………………107
4040 ……………………………………………104
4043 ………………………………………………61
4044 ………………………………………………61
4049 ……………………………………………188
4050 ……………………………………………188
4069 …………………………………………27,141
4093 ……………………………………………117
4584 ……………………………………………182
4ビット・シフトレジスタ ……………………178
4ビットの加算器 ………………………………225
4ビット・バイナリ・カウンタ …………………99
7404 ………………………………………………25
74138 ……………………………………………163
74139 ……………………………………………163
74148 ……………………………………………165
74151 ……………………………………………171
74153 ……………………………………………173
74155 ……………………………………………163
74157 ……………………………………………173
74158 ……………………………………………173
74161 …………………………………………94,159
74163 ……………………………………………94
74164 …………………………………………146,214
74193 ……………………………………………99
74194 ……………………………………………152
7430 ……………………………………………217
7442 ……………………………………………157
7474 ……………………………………………144
7493 ………………………………………………92
74HC04 …………………………………………27
74HC14 …………………………………………182
74HC161 …………………………………………96
74HC279 …………………………………………61
74HC373 …………………………………………65
74HC74 ………………………………………72,88
74LS04 ……………………………………27,131,139
74LS123 ………………………………………123
74LS14 …………………………………………182
74LS161 …………………………………………96
74LS175 ………………………………………161
74LS194 ………………………………………161
74LS279 …………………………………………61
74LS373 …………………………………………65
74LS74 ……………………………………69,72,88
74LS85 …………………………………………150
74S04 ………………………………………27,131
8進カウンタ ……………………………………92
10進-BCDエンコーダ …………………………166
10進カウンタ …………………………………220
12段リプル・カウンタ ………………………104
14段リプル・カウンタ ………………………102
16進カウンタ …………………………………92
16進表示 ………………………………………83
16入力エンコーダ ……………………………166

──── アルファベット ────

A A-D変換 ……………………………………12
　　always ……………………………………212
　　AND …………………………………………41
　　ANDゲート …………………………………42
　　architecture ………………………………209
B BCDコード …………………………………83
　　Begin ………………………………………212
　　BORROW信号 ……………………………100
C CARRY信号 ………………………………100
　　CMOS …………………………………………24
　　CMOSインバータ2段の発振回路 ………132
　　CMOSインバータ3段の発振回路 ………132

索引

あ行

アイソレーション	195
アクティブL	158
アップ・カウンタ	86
アップ/ダウン・カウンタ	99,221
アドレス・デコーダ	157
アドレス・バス	66
アナログ	9
アナログ回路	10
一致検出回路	172
イニシャライズ	59
イニシャライズ・パルス	59
インターフェース	40,174
インバータ	43
インヒビット・ゲート	46
インヒビット・パルス	45
エクスクルーシブ・オア	51
エッジ	119
エッジ検出回路	78
エッジ・トリガ動作	68
エッジ・トリガ・フリップフロップ	68
エンコーダ	164
オープン・コレクタ	189
遅れ時間	32
重み付け	13

か行

カウンタ	84
カスケード接続	97
カソード・コモン	193
機械接点	174
記号枠	53
機能定義	217
キャリ	91
キャリ出力	95
強制リセット	125
クリア	58
クロック	66,91,129
クロック同期リセット	94
ゲート	42
ゲートIC	25
交流結合	131
コンデンサ結合	131

英数字

	CR 発振	107
	CR 発振回路	130
D	D フリップフロップ	69
	D ラッチ	63
E	entity	209
	EXNOR	157
	EXOR	51
F	FPGA	206
H	HDL	203
I	IC のファミリ	23
	IEC/JIS	53
	IEC60617	45
J	JIS C 0617	45
	JK フリップフロップ	70
L	LC 発振回路	135
	LSB	82
M	MIL 記号	45
	MSB	82
N	NAND	49
	NOR	49
	NOT	41
	NOT ゲート	43
	n 進カウンタ	84
O	OR	41
	OR ゲート	42
P	posedge	212
R	reg	211
	RS フリップフロップ	58
	RS ラッチ	58
T	TD62003AP	190
	TLP521	199
	TLP531	196
	TLP532	197
	TLP550	200
	TLP551	199
	TLP552	200
	TLP570	202
	t_{PHL}	32
	t_{PLH}	32
	TTL	24
	T フリップフロップ	70
V	Verilog HDL	205
	VHDL	205
	V_{IH}	29
	V_{IL}	29
W	wire	211

── さ行 ──

サージ ……………………………………… 193
最高繰り返し周波数 ……………………… 75
再トリガ機能 ……………………………… 125
サンプリング ……………………………… 12
サンプリング・ゲート …………………… 46
サンプリング定理 ………………………… 12
サンプリング・パルス …………………… 45
しきい値電圧 ……………………………… 22
シフトレジスタ …………………… 143,178,214
シミュレーション ………………………… 205
シュミット・トリガ ………………… 116,117
シュミット・トリガ回路 ………………… 180
乗算 ………………………………………… 228
初期化 ……………………………………… 59
ジョンソン・カウンタ ……………… 107,147
シリアル信号 ……………………………… 149
シリアル・データ ………………………… 149
シリアル・データの一致検出回路 ……… 151
シリアル伝送回路 ………………………… 149
シリアル-パラレル変換回路 ……………… 155
真理値表 …………………………………… 42
水銀リレー ………………………………… 175
水晶発振回路 ……………………………… 139
スタンダードTTL ………………………… 34
ストローブ ………………………………… 64
ストローブ・ゲート ……………………… 46
ストローブ・パルス ……………………… 45
スピードアップ・コンデンサ …………… 185
スルー・モード …………………………… 64
スレーブ …………………………………… 69
スレッショルド電圧 ………………… 22,115
正論理 ……………………………………… 41
積分回路 …………………………………… 175
絶縁 ………………………………………… 195
セット ……………………………………… 58
セットアップ時間 ………………………… 72
セラミック発振回路 ……………………… 141
セラミック発振子 ………………………… 140
セレクト・ゲート ………………………… 44
全加算器 …………………………………… 225

── た行 ──

ダーリントン接続 ………………………… 190
ダーリントン・トランジスタ …………… 190
ダーリントン・ドライバ ………………… 190
ダーリントン・フォト・カプラ ………… 201
ターンオフ時間 …………………………… 197
ターンオン時間 …………………………… 197
大地電位の変動 …………………………… 194
ダイレクト・リセット …………………… 94
タイミング回路 …………………………… 129
タイミング・パルス ……………………… 111
タイムチャート ……………………… 21,60
ダウン・カウンタ ………………………… 86
多段直列 …………………………………… 97
多段バイナリ・カウンタ ………………… 102
立ち上がり検出回路 ……………………… 77
立ち下がり検出回路 ……………………… 77
多チャネル・データ伝送回路 …………… 173
単安定マルチバイブレータ ……………… 122
蓄積時間 …………………………………… 197
蓄積電荷 …………………………………… 185
チャタリング ………………………… 116,175
チャタリング除去回路 …………………… 177
ディジタル回路 …………………………… 11
ディジタル・コンパレータ ……………… 150
ディレイ回路 ………………………… 111,113,118
ディレイ時間 ……………………………… 112
データ・スルー・モード ………………… 64
データ・セレクタ ………………………… 167
データ・ディレイ回路 …………………… 77
デコーダ …………………………………… 156
デコード …………………………………… 156
デューティ・サイクル …………………… 147
同期化 ……………………………………… 67
同期回路 …………………………………… 130
同期カウンタ ………………………… 88,94,213
同期式RSフリップフロップ …………… 67
同期リセット ……………………………… 219
トグル ……………………………………… 70
トグル・カウンタ ………………………… 84
トグル周波数 ……………………………… 75
トグル動作 ………………………………… 213
トランジスタ・スイッチ ………………… 183
トランスペアレント・モード …………… 64

── な行 ──

内部機能記号 ……………………………… 53

索 引

なまった波形 ……………………………115
ノイズ・マージン ………………………30

――― は行 ―――

ハードウェア記述言語 …………………203
ハーフ・アダー …………………………224
排他的論理和 ……………………………51
バイナリ …………………………………81
バイナリ・データ ………………………83
バイパス・コンデンサ …………………38
バウンス …………………………………175
波形整形回路 ……………………………117
ハザード …………………………………93
パターン検出回路 ………………………149
発振回路 …………………………………130
発振回路内蔵24段カウンタ ……………104
パラレル-シリアル変換回路 …………154
パラレル-シリアル・データ変換回路 …168
パラレル・ロード ………………………155
パルス伸張回路 …………………………118
パルス発生回路 …………………………125
パルス幅検出回路 ………………………118
半加算器 …………………………………224
ひげ ………………………………………93
ヒステリシス特性 ………………………117
否定 ………………………………………41
非同期回路 ………………………………130
非同期カウンタ …………………………87,92
非同期リセット …………………………219
微分パルス ………………………………185
ファンアウト ……………………………34
ファンイン ………………………………34
フォト・カプラ …………………………194
プライオリティ・エンコーダ …………165
プリセット ………………………………58,91
プリセット入力 …………………………91
フリップフロップ ………………………56
フル・アダー ……………………………225
プルアップ抵抗 …………………………37
負論理 ……………………………………41
放電のスピードアップ回路 ……………128
ホールド時間 ……………………………73

保護回路 …………………………………132
ボロー ……………………………………91

――― ま行 ―――

マスタ ……………………………………69
マスタ・スレーブ・フリップフロップ …69
マルチプレクサ …………………………167
モーメンタリ ……………………………176
モノステーブル・マルチバイブレータ …122

――― や行 ―――

ユニット・ロード ………………………34
ユニバーサル・シフトレジスタ ………152

――― ら行 ―――

ラッチ ……………………………………56
ラッチ・イネーブル ……………………66
ラッチ・モード …………………………64
リセット …………………………………58,91
リトリガラブル機能 ……………………125
リプル・キャリ …………………………102
両エッジ検出回路 ………………………121
リレー ……………………………………192
リレー駆動回路 …………………………192
リング・カウンタ ………………………148,215
レジスタ …………………………………143
レベル動作 ………………………………68
レベル変換回路 …………………………187
ロジック回路 ……………………………21
ロジック回路設計 ………………………41
論理回路 …………………………………21
論理回路図記号 …………………………45
論理回路設計 ……………………………41
論理積 ……………………………………41
論理変換 …………………………………49
論理和 ……………………………………41

――― わ行 ―――

ワンショット・マルチバイブレータ ……79,122

| 著 | 者 | 略 | 歴 |

湯山 俊夫
（ゆやま としお）

- 1954年　福島県に生まれる．幼少期は東京ですごし，現在は神奈川県在住．
- 1977年　東芝に入社．半導体事業部にてカスタムLSIの開発に従事．
- 1989年よりカー・エレクトロニクス関連の業務を担当．
- 2003年よりマイコン製品を担当．
- 現在　東芝LSIシステムサポート(株)勤務．

- **●本書記載の社名，製品名について** ── 本書に記載されている社名および製品名は，一般に開発メーカーの登録商標です．なお，本文中では™，®，©の各表示を明記していません．
- **●本書掲載記事の利用についてのご注意** ── 本書掲載記事は著作権法により保護され，また産業財産権が確立されている場合があります．したがって，記事として掲載された技術情報をもとに製品化をするには，著作権者および産業財産権者の許可が必要です．また，掲載された技術情報を利用することにより発生した損害などに関して，CQ出版社および著作権者ならびに産業財産権者は責任を負いかねますのでご了承ください．
- **●本書に関するご質問について** ── 文章，数式などの記述上の不明点についてのご質問は，必ず往復はがきか返信用封筒を同封した封書でお願いいたします．ご質問は著者に回送し直接回答していただきますので，多少時間がかかります．また，本書の記載範囲を越えるご質問には応じられませんので，ご了承ください．
- **●本書の複製等について** ── 本書のコピー，スキャン，デジタル化等の無断複製は著作権法上での例外を除き禁じられています．本書を代行業者等の第三者に依頼してスキャンやデジタル化することは，たとえ個人や家庭内の利用でも認められておりません．

[JCOPY]〈出版者著作権管理機構委託出版物〉
本書の全部または一部を無断で複写複製(コピー)することは，著作権法上での例外を除き，禁じられています．本書からの複製を希望される場合は，出版者著作権管理機構(TEL：03-5244-5088)にご連絡ください．

ハードウェアの動きを理解しながら学ぶ
改訂新版 ディジタル回路の設計入門

著　者	湯山 俊夫	2005年4月1日　初版発行
発行人	小澤 拓治	2020年10月1日　第7版発行
発行所	CQ出版株式会社	©CQ出版株式会社 2005
	〒112-8619　東京都文京区千石4-29-14	無断転載を禁じます
電話	出版 03 (5395) 2123	定価はカバーに表示してあります
	販売 03 (5395) 2141	乱丁，落丁はお取り替えします

編集担当者　山岸 誠仁
DTP・印刷・製本　三晃印刷株式会社
Printed in Japan
ISBN978-4-7898-3751-4